图灵程序
设计丛书

MySQL基础教程

[日] 西泽梦路 / 著　卢克贵 / 译

U0191323

人民邮电出版社
北　京

图书在版编目（CIP）数据

MySQL基础教程 / (日) 西泽梦路著；卢克贵译. --
北京：人民邮电出版社，2020.1（2024.4 重印）
（图灵程序设计丛书）
ISBN 978-7-115-52758-5

Ⅰ.①M… Ⅱ.①西… ②卢… Ⅲ.①SQL语言—教材
Ⅳ.①TP311.132.3

中国版本图书馆CIP数据核字(2019)第270338号

内 容 提 要

本书介绍了 MySQL 的操作方法以及通过使用 PHP 和 MySQL 创建 Web 应用程序的基础知识。作者从数据库是什么开始讲起，由浅入深，通过丰富的图示和大量的示例程序，让读者循序渐进地掌握 MySQL，最终带领读者使用 MySQL 和 PHP 开发能够在 Web 上公开的具有安全性的 Web 应用程序。

本书适合 MySQL 初学者阅读。

◆ 著　　　　[日]西泽梦路
　　译　　　　卢克贵
　　责任编辑　杜晓静
　　责任印制　周昇亮

◆ 人民邮电出版社出版发行　　北京市丰台区成寿寺路11号
　　邮编　100164　　电子邮件　315@ptpress.com.cn
　　网址　https://www.ptpress.com.cn
　　北京天宇星印刷厂印刷

◆ 开本：800×1000　1/16
　　印张：32.5　　　　　　　　2020年1月第1版
　　字数：767千字　　　　　　2024年4月北京第12次印刷
　　著作权合同登记号　图字：01-2017-9355号

定价：129.00元
读者服务热线：(010)84084456-6009　印装质量热线：(010)81055316
反盗版热线：(010)81055315
广告经营许可证：京东市监广登字20170147号

译者序

相信许多人有过这样的经历：想学做一道菜，于是深研菜谱，知道了如何搭配食材，如何控制火候，选取多少分量，但最终还是没有做出自己理想中的完美菜肴。

如果有一位厨艺精湛的师傅手把手传授做菜技巧，帮助你理解并领悟其中的精髓，相信经过时间的沉淀，新手也能成为真正的大厨！

一本好书正如一位好老师——传道、授业、解惑。它不仅能系统地讲解知识，还能引导学生动手实践，让学生在学和做的交互过程中巩固理论知识，掌握技术技巧。

撰写本书的意义正在于此。作为 MySQL 的入门教程，作者充分利用了自己在相关领域积累的经验，以深入浅出的方式进行了阐述，并且在相关章节中插入了大量的实践代码和图表作为补充，使读者能够毫不费力地跟随作者的思路，系统全面地掌握相应的理论知识和技术技巧。

本书介绍的 MySQL 相关知识由以下 6 个部分组成。

● 第 1 部分　初识 MySQL

第 1 部分有 2 章内容，介绍了 MySQL 和数据库的概要，以及如何通过 MAMP 软件快速构建 MySQL+Apache+PHP 运行环境。

● 第 2 部分　MySQL 的基础知识

第 2 部分有 5 章内容，主要介绍了 MySQL 的基础知识，其中包括通过 MySQL 监视器创建数据库，创建表，插入数据，确认数据，以及修改、复制和删除表等基础操作。

● 第 3 部分　熟练使用 MySQL

第 3 部分有 7 章内容，介绍了 MySQL 的一些复杂操作，比如使用各种条件进行提取、编辑等，还介绍了视图、存储过程、事务和文件操作的方法等内容。

● 第 4 部分　MySQL+PHP 的基础

第 4 部分有 4 章内容，介绍了运用 MySQL 时必须掌握的 Web 和 PHP 知识，以及使用 PHP 脚本操作 MySQL 的方法等。

● 第 5 部分　MySQL + PHP 的实践

第 5 部分有 3 章内容，介绍了如何运用所学知识创建一个实用的公告板系统。

● 第 6 部分　附录

第 6 部分包括 phpMyAdmin 的使用方法、常见问题的检查清单，以及 MySQL 基础练习。

正如老师课后布置作业以帮助学生消化和理解学习内容一样，作者在每章结尾也对相关知识点进行了总结，并精心设计了练习题和参考答案，以帮助读者自我检测，巩固知识点。

作者在以通俗易懂的方式介绍基础知识的同时，还分享了许多实用的技巧。比如 5.4.2 节介绍了通过 "--prompt ＝提示符内容" 选项设置提示符，在提示符 ">" 中指定自己想显示的内容；10.4.2 节和 10.5.8 节介绍了不同的排序技巧，等等。这些实用的技巧能够帮助读者巩固 MySQL 基础知识，掌握很多能够立刻在工作中使用的硬技能。

由于译者水平有限，书中恐有疏漏之处，还望读者不吝赐教。

感谢我的同事、我的朋友——高级解决方案架构师张鑫和售前技术支持顾问陈以根帮我审阅本书的译稿并给出诸多宝贵的意见和建议。感谢图灵公司的各位编辑在翻译过程中给予的帮助和指导。感谢我的家人给予的支持。正因为有你们的帮助和支持，我才能完成本书的翻译。

希望本书能够起到抛砖引玉的作用，帮助更多的读者开启 MySQL 数据库的学习之路。希望读者能以此为基础不断学习和钻研，形成自己的一套知识体系，获取经验，取得进步！

同时，欢迎大家关注我的公众号（Oracle 数据库技术：TeacherWhat）进行学习和交流。

卢克贵
2019 年 10 月 于大连

前言

"晦涩难懂地解释复杂的东西"很简单，"浅显易懂地解释复杂的东西"却非常困难。以这句话开篇的本书，首次出版已经是 2007 年的事了。

我至今依然记得在本书的策划阶段，编辑部的编辑提出了"绝对不接受让读者似懂非懂的书""书中示例涉及的知识一定要毫无遗漏地进行解说"等要求。还记得在交稿前一天的深夜，直到最后时刻我还在和编辑人员对原稿进行修改。这一切仿佛发生在昨天。

承蒙大家的厚爱，《MySQL 基础教程》不断加印，还发行了修订版、电子版，并且收到了非常好的评价，从诞生到现在已经有 10 年了。另外，本书韩文版也已出版并加印，作为作者，我感到非常荣幸。当然和 10 年前相比，MySQL 的相关情况发生了巨大的变化，所以为了适应新时代的要求，我更新了本书中 MySQL 和 PHP 的版本，并进行了相关说明，希望能让本书更易于理解。

本书介绍了 MySQL 的操作方法以及通过使用 PHP 和 MySQL 创建 Web 应用程序的基础知识。和第 1 版、修订版一样，因为详细介绍了 MySQL 的基础知识，所以页数较多。不论是 MySQL，还是 SQL、PHP，本书都从基础开始进行了详细的说明，即使是那些刚刚接触编程的人，也可以充分理解这些内容。

在本书第 1 版诞生后的 10 年间，MySQL 的命运也发生了很大变化。尽管如此，它依然是世界上使用人数最多的开源的 RDBMS。总之，我们先从 MySQL 开始探索浩瀚的 RDBMS 世界吧！

有感于世界的巨大变化

2017 年 6 月 30 日 西泽梦路

本书的阅读方法

阅读方法

本书将从基础知识开始介绍 MySQL。

在第 1 部分至第 3 部分的内容中，我们将通过命令提示符使用基于 CUI 的 "MySQL 监视器" 来学习 MySQL。其中涵盖了 MySQL 的概要和安装、SQL 的基础内容，以及数据库实践中必不可少的存储过程和事务的使用等与 MySQL 相关的基础知识。

第 4 部分至第 5 部分将介绍通过浏览器操作 MySQL 的方法。现在对 MySQL 来说，Web 是不可或缺的，许多网站都使用了 MySQL。脚本语言 PHP 是从浏览器上操作 MySQL 最受欢迎的一种方式。我们将学习 PHP 的基础知识，并不断深入，最终带领大家使用 MySQL 和 PHP 开发能够在 Web 上公开的安全性较高的 Web 应用程序。

虽然我尽自己所能详细介绍了相关内容，但大家仍有可能遇到无法理解或者程序不能像介绍的那样顺利运行的情况。这时最好重新尝试一下，待完全理解后再继续学习，当然你也可以选择继续往下阅读。本书多次出现 "→ ×× 节" 这种请读者参考其他章节的提示，目的就是让大家通过参考前面的内容来逐渐加深理解。第一次阅读时无法理解的内容，到第二次阅读时也许就能轻松理解。另外，附录中还准备了一个 "常见问题的检查清单" 以应对在使用 MySQL 的过程中可能会发生的问题。希望大家可以坚持不懈地学习下去。

开源软件不好用？

本书用到的 MySQL、Apache 和 PHP 都是开源软件。如果你只使用过运行在 Windows 上的应用程序，那么通过接触这些开源软件，就能发现开源软件好的方面和不好的方面。

从安装到实际操作，学习 MySQL 有很长的路要走。此外，因为 MySQL 本来就是在英语环境下开发出来的应用程序，所以在使用中文时难免会遇到一些问题。

在本书中，我们将使用 "不容易安装失败的 MAMP 软件"，按照 "批量安装 Apache + MySQL + PHP" "使用 Windows 的命令行操作数据库" 的流程进行介绍。这在 MySQL 的专家看来可能不够规范，但是，先在容易使用的环境中不断进行尝试并解决出现的问题也是非常重要的。

在看推理小说的时候，如果从一开始就知道谁是罪犯就没有意思了。让我们通过整本书的交流学习，彻底掌握 Apache + MySQL + PHP 的技术吧！

示例文件的下载

下载方法

书中介绍的开发环境、示例程序，以及用于创建表的脚本等，都可以通过以下网址下载。

 示例文件的下载
http://www.ituring.com.cn/book/2571

解压缩下载的 ZIP 文件，会出现下面这样的文件夹。

请将上面的文件夹复制到 C 盘的根目录中。

示例文件的使用方法

● chapter 文件夹

chapter 文件夹中按照章节保存了第 14 章到第 21 章出现的 PHP 脚本文件和文本文件。在学习各章的时候请分别参考相应的内容。另外，包含了中文的 PHP 脚本都使用了字符编码 UTF-8。

● to_htdocs 文件夹

to_htdocs 文件夹统一保存了本书中出现的 PHP 脚本文件等内容。如果在 MySQL 运行的情况下将这个文件夹复制到你的计算机上，该文件夹就可以作为示例运行。

如果按照本书第 2 章介绍的方法安装了 MAMP，请将这个 to_htdocs 文件夹中包含的文件和文件夹复制到所用计算机的 C:\MAMP\htdocs 文件夹中。在 Apache 和 PHP 等正常运行的情况下，如果想使用 a.php，就可以把 http://localhost/a.php 输入到浏览器的地址栏里，这样页面就会正常运行。另外，包含了中文的示例都使用了字符编码 UTF-8。

● table 文件夹

table 文件夹中保存着记述了 SQL 语句的文本文件，这些文本文件用于创建本书中出现的表。

书中使用的表也就 10 行左右，建议大家手动输入，权当练习。当然也可以使用 table 文件夹中的文本自动生成这些表。

文件夹中包含以下文本（见表 1）。

▶ 表 1　table 文件夹的内容

文件名	可以生成的内容
tb1_make.txt	生成表 tb1，并插入数据
tb_make.txt	生成表 tb，并插入数据
tb2_make.txt	生成表 tb2，并插入数据
tb3_make.txt	生成表 tb3，并插入数据
tbj_make.txt	生成表 tbj0 和 tbj1
tbk_make.txt	生成表 tbk
tb1A_K_make.txt	生成和表 tb1 内容相同的表 tb1A~tb1K，并插入数据

下面这些文本用于创建各章节中使用的表，以及插入说明中需要的数据。

t_now_make.txt（→ 8.2.6 节）、t_name_make.txt（→ 7.10 节）、t_serial_make.txt（→ 6.8.2 节）、t_tran_make.txt（→ 13.6 节）、t_stock_make.txt（→ 9.4 节）

例如当创建表 tb1 时，需要执行以下操作。

将 tb1_make.txt 文件复制到 C 盘的 data 文件夹中，启动 MySQL 监视器（→ 3.3 节）并选择数据库（use 数据库名称），然后执行下面的命令。

```
mysql> SOURCE C:/data/tb1_make.txt
```

tb1_make.txt、tb2_make.txt、tb3_make.txt 和 tb1A_K_make.txt 中包含的中文都使用了字符编码 GB 2312。

MAMP 文件夹

该文件夹中包含了 MAMP 的安装程序 MAMP_MAMP_PRO_3.3.1.exe。请按照 2.2 节的说明安装 MAMP。

目录

第 2 部分　MySQL 的基础知识 ································ 29

第 16 章　PHP 基础知识 ·· 340

第 6 部分 **附录** ··· **483**

第1部分
初识MySQL

现在我们要开始学习 MySQL 了。

在第 1 部分的内容中，我们会在实际操作数据库之前对 MySQL 和数据库进行简要说明，并安装 MAMP。MySQL 的学习在安装这个环节就已经开始了。从安装到路径设置，再到中文的设置，处处都是挑战，大家要明白这些都是 MySQL 的相关知识。如果学会使用 MAMP，就可以在短时间内轻松构建好 Apache + MySQL + PHP 环境了。

第1章　MySQL的概要

在实际操作数据库之前，我们先来了解一下什么是 MySQL。
想马上接触 MySQL 的读者也可以跳过本章，直接从第 2 章
开始阅读。

1.1　数据库的概要

1.1.1　数据库是什么

MySQL 是世界上最受欢迎的开源数据库软件。那么，我们常常听到的数据库到底是什么呢？

据说，第二次世界大战后，美军为了有效管理大量的资料，便把所有的信息都集中在一个基地里，这个集中了所有信息的基地就称为数据库（database）。"数据库"一词便由此诞生。

现在，数据库表示"具有某种规则的数据集合"。但提到数据库时，我们一般都默认它具备对数据进行添加、查询和提取等用于管理数据的功能。所以，只是随便收集起来的数据的集合不能称为数据库。只有具备了有效运用这些数据的管理功能，才能称为数据库（见图 1-1）。

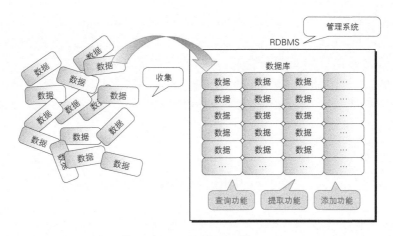

图 1-1　数据库是什么

1.1.2　关系数据库是什么

现在使用最为广泛的数据库是关系数据库（Relational DataBase，RDB）。

在关系数据库中，一条数据用多个项目来表示。例如，关系数据库将一条会员数据分成会员编号、姓名、住址和出生年月日等项目，然后把各个会员的相关数据收集起来。

其中，一条数据称为记录（record），各个项目称为列（column）。在刚才的例子中，×× 先生或者 ×× 小姐的数据是记录，会员编号和姓名等项目是列。

如果想象成 Excel 的工作表（work sheet），横向的一行就相当于记录。注意，纵向的一列中输入的是相同类型的数据（见图 1-2）。

我们把收集了这些数据的表格称为表（table）。一个数据库中可以包括多个表。

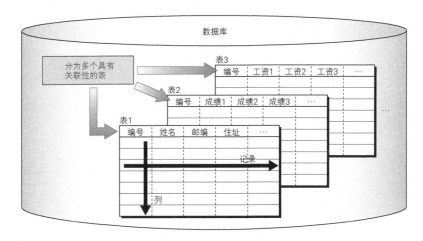

图 1-2　表、记录和列

管理关系数据库的系统称为 RDBMS（Relational DataBase Management System，关系数据库管理系统）。MySQL 也是 RDBMS 的一种。RDBMS 是以 IBM 公司的埃德加·弗兰克·科德（Edgar F. Codd）于 1970 年发表的关系数据库相关论文为基础发展起来的。

在关系数据库中，不用把所有的项目都存入一个表里。我们可以把各个项目拆到多个"具有关联性"的表中，只对需要用到的数据进行收集和使用。

1.1.3　数据库的特征

如果是 Excel 的工作表，在任何单元格中都可以自由地输入字符串或数值，而且还可以通过拖曳鼠标来自由地挪动数据。

但是在数据库中，上面的做法是行不通的。如果最开始决定"在列 a 中输入整数"，之后在列 a 中就只能输入整数，不能再输入字符串。（严格来讲，在 MySQL 中即使输入了不同类型的数据也不会报错，但是结果可能变成什么值都没有插入进去，这一点需要特别注意。→ 5.1 节）

另外，很多应用程序有还原（UNDO）功能，如果操作结果不理想，可以使用该功能进行还原。但是在数据库中，如果不使用事务（transaction）（→ 13.3 节）等特殊功能，就无法还原到上一步操作（见图 1-3）。

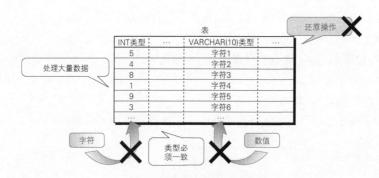

图 1-3　数据库的特征

大家也许一开始会讨厌数据库这种"缺乏灵活性"的特性。但多亏了这一特性，数据库才变得安全且稳定，才成了可靠的数据存储场所（见图 1-4）。"只能按照决定好的规则来操作，并且严格地进行管理"的特征，正是数据库值得信赖的原因。

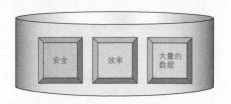

图 1-4　数据库的特征

1.2 MySQL 是什么样的数据库

下面将介绍 MySQL 和其他 RDBMS 有哪些不同，以及开源软件究竟为何物。

1.2.1 MySQL 是开源软件

MySQL 是一种 RDBMS（→ 1.1.2 节）。现在世界上有许多种 RDBMS 被广泛使用。表 1-1 中列出了一些主流的数据库。

表 1-1　主流数据库

名称	特征
Oracle	世界上最常用的商用 RDBMS
Access	微软公司 Office 系列的 RDBMS
Microsoft SQL Server	微软公司的商用 RDBMS
PostgreSQL	和 MySQL 一样是开源的 RDBMS，在日本很受欢迎
MySQL	世界上最常用的开源 RDBMS

Oracle 和 Microsoft SQL Server 是商用数据库。使用这些数据库时需要付费，还要签订授权许可协议。MySQL 和 PostgreSQL 是开源数据库。这些开源的应用程序可以免费使用，并允许他人对其进行修改。只要通过互联网下载相关程序就可以自由地使用了。

但这并不表示开源应用程序可以被随意使用，开源应用程序的使用也有一些规则和限制。特别是在商用的情况下，使用前一定要充分理解和掌握使用协议的内容。

PostgreSQL 虽然作为开源 RDBMS 在日本非常受欢迎，但从世界范围来看，还是 MySQL 更胜一筹。目前世界上有超过 1000 万台服务器安装并使用 MySQL，可以说 MySQL 是世界上最常用的开源 RDBMS。在互联网领域，深受欢迎的 Yahoo！、Twitter、YouTube 和 Facebook 等网站的数据库现在也都使用了 MySQL。需要提一下的是，Google 正从 MySQL 向 MariaDB 进行切换。（2017年 6 月时的信息）

1.2.2 MySQL 的历史

MySQL 是米卡埃尔·维德纽斯（Michael Widenius）在 1995 年开发的 RDBMS。最初，MySQL 是由瑞典的 MySQL AB 公司进行支持和开发的。维德纽斯正是这家公司的前身公司的创始人。但在 2008 年 2 月，MySQL AB 公司被 Sun 公司收购。而拥有被认为是世界第一的商用数据库 Oracle 的 Oracle 公司又于 2010 年 1 月收购了 Sun 公司。也就是说，作为开源数据库世界第一的 MySQL 和作为商用数据库世界第一的 Oracle，现在都由同一家公司管理。虽然全世界都在关注 Oracle 公司的下一步举措，但目前为止 Oracle 和 MySQL 依然在各自擅长的领域作为优秀的 RDBMS 良好地发展着。

　　另外，维德纽斯原供职于 Sun 公司，但是他在 Oracle 公司收购 Sun 公司前从 Sun 公司离职，并于 2010 年创建了 MariaDB 公司，开始开发和 MySQL 具有兼容性的 MariaDB 数据库。MySQL 源于维德纽斯大女儿的名字 "My"，而 MariaDB 则源于维德纽斯二女儿的名字 "Maria"。

　　MariaDB 最初发布的版本只是增强了 MySQL 的部分功能，但是从 2014 年 3 月发布的 10.0 版本起，MariaDB 开始有了自己专有的功能，逐渐和 MySQL 区分开来。不过在本书介绍的内容中，MySQL 和 MariaDB 的基本操作方法并没有什么区别。

1.2.3　MySQL 的两种版本

　　MySQL 主要有以下两种版本。

▶ MySQL 社区版（Community Edition）

- 可免费使用
- 有参考手册（reference manual）
- 有论坛（forum）和邮件列表（mailing list），但没有技术支持

▶ MySQL 商业版（Commercial Edition）

- 需要付费
- 定期更新，并提供服务包（service pack）及技术支持
- 拥有以下多个版本

　　MySQL 标准版（Standard Edition）

　　MySQL 企业版（Enterprise Edition）

　　MySQL 集群运营商级版（Cluster Carrier Grade Edition）

　　本书介绍的是可以免费使用的 MySQL 社区版。MySQL 社区版重视加入新功能，在一定的限制条件下可以自由使用。

　　而 MySQL 商业版面向的是那些需要售后技术支持的企业。商业版更注重稳定性，可以保证运营和管理按照计划进行。MySQL 商业版面向企业等客户，为了实现高可用性和高效率的运营，提供了丰富的软件和全面的技术支持服务。

1.2.4　MySQL 的特征

　　MySQL 有以下几个特征。

1. 执行速度快
2. 开放源代码
3. 支持在多种操作系统上运行
4. 支持多种编程语言
5. 拥有免费和付费两种版本

MySQL 的执行速度非常快，这种轻快性正是它的卖点。早期的版本为了维持这种轻快性，曾削减事务、子查询（→ 10.5 节）和存储过程（→ 12.1 节）等功能，所以给人一种"执行速度快，但功能太简单"的感觉。不过，现在 MySQL 在功能方面已经不逊色于其他 RDBMS 了。

表 1-2 是 MySQL 新功能的添加历史。

表 1-2　MySQL 新功能的添加历史

功能	添加该功能时的 MySQL 版本
事务（→ 13.3 节）	4.0（从版本 3.23.38 开始可以使用该功能）
合并（→ 10.1 节）	4.0
子查询（→ 10.5 节）	4.1
视图（→ 11.1 节）	5.0
存储过程（→ 12.1 节）	5.0
存储函数（→ 12.4 节）	5.0
触发器（→ 12.6 节）	5.0
默认存储引擎变为 InnoDB（→ 13.1.2 节）	5.5
半同步复制	5.5
无损半同步复制	5.7

※ 编写本书时（2017 年 6 月），MySQL 的最新稳定版本是 5.7.1[①]

虽然 MySQL 的许多竞争对手从一开始就具备了这些功能，但是现在 MySQL 也具备了与其他 RDBMS 相媲美的功能。

如果问使用过数据库的人哪个 RDBMS 最好，每个人都会自信满满地推荐自己喜欢的数据库。

到底哪个 RDBMS 最好？这个问题并没有一个标准的答案。但是，MySQL 是世界上最常用的开源 RDBMS 却是一个不争的事实。能够成为世界上最受欢迎的数据库必然有它的理由。

---

① 本书翻译时（2018 年 3 月）MySQL 的最新稳定版本是 5.7.21，最新的社区开发版本是 8.0.4。——译者注

1.3　SQL 的概要

1.3.1　什么是 SQL

▶ 查询和 SQL

在操作数据库的时候，作为用户的我们会向数据库发出命令（command），并指定需要处理的内容。表示这种命令的语句就是查询（query）。例如，创建表时使用的查询是"CREATE　TABLE ..."，插入数据时使用的查询是"INSERT　INTO ..."。

编写查询需要遵守 SQL（Structured Query Language）的规则。SQL 直译过来就是结构化查询语言，用于对数据库进行操作。

我们来看一个例子。假设你在政府办公室等地方进行咨询，在向政府办公室窗口的负责人提出"想请 ×× 部门帮忙提供 ×× 证明"的申请后，就能得到需要的文件了。如果把申请对象换成数据库，申请手续就是 SQL。SQL 是数据库的窗口，充当用户与数据库交互的媒介。

实际上，即使不使用 SQL 这种语言向数据库发送命令，也可以使用一些工具通过直观的鼠标操作来编辑和显示数据。例如附录中介绍的 phpMyAdmin 就是这样的一个工具。使用 phpMyAdmin 就可以不用输入"SELECT * FROM tb ... WHERE ..."等复杂的 SQL 语句了。因此，也有很多书不介绍 SQL 语句的详细内容，而是直接介绍如何利用 phpMyAdmin 等工具来创建数据库。

但是，当使用 PHP 等语言编写 Web 应用程序时，如果需要实际操作某个数据库，就必须输入正确的 SQL 语句。所以在本书中，我们会一个一个地输入 SQL 语句并执行，然后确认其结果，在此过程中学习 MySQL。

▶ SQL 的"方言"

SQL 原本是 IBM 公司开发的语言，但现在这门语言基本可以在所有的数据库上使用。不过麻烦的是，各个数据库使用的 SQL 的语法稍有不同。笔者经常使用 PostgreSQL，但因 PostgreSQL 和 MySQL 的 SQL 命令有一些微妙的差异，所以也常常感到困惑。因此，如果你已经习惯了 MySQL 以外的 RDBMS，就要注意这种 SQL 的"方言"了。

1.3.2　首先熟悉 SELECT 命令

SQL 中有许多命令。其中，SELECT 是用于选择数据的命令，它也是 SQL 中使用得最为频繁的关键字。无论怎样使用 SELECT 命令，都不必担心会损坏或更改数据，所以在数据库的入门阶段，要尽可能多地使用 SELECT 来熟悉 SQL。

在附录 3 中，笔者准备了一系列用于熟悉数据库操作的 MySQL 基础练习。想尽早自由使用 MySQL 的读者，请试着每天反复做这个基础练习。相信经过反复的练习，你会灵活使用最初连意思都不明白的 SQL。

成为 MySQL 专家的第一步，就是和 MySQL 成为朋友。

1.4　总结

本章主要介绍了以下内容。

- 什么是数据库，什么是 RDBMS
- MySQL 的特征
- 使用 MySQL 的两种版本
- 数据库的操作方法

对于世界上最常用的开源数据库 MySQL，大家是不是已经有了大致的了解？下一章我们将会安装 MAMP，并进行 MySQL 的环境配置。

▶ 自我检查

我们来检查一下本章学习的内容是否全部理解并掌握了。

☐ 理解了数据库是什么
☐ 理解了 MySQL 的特征
☐ 理解了查询和 SQL 是什么

第2章 MySQL的环境配置

本章我们将设置本书中用于学习 MySQL 的环境。

2.1 本书中使用的软件

这里我们来安装本书中使用的软件，并设置可以使用 MySQL 和 Apache 的环境。

本书中使用的软件主要包括以下几个。

- MySQL（RDBMS）
- Apache（Web 服务器）
- PHP（编程语言）

本来这些软件是需要分别进行安装和配置的，但是分别安装会花费很多时间和精力，而且在某些使用环境下还需要进行复杂的配置。

所以建议大家使用能够轻松构建 MySQL+Apache+PHP 运行环境的 MAMP。使用 MAMP 可以非常简单并且准确地构建 MySQL+Apache+PHP 环境。MAMP 的名字取自 Macintosh、Apache、MySQL 和 PHP 这几个词的首字母。MAMP 中的 M 是 Macintosh 的意思，所以可能有人担心这个软件仅能在 macOS 上使用，但其实它也可以在 Windows 上使用。本书介绍的操作方法基本以 Windows 环境为前提。

在从本书的支持网站上下载的文件中，也包含了用于 Windows 环境的免费版 MAMP 的安装文件（MAMP_MAMP_PRO_3.3.1.exe）[①]。请参考本书前言"示例文件的下载"部分下载开发环境和示

---

① 截至 2018 年 3 月，Windows 版的 MAMP 的最新版本为 MAMP & MAMP PRO 4.0。——译者注

例程序，具体的安装方法将在以后的章节中介绍。

此外，通过 MAMP 构建的环境主要以开发为目的，并没有达到能够在互联网上实际发布的安全级别。所以如果要实际发布到互联网上，还需要事先做好充足的准备。

专栏▶ XAMPP

XAMPP 和 MAMP 一样，是一个可以轻松构建 MySQL+Apache+PHP 运行环境的软件。详细内容可以参考下面 Apache Friends 的 Web 页面。

 XAMPP
https://www.apachefriends.org/zh_cn/index.html

本书原版第 1 版和修订版都使用了 XAMPP 来构建 MySQL+Apache+PHP 运行环境，但是 XAMPP 从版本 5.6.14 开始使用的数据库从 MySQL 换成了 MariaDB。截至 2017 年 8 月，XAMPP 的最新版本 XAMPP 7.1.8 的数据库依然使用了 MariaDB[①]。

2.2 学习 MySQL 前的准备（安装和配置）

下面我们开始使用 MAMP 安装 MySQL。

2.2.1 关于本书使用的 MAMP

如上所述，使用 MAMP 可以轻松地构建 MySQL+Apache+PHP 的运行环境。本书使用的 MAMP 3.3.1 的系统要求和所需要的主要软件一览可参考表 2-1。另外，MAMP 包括可以免费使用的标准版和需要付费的专业版（MAMP PRO）两种版本，本书使用的是标准版。

表 2-1　MAMP 3.3.1 的数据表

系统要求	操作系统：Windows 10、Windows 8.1 或 Windows 7
	内存：最低 2 GB
	HDD：2 GB 的空闲空间
软件	Apache：2.2.31
	MySQL：5.6.34
	PHP：7.1.5 和 7.0.19
	phpMyAdmin：4.4.15.5

---

① 截至 2018 年 3 月，Windows 版的 XAMPP 的最新版本 XAMPP 7.2.3 的数据库依然使用了 MariaDB。——译者注

在 MAMP 的安装过程中，除了上面的软件之外，还有许多软件会被安装，但是本书介绍的内容并不涉及这些软件。另外，虽然 PHP 的版本 5 系列也被安装了，但由于在标准版中仅能选择版本 7 系列，所以本书使用了 PHP 7.1.5。

此外，关于 phpMyAdmin，附录中介绍了简单的使用方法。

MAMP 的最新版可以通过下面的 URL 下载。但是要注意，如果版本不同，具体的操作内容就可能会和本书介绍的不同。

MAMP
https://www.mamp.info/en/

2.2.2　安装 MAMP

下面介绍 Windows 版的 MAMP 3.3.1 的安装方法。书中按照选择默认的路径安装文件夹的方式进行介绍。所以，如果按照本书介绍的方法操作，软件会安装到路径 C:\MAMP 中。

如果仅仅安装了 MAMP，而 MySQL 和 Apache 都不能正常使用的话就没有意义了。因此，大家需要小心谨慎地进行操作。

▶　如果 80 号端口和 3306 号端口被占用就会运行失败！

MAMP 会把 80 号端口分配给 Apache，把 3306 号端口分配给 MySQL 使用。所以，如果这些端口已经被占用，Apache 和 MySQL 的相关服务就无法运行。因此，如果有占用这些端口的应用程序或者服务，请禁用后再安装 MAMP。

▶　如果旧版本的 Apache 和 MySQL 有残留也会运行失败！

如果以前安装过 Apache 和 MySQL，并且相关内容没有卸载干净，就可能会出现安装失败或者无法正常运行等情况。所以，请务必把旧的 Apache 和 MySQL 卸载干净，然后重新启动操作系统，安装 MAMP。

► **安装方法**

① 解压缩下载文件，执行 MySQL_Book 文件夹的子文件夹 MAMP 中的 MAMP_MAMP_ PRO_3.3.1.exe 文件。

② 如果"用户账户控制"对话框中显示"你要允许此应用对你的设备进行更改吗"，选择 "是（Y）"。

③ 安装向导（setup wizard）启动后，会显示图 2-1 的画面，点击"Next >"。

图 2-1 启动安装向导

④ 在图 2-2 的画面中，取消"MAMP PRO"的选中状态，点击"Next >"。

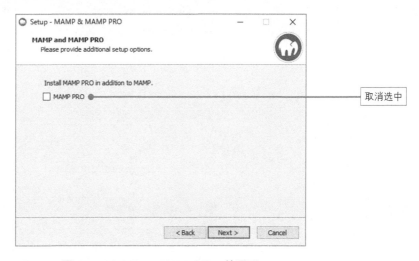

图 2-2 MAMP and MAMP Pro 的画面

⑤ 图 2-3 为是否同意授权许可证的确认画面，请选择 "I accept the agreement"，然后点击 "Next >"。

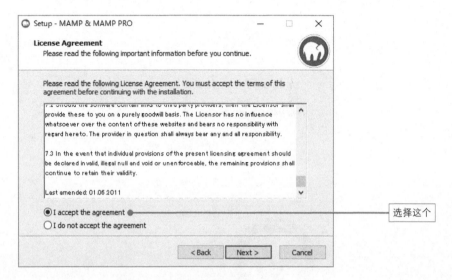

图 2-3　同意授权许可证

⑥ 在图 2-4 的画面中，保留 "C:\MAMP"，点击 "Next >"。

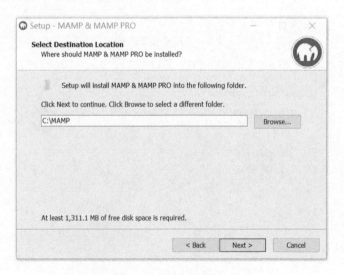

图 2-4　指定安装路径

⑦ 在图 2-5 的画面中，指定在开始菜单中显示的文件夹名。因为没有必要进行修改，所以保留"MAMP"，点击"Next >"。

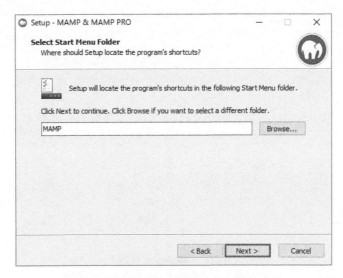

图 2-5　指定创建快捷方式的文件夹

⑧ 为了在桌面上创建 MAMP 的快捷方式，保持选择框的选中状态，点击"Next >"（见图 2-6）。

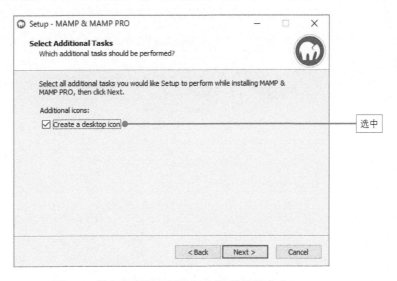

图 2-6　指定在桌面上创建 MAMP 的快捷方式

⑨ 图 2-7 的画面会显示要安装的内容，确认后点击 "Install"。

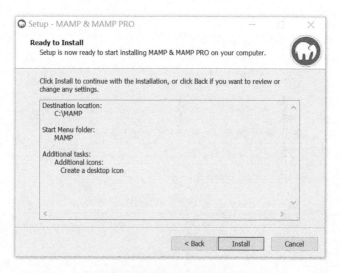

图 2-7　确认安装内容

⑩ 这样安装就开始了。安装结束后，会显示图 2-8 的画面，点击 "Finish"，MAMP 就安装完成了。

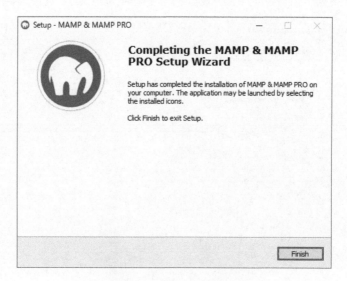

图 2-8　安装向导结束

2.2.3　MAMP 的启动和设置

安装完成后，就可以立即尝试启动 MAMP 了。点击桌面上的 MAMP 图标，或者选择 "开始"

菜单的"MAMP"→"MAMP"，就可以启动 MAMP 了。

　　启动 MAMP 后会显示图 2-9 的画面。在初始设置的情况下，启动 MAMP 时 Apache 和 MySQL 也会自动启动。

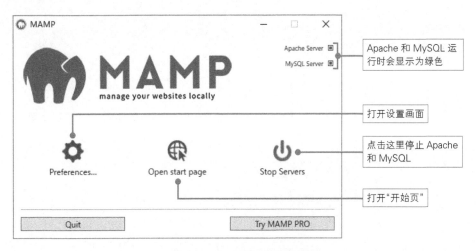

图 2-9　MAMP 的启动画面

　　我们可以通过这个画面控制 Apache 和 MySQL。如果想停止 Apache 和 MySQL，则点击"Stop Servers"。在停止的情况下，按钮会变成"Start Servers"，再次点击就可以启动 Apache 和 MySQL 了。

　　当对 MAMP 进行各种设置时，点击"Preferences"会显示出图 2-10 的画面。我们可以通过切换画面上方的标签来设置相关内容。本书没有什么项目需要更改设置，所以这里仅介绍设置方法。

　　在"Start/Stop"标签（见图 2-10）中，我们可以设置 MAMP 启动时各服务器的相关动作。

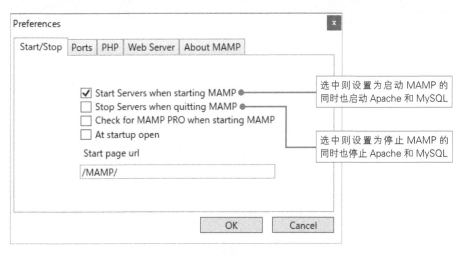

图 2-10　"Start/Stop"标签

在"Ports"标签（见图 2-11）中，我们可以设置 Web 服务器和 MySQL 服务器使用的端口号。如果 80 号端口和 3306 号端口被其他程序占用了，也可以设置成别的端口号以便和其他程序共存。另外，Nginx 是和 Apache 一样用于构建 Web 服务器的软件，但本书没有使用它。

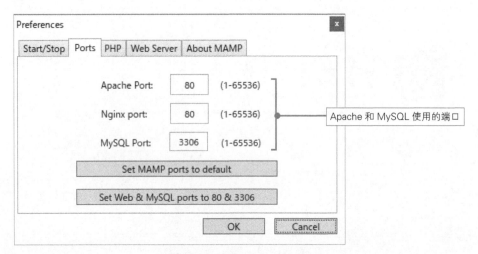

图 2-11　"Ports"标签

在"PHP"标签（见图 2-12）中，我们可以设置使用的 PHP 版本以及缓存相关的功能。在 MAMP 3.3.1 的情况下，可以选择 PHP 7.1.5 或 PHP 7.0.19。本书使用了默认的 7.1.5 版本。

虽然 PHP 的缓存功能包括 Apcu 和 Zend OPcache 两种类型，但这里保留默认的关闭缓存状态。

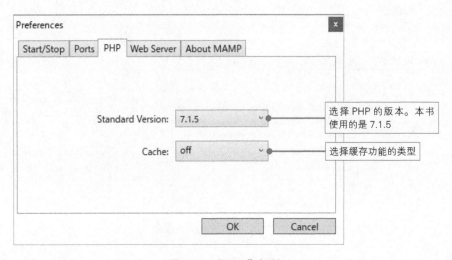

图 2-12　"PHP"标签

在"Web Server"标签（见图 2-13）中，我们可以设置 Web 服务器的种类和文件根目录。文件根目录（document root）是 Web 服务器放置发布文件的最上一层目录。默认目录是 C:\MAMP\htdocs，可以通过 http://localhost/ 访问。

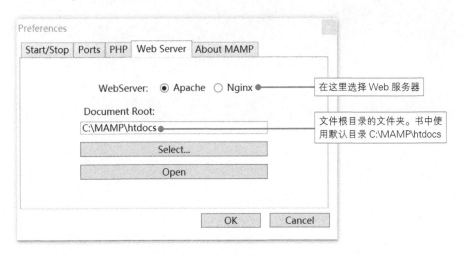

图 2-13 "Web Server"标签

专栏▶ 什么是 localhost

localhost 就是本地主机，即当前使用的计算机的名称（主机名）。

localhost 对应的 IP 地址为 127.0.0.1（IPv4）和 ::1（IPv6）。这是用于表示主机自身的特殊 IP 地址，称为本地回环地址（local loopback address）。这个 localhost 可以用于跟主机自身进行通信测试。

2.2.4　确认开始页

下面试着打开 MAMP 的开始页。我们可以通过开始页确认 PHP 和 MySQL 的设置内容。在 MAMP 的启动画面上，点击"Open start page"（见图 2-14）。

图 2-14　MAMP 的开始页

从 MySQL 服务器的设置概况中可以看到，用户名和密码都是"root"。另外，点击画面上方的"Tools"，选择菜单中的"phpMyAdmin"，就可以启动 phpMyAdmin 了。

2.2.5　构成 MAMP 的文件夹

如果将 MAMP 安装在路径 C:\MAMP 中，构成它的文件夹就是下面这样。

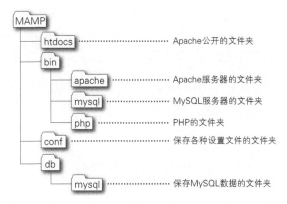

除此之外还有一些文件夹，但本书并不会使用，所以这里省略了相关介绍。

2.3 MySQL 的路径设置

如果按照本书介绍的方法安装 MAMP，以后使用的 MySQL 监视器（MySQL monitor）的程序文件就会放在 C:\MAMP\bin\mysql\bin 中。因此，要想启动 MySQL 监视器，就需要先移动到这个文件夹里。每次都执行这样的操作会让人觉得有些麻烦，所以我们事先设置一下相关路径。

下面将介绍 Creators Update（版本 1703）以后的 Windows 10 的设置方法，如果是其他版本，请通过控制面板打开"系统属性"对话框。

① 右键点击"开始"→"系统"→"相关设置"中的"系统信息"→"高级系统设置"。
② 点击画面下方的"环境变量"（见图 2-15）。

图 2-15 "系统属性"对话框

③ 选择"系统变量"中的变量"Path"，点击"编辑"按钮（见图 2-16 ）。

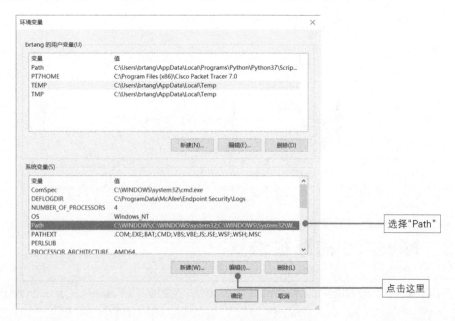

图 2-16　环境变量

④ 点击"新建"按钮，输入 C:\MAMP\bin\mysql\bin（见图 2-17）。另外，根据 Windows 的版本，有时会在当前变量值的最后加上"；"，然后再追加 C:\MAMP\bin\mysql\bin。

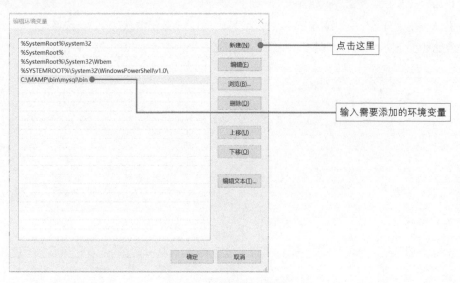

图 2-17　编辑环境变量

⑤ 点击"确定"，关闭各个对话框。

2.4 关于中文的设置

某种字符的集合称为字符集（character set）。例如中文汉字①和英文字母等都是字符集的一种。

在计算机和网络上表示字符时，需要给各个字符添加识别信息，例如数字或者符号等。给各个字符分配的数字或者符号称为字符代码（character code）。

给字符集分配字符代码时的规则称为字符编码（character encoding），中文相关的主流字符编码如表 2-2 所示。

表 2-2　中文相关的主流字符编码

字符编码名	说明
ISO-8859-1	字母的字符编码（单字节编码）
GB 2312	1981 年 5 月 1 日发布的简体中文汉字编码国家标准
GBK	1995 年 12 月发布的汉字编码国家标准，是对 GB 2312 编码的扩充
cp936	微软 Windows 环境上在 GB 2312 的基础上扩展的字符编码，通常被视为等同于 GBK
EUC-CN	Linux/Unix 环境上以 GB 2312 为基础的字符编码
GB 18030	2000 年 3 月 17 日发布的汉字编码国家标准，是对 GBK 编码的扩充，兼容 GBK 和 GB 2312 字符集
UTF-8	针对 Unicode 字符集的一种可变长度字符编码

举例来说，"啊"字在中国国家标准 GB 2312、GBK 和 GB 18030 字符编码中的编码都为"B0A1"，而在 UTF-8 中则为"E5958A"。从中可以看出，即使文字相同，如果字符编码不同，表示的字符也可能不同，由此才出现了乱码现象。

世界上有许多语言系统和文字，所以除了上面介绍的内容之外还有无数的字符集和字符编码。但这样一来，面向全世界发布的网页等就会变得很难处理，因此人们开发了可以支持全世界所有字符的字符集 Unicode。Unicode 的字符编码方式有好几种，现在最为常用的是在 HTML 5 中被默认使用的 UTF-8。顺便说一下，在 UTF-8 的情况下，字符集和字符编码都称为 UTF-8。

另外，很多时候字符编码也用"字符代码"这个词来表示，不过本书统一使用"字符编码"这个名称。

2.4.1　MySQL 的字符编码设置

本书中，存储在 MySQL 中的数据使用了字符编码 UTF-8。这主要是为了方便和 PHP 结合起来

---

① 原版书主要对日语的相关内容进行了介绍，为了方便国内读者阅读，在此进行了适当的调整，增加了中文的相关内容。——译者注

开发 Web 应用程序。通过 Web 应用程序，我们可以把输入的数据存储到数据库，再从数据库读出数据显示在 Web 画面上。在 Web 的世界中默认使用的字符编码是 UTF-8，所以如果数据库的字符编码也是 UTF-8，就不需要进行字符编码的转换了。

　　而本书在介绍数据库的基本操作时，使用了运行在命令行上的一个名为 MySQL 监视器（→ 3.2 节）的客户端软件。因为中文 Windows 系统中命令行的默认字符编码是 GBK，所以 MySQL 监视器的输入输出字符串的字符编码也是 GBK。也就是说，如图 2-18 所示，存储在数据库中的字符的字符编码和客户端的输入输出中使用的字符编码并不相同。

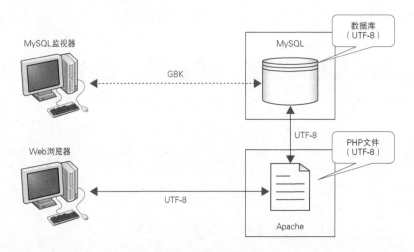

图 2-18　本书字符编码的处理

　　在这种情况下，当向数据库存储数据时（GBK → UTF-8），以及从数据库读取数据显示在客户端上时（UTF-8 → GBK），都需要进行字符编码的转换。不过请放心，转换操作并不麻烦，只要在 MySQL 的设置文件中设置一番即可。

　　此外，关于本书使用的文本文件的字符编码，还有几个需要注意的地方，在以后的介绍中我会适时进行提醒。

2.4.2　修改 my.ini

　　MySQL 中字符编码的初始设置可以通过文本文件 my.ini 进行修改。如果根据本书 2.2 节的介绍安装了 MAMP，my.ini 就会保存在下面的文件夹中。

C:\MAMP\conf\mysql

　　用文本编辑器打开 my.ini，然后添加代码清单 2-1 中红字部分的内容。❶在第 39 行左右，用于设置 MySQL 数据库的字符编码。❷在第 146 行左右，用于设置 mysql 命令（后述）的字符编码。

代码清单 2-1　修改 my.ini

```
...

[mysqld]
port          = 3306
socket        = mysql
skip-external-locking
key_buffer_size = 16M

...


myisam_sort_buffer_size = 8M
basedir = C:/MAMP/bin/mysql/
datadir = C:/MAMP/db/mysql/
character-set-server=utf8                                                    1

...


[mysql]
no-auto-rehash
# Remove the next comment character if you are not familiar with SQL
#safe-updates
default-character-set=gbk                                                    2
...
```

修改完 my.ini 后保存，并在 MAMP 的画面上重新启动服务器。

3.3.4 节将介绍如何确认是否正确地设置了字符编码，如果没有正确地进行设置，请再重新确认一下上面的操作。

2.5　本书中使用的表

本书中作为示例使用的数据库，其名称全部为 db1。另外，介绍 MySQL 时使用的表，主要是虚拟公司 "D 公司" 的销售信息表 tb 和员工信息表 tb1。

2.5.1　销售信息表 tb（按员工号统计的月销售额）

表 2-3 是按 D 公司员工号统计的每月销售数据。

表 2-3　D 公司 2018 年第 2 季度销售信息

员工号	销售额（万元）	月份
empid	sales	month
A103	101	4
A102	54	5
A104	181	4
A101	184	4
A103	17	5
A101	300	5
A102	205	6
A104	93	5
A103	12	6
A107	87	6

假设销售额以万元为单位。也就是说，员工号为 A103 的员工在 4 月份的销售额是 101 万元。在对表进行操作的时候想想身边的销售公司，就很容易理解了。

本书中，列名（→ 1.1.2 节）使用了 empid（员工号）、sales（销售额）、month（月份）这样的英文表示。对于列名、表名和变量名等的命名方法，虽然很多程序员有自己惯用的规则，但为了更容易理解，本书采用了简单的英文字母作为列名。

2.5.2　员工信息表 tb1（各员工号代表的员工的姓名、年龄）

tb1 是 D 公司的员工信息表（见表 2-4），通过这个表我们可以知道，刚才介绍的表 tb 中销售额为 101 万元、员工号为 A103 的员工是中川，年龄是 20 岁。

表 2-4　D 公司 2018 年的员工信息

员工号	姓名	年龄
empid	name	age
A101	佐藤	40
A102	高桥	28
A103	中川	20
A104	渡边	23
A105	西泽	35

另外，在后面的解说中表 tb1 的内容会发生变更，所以为了使没有从头开始阅读本书的读者不会在理解上产生问题，我会以操作和表 tb1 内容完全一样的 tb1A、tb1B、tb1C 等的形式进

行介绍。这样既可以创建多个内容相同的表，也可以忽略中途修改的内容，使用相同的表 tb1 进行练习。

关于表的复制请参考 7.1 节的内容。

2.6 总结

本章介绍了以下内容。

- MAMP 的安装
- 到 MySQL 启动为止的设置
- MySQL 中中文字符编码的设置
- 书中使用的员工信息表 tb1 和销售信息表 tb 的内容

如果 MySQL 安装失败，就很难学习第 3 章以后的内容了。在安装失败的情况下，请参考附录 2，提前把问题解决掉。

▶ 自我检查

下面检查一下本章学习的内容是否全部理解并掌握了。

☐ 能够正常安装 MAMP
☐ 能够设置字符编码
☐ 能够设置 MySQL 的路径、扩展名等
☐ 理解 MySQL 里中文的相关处理
☐ 理解员工信息表 tb1 和销售信息表 tb 的内容

专栏▶ 关于 macOS 版的 MAMP

MAMP 原本就是面向 macOS 开发的软件，Windows 版是之后才开发的。现在依然按照这种开发顺序进行开发，所以本书使用的 Windows 版的 MAMP 的版本是 3.3.1，而 macOS 版已经是 4.2 了。(2017 年 8 月时的信息[①])

Windows 版的 MAMP 和 macOS 版的 MAMP 有以下几个不同点。需要注意，这些内容是在 macOS 版 MAMP 4.2 的基础上总结出来的，将来很有可能发生改变。

---

① 截至 2018 年 3 月，Windows 版的 MAMP 最新版本为 MAMP & MAMP PRO 4.0，而 macOS 版的 MAMP 最新版本为 MAMP & MAMP PRO 4.4.1。——译者注

● MAMP 和 MAMP PRO

　　macOS 版的 MAMP 和 MAMP PRO 会被同时安装。当使用标准版的 MAMP 时，请启动"应用程序 >
MAMP"中的 MAMP.app。

● **mysql** 命令的路径

　　用于显示 MySQL 监视器的 mysql 命令在路径"应用程序 > MAMP > Library > bin"中。可以通过在终端
执行下面的 export 命令来添加这个命令的搜索路径。

```
export PATH=$PATH:/Applications/MAMP/Library/bin
```

● htdocs 文件夹的路径

　　文件根目录的 htdocs 文件夹的路径变为"应用程序 > MAMP > htdocs"。

● 使用的端口

　　macOS 版的 MAMP 中包含的 Apache 和 MySQL 使用的端口与 Windows 版的有所不同，这是因为 macOS
上默认安装了 Apache，为避免发生冲突才使用了不同的端口。

	macOS 版	Windows 版
Apache 的端口	8888 号	80 号
MySQL 的端口	8889 号	3306 号

因此，当访问 macOS 版 Apache 管理的 Web 画面时，需要像下面这样在 URL 上指定端口。

 http://localhost:8888/MAMP

第2部分
MySQL 的基础知识

　　我们将从 MySQL 的基础内容开始进行实践，其中包括创建数据库，创建表，插入数据，确认数据，以及修改、复制和删除表的方法。首先是数据库的入门篇，在这部分内容中，我们会学习数据库操作的一系列流程。刚开始接触数据库的读者不妨每天做一下附录3。

　　大家知道成功的秘诀是什么吗？那就是在成功之前绝不放弃。让我们一起加油吧！

第3章 MySQL监视器

本章我们将从 MySQL 的基础内容开始讲起。

操作 MySQL 的方法有好几种，首先我们来学习 MySQL 监视器的操作方法。学会使用 MySQL 监视器，就可以执行各种命令，自由地对 MySQL 进行操作了。

3.1 创建数据库前的准备事项

首先，我们要确认一下 MySQL 的使用环境是否都准备好了。需要提前完成的工作如下所示。

① 安装好 MySQL
② 设置好 MySQL 安装文件夹的路径
③ 完成 MySQL 的中文设置

如果还没有安装好 MySQL，请参考第 2 章的内容进行安装和设置。

3.2 什么是 MySQL 监视器

安装好 MySQL 之后，就可以使用被称为 MySQL 监视器的程序了。MySQL 监视器这个客户端程序以用于操作 MySQL 的 CUI（Character User Interface，字符用户界面）为基础。MySQL 监视器不支持使用鼠标来进行点击或拖曳，用户需要使用键盘直接输入命令来操作数据库，输出结果也全部以文本的形式显示出来。

初次使用命令行操作数据库的读者，在习惯使用键盘操作数据库之前可能会很辛苦。不过，

"自己敲键盘发出命令，然后返回结果"其实是一件非常令人愉快的事，我们要通过反复操作来逐渐习惯这种操作方式。

3.3　启动 MySQL 监视器

3.3.1　启动终端软件

下面我们使用 MySQL 监视器操作 MySQL。MySQL 监视器需要使用终端软件，例如 Windows 环境的"命令提示符"或"Windows PowerShell"、macOS 和 Linux 环境的"终端"（terminal）等。所以，大家要先学会使用作为命令操作平台的命令提示符和终端。本书将以 Windows 的命令提示符为例进行介绍。

如图 3-1 所示，Windows 的命令提示符需要通过选择"开始"菜单的"Windows 系统"→"命令提示符"启动（在 Windows 7 的情况下，选择"开始"→"所有程序"→"附件"→"命令提示符"），或者同时按下 Win 键和 R 键，显示出"运行"对话框后，输入"cmd"，点击"确定"，这样也可以启动命令提示符。

图 3-1　启动命令提示符

命令提示符启动后，会显示出图 3-2 的画面。

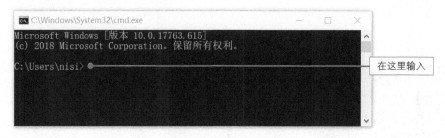

图 3-2　命令提示符

本书虽然以 Windows 的命令提示符为例进行说明，但是在 macOS 或 Linux 的终端进行操作时，步骤也基本相同。

画面的左侧会显示出 ">" 图标，这个图标叫作提示符（prompt），用于表示正在等待用户输入命令的状态。C:\Users\nisi 是用户当前所在的文件夹位置（当前路径）。这个当前路径会根据具体使用的环境而发生改变。

3.3.2　启动 MySQL 监视器

在命令提示符里输入 `mysql` 命令，就可以启动 MySQL 监视器了。具体格式如下。

> **格式**　启动 MySQL 监视器
>
> ```
> mysql -u 用户名 -p密码
> ```

"-u 用户名" 和 "-p 密码" 称为选项（option）。在上面的例子中，执行 `mysql` 命令的同时也指定了用户名和密码。如果没有设置密码，则不需要输入 "-p 密码" 选项。

"mysql" 和 "-u" 之间，以及 "用户名" 和 "-p" 之间，都需要输入半角空格。但是 "-p" 和 "密码" 之间不能有空格。注意，"-p" 和 "密码" 之间有空格会发生错误。

在通过 MAMP 安装的 MySQL 中，初始设置的用户名和密码如下。

用户名　→　root
密码　　→　root

一般来说，这种简单的密码会在安全方面存在很大的问题，所以通常需要修改密码或者在缩小权限后创建一个新用户。但为了尽早开始 MySQL 的学习，本书省去了这部分操作。

下面试着启动一下 MySQL 监视器。在命令提示符中输入下面的命令。

```
mysql -u root -proot
```

启动 MySQL 监视器后，如果显示出 Welcome to the MySQL monitor. Commands end with ; or \g. 之类的消息，就意味着成功连接了 MySQL（见图 3-3）。

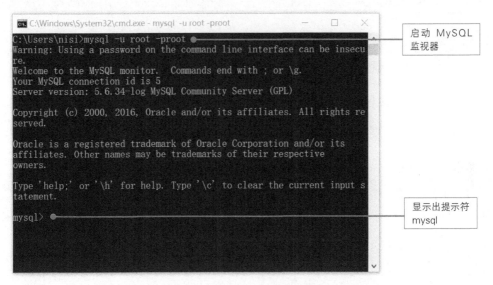

图 3-3 启动 MySQL 监视器

在显示的信息中，Commands end with ; or \g. 表示请在接下来输入的命令的最后加上 ";" 或 "\g"。在本书中，MySQL 监视器的命令的最后会统一加上 ";"。

命令提示符看起来和最初的状态没有什么两样，但最下方显示出了 MySQL 监视器的提示符 mysql，后面的光标也变得一闪一闪的。我们要在这里输入 SQL 语句的命令。

专栏▶ 命令提示符的 UTF-8 设置

本书以 "命令提示符端使用字符编码 GBK 进行数据的输入和输出，而数据库则使用 UTF-8 存储数据" 为前提进行介绍。

其实，我们也可以把命令提示符端的字符编码设置成 UTF-8。为了达到这个目的，我们需要按照下面的格式在命令提示符中执行 chcp。

```
chcp 65001
```

chcp 命令用于修改命令提示符的字符编码，65001 代表 UTF-8。如果这样设置，就不需要修改 my.ini 中❷的内容（→ 2.4.2 节）了。

但是，如果采用了这种方法，就需要一遍一遍地执行这个命令，在某些环境中还可能会发生画面显示崩溃的情况，所以本书没有采用这种方法。

3.3.3 当 MySQL 监视器无法启动时

如果没有显示 "Welcome..." 消息，发生错误，我们可以从以下几个方面来考虑。

▶ 密码错误

输入正确的密码，重新尝试连接。

▶ 没有设置密码，但指定了 -p 选项

省略 -p 的指定，直接执行 mysql -u root。

▶ 路径设置不正确

根据 2.3 节介绍的内容正确设置 MySQL 路径。另外，即使路径设置错误，在命令提示符中输入 cd C:\MAMP\bin\mysql\bin，移动所在文件夹，也能使用相同的命令启动 MySQL 监视器。

▶ "-p" 和 "密码" 之间有空格

二者中间不要输入空格。

▶ 各单词之间的空格是全角空格

各单词之间的空格必须是半角空格。

▶ -p、root、-u 变成了大写字母

再次确认是否所有的字母都是小写字母。

专栏▶ 全角空格和半角空格

对于在命令提示符和 MySQL 监视器中输入的 SQL 语句以及 PHP 脚本（→ 15.7.3 节），其中的空格必须是半角空格。在入门阶段，许多人会不小心输入全角空格，以致错误发生。

3.3.4 确认 MySQL 中字符编码的设置情况

下面我们试着在 MySQL 监视器启动的状态下确认 MySQL 中字符编码的设置情况。在 MySQL 监视器中执行 status 命令，字符编码设置等信息就会显示出来。

启动 MySQL 监视器，输入 status，然后按 Enter 键，就能在本书使用的环境下看到以下执行结果。

执行结果

```
mysql> status
--------------
mysql  Ver 14.14 Distrib 5.6.34, for Win32 (AMD64)

Connection id:          4
Current database:
Current user:           root@localhost
SSL:                    Not in use
Using delimiter:        ;
Server version:         5.6.34-log MySQL Community Server (GPL)
Protocol version:       10
Connection:             localhost via TCP/IP
Server characterset:    utf8
Db      characterset:   utf8                                        ❶
Client characterset:    gbk
Conn.   characterset:   gbk                                         ❷
TCP port:               3306
Uptime:                 8 min 37 sec

Threads: 1  Questions: 15  Slow queries: 0  Opens: 70  Flush tables: 1  Open
tables: 63  Queries per second avg: 0.029
--------------
mysql>
```

❶表示服务器端的字符编码设置，❷表示客户端的字符编码设置。请确认显示的内容是否和示例一致。

另外，字符编码的设置情况还可以通过在 MySQL 监视器中输入 SHOW VARIABLES LIKE 'char%'; 来确认。

3.4 MySQL 监视器的退出操作和密码设置

3.4.1 退出 MySQL 监视器

接下来介绍一下退出 MySQL 监视器的方法。

在提示符状态下，我们可以通过输入 exit 或者 quit，然后按下 Enter 键来退出 MySQL 监视器。

> **格式** 退出 MySQL 监视器

```
exit（或者 quit）
```

退出 MySQL 监视器后会返回到命令提示符"＞"。退出命令提示符或者终端时也要执行 exit。不过这里先不要退出命令提示符。

> **格式** 退出命令提示符（终端）

```
exit（或者直接关闭窗口）
```

3.4.2　使用历史命令

试着再次启动 MySQL 监视器。我们可以像 3.3.2 节介绍的那样通过输入 mysql -u root -proot 来启动 MySQL 监视器，也可以使用下面这种更为简单的方法。

在没有退出命令提示符或者终端的状态下，试着按键盘上的↑，看看会显示出什么内容（见图 3-4）。

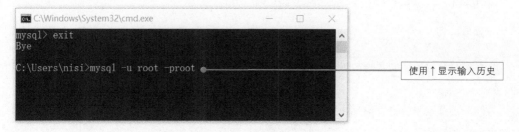

使用↑显示输入历史

图 3-4　使用↑的输入历史功能

在命令提示符或者终端上输入的命令，通常会作为输入历史残留下来。所以，我们可以通过↑键和↓键把过去的输入历史按顺序显示出来。另外，按下 F7 键后，历史命令会全部显示出来，我们可以从中选择想要执行的命令。

3.4.3　安全地输入密码

如上所述，使用↑键将之前输入的 mysql -u root -proot 显示出来，然后按 Enter 键，就可以立即启动 MySQL 监视器了，但是这种操作方式也存在安全隐患。在没有退出终端的情况下，如果其他人使用了这台计算机，-p 中设置的密码就会被别人看见。

所以这一次我们试着用防止非法侵入的方法启动 MySQL 监视器。试着只输入 mysql -u root -p 命令，你就会看到以下要求输入密码的提示。

执行结果

```
>mysql -u root -p

Enter password:
```

在这里输入"root"之类的密码，就可以像前面一样启动 MySQL 监视器了。该方法可以避免通过命令历史盗取密码，因此，在一般情况下它不失为一种好的选择。

另外，不仅是命令提示符的命令，MysQL 监视器中的命令也可以通过 ↑ 键和 ↓ 键来显示输入历史。不管怎样，大家都要记住输入的命令会被保留下来这一点。

专栏▶　**mysql 命令的选项**

在启动 MySQL 监视器的时候，我们输入了 mysql -u root -proot，这个命令其实就是在 mysql 命令的基础上添加了 -u 和 -p 两个选项。像这样通过给命令添加选项，就可以指定命令完成设置的各种处理了。

给 mysql 命令设置选项的方法主要有以下两种。

① 给 "-" 指定选项名，然后加上设置的值
例：-u root（在这种情况下，选项名只占 1 个字符）

② 在 "-- 选项名 =" 后加上设置的值
例：mysql --user=root --password=root

例如，在指定字符编码启动 MySQL 监视器的情况下，可以写成 mysql -u root -proot --default-character-set=gbk。

3.5　设置 MySQL 管理员 root 的密码

在 MAMP 的初始设置中，管理员 root 的密码为"root"。为了便于介绍，本书默认使用了这个用户名和密码。下面就来介绍一下修改密码的方法。这些操作了解即可，不需要实际执行。

3.5.1　修改 root 用户的密码

我们来通过一个示例看一下修改密码的方法。假设把密码修改为"1234"。虽然这个密码也存在安全问题，但这里仅作为修改密码的示例使用，还请大家见谅。

启动 MySQL 监视器，把下面的命令输入到 ">"（提示符）的后面，然后按 Enter 键。

```
SET PASSWORD FOR root@localhost=PASSWORD('1234');
```

执行结果

```
mysql> SET PASSWORD FOR root@localhost=PASSWORD('1234');
Query OK, 0 rows affected (0.00 sec)
```

这样，root 的密码就改成了"1234"，这时就可以退出 MySQL 监视器了。

3.5.2　修改 MAMP 的设置

在修改了 root 用户密码的情况下，如果不修改 MAMP 的设置文件内容，就无法退出和启动 MySQL 服务器。

用文本编辑器打开 C:\MAMP 文件夹中的 MAMP.exe.config 文件，将代码清单 3-1 中的红字内容（第 9 行附近），由 root 改为 1234。

代码清单 3-1　MAMP.exe.config

```
...
    <add key="StopMysqlCommand" value="--user=root --password=1234 --port={0}
shutdown" />
...
```

保存文件后，在 MAMP 画面上点击"Stop Servers"，然后确认 Apache 和 MySQL 是否已经正常停止。再次点击"Start Servers"，Apache 和 MySQL 就会启动起来。

3.5.3　修改 phpMyAdmin 的设置

修改了 MySQL 管理员 root 的密码后，如果要使用 phpMyAdmin（→附录 1），就需要修改 phpMyAdmin 的设置文件。

用文本编辑器打开 C:\MAMP\bin\phpMyAdmin 文件夹中的 config.inc.php 文件，对代码清单 3-2 的红字内容（第 61 行附近）进行修改。

代码清单 3-2　config.inc.php

```
...
$cfg['Servers'][$i]['password'] = '1234'; // MySQL password
...
```

3.6　总结

本章介绍了以下内容。

- MySQL 监视器的使用方法
- 连接和退出 MySQL 的方法
- 历史命令的相关内容
- 修改密码的方法

▶ **自我检查**

下面检查一下本章学习的内容是否全部理解并掌握了。

☐ 能够启动和退出 MySQL 监视器
☐ 能够在不泄露密码的情况下启动 MySQL 监视器
☐ 能够利用选项启动 MySQL 监视器
☐ 能够使用历史命令

▶ 练习题

问题 1

下面介绍了如何在 MySQL 监视器上创建新用户以及赋予用户全部的访问权限。请使用该方法创建具有数据库 db1 所有的访问权限、用户名为 "test"、密码为 "1234" 的用户信息。

■创建用户

```
CREATE USER 新用户名 IDENTIFIED BY '密码';
```

■设置用户权限

```
GRANT 赋予的权限 ON 数据库名.表名 TO 用户名;
```

"用户名" 需要按照 "用户名@主机名" 的方式书写。本书的所有操作都在 localhost 中进行。

"赋予的权限" 如果是所有权限，就设置为 "ALL"；如果仅允许 SELECT 和 UPDATE，就设置为 "SELECT,UPDATE"；如果是所有数据库的所有表，就设置为 "*.*"。

 HINT 这是正文中未涉及的新用户的设置方法。另外，可以使用 root 的权限执行 "DROP USER 用户名;" 来删除用户。

▶ **参考答案**

问题1

用 root 启动 MySQL 监视器，执行下面的命令。

```
CREATE USER test@localhost IDENTIFIED BY '1234';
```

```
GRANT ALL ON db1.* TO test@localhost;
```

执行结果

```
mysql> CREATE USER test@localhost IDENTIFIED BY '1234';
Query OK, 0 rows affected (0.05 sec)

mysql> GRANT ALL ON db1.* TO test@localhost;
Query OK, 0 rows affected (0.02 sec)
```

执行 `exit` 退出 MySQL 监视器后，在命令行中执行下面的内容，确认 MySQL 监视器是否能够正常启动。

```
mysql -u test -p1234
```

注意本书的有些内容需要有 root 权限才能执行，所以在学习过程中，请使用 root 进行操作。

专栏 ▶ **PowerShell 和命令提示符**

　　本书以使用命令提示符操作 MySQL 监视器为例进行了介绍。命令提示符的下一代版本是 Windows PowerShell。在 Windows 8.1 或旧版 Windows 10 中，用右键点击开始按钮就可以选择 "命令提示符"，但在最新版的 Windows 10 中，"命令提示符" 换成了 "Windows PowerShell"。

　　PowerShell 向前兼容命令提示符，所以我们也可以在 PowerShell 上启动 MySQL 监视器，操作数据库。新出现的 PowerShell 拥有很多高级功能，但它和命令提示符之间存在很多细微的差异，我们在使用的过程中要多加注意。

第4章　创建数据库

本章将试着创建数据库。我们将学习创建数据库→创建表→插入数据→确认数据这一系列创建表的流程。

4.1　创建数据库

首先，试着创建一个名为 db1 的数据库来存储本书使用的所有表。

4.1.1　创建数据库

我们可以使用以下命令创建数据库。

格式　创建数据库

```
CREATE DATABASE 数据库名；
```

创建数据库的方法有好几种，这里先介绍最基础的方法——使用 CREATE DATABASE 命令。

SQL 语句的命令需要使用半角字符输入，输入全角字符会发生错误。另外，因为 MySQL 不区分大小写，所以输入哪种都可以。也就是说，CREATE DATABASE、Create Database 和 create database 代表相同的命令。本书 SQL 语句的命令统一使用大写字母来记述。

> **操作方法**
>
> 输入下面的命令，创建数据库。
>
> ```
> CREATE DATABASE db1;
> ```

执行结果

```
mysql> CREATE DATABASE db1;
Query OK, 1 row affected (0.01 sec)
```

创建第一个数据库是一项很重要的工作，不过 MySQL 监视器只会给一个简短的回复。如果顺利地创建了数据库，执行结果会显示 Query OK, 1 row affected (0.01 sec) 这样的信息。它表示"查询成功，更改了 1 行，花费 0.01 秒"。显示 Query OK 就代表命令执行成功。在执行 SQL 语句时，一定要确认结果中是否显示了这个 Query OK 的信息。

顺便说一下，数据库名和表名（→ 1.1.2 节）在 Windows、macOS 和 Linux 上的处理方法并不相同。在 Windows 和 macOS 的环境中不区分字符的大小写，但是在 Linux 环境中却区分大小写。也就是说，表 tb1 和表 TB1 在 Windows 和 macOS 环境中会作为相同的表名处理，但是在 Linux 环境中会作为不同的表名处理。为了便于和命令进行区分，本书基本上使用了小写字母来表示数据库名、表名和列名。

此外，虽然我们也可以使用中文来命名数据库名、表名和列名，但是这样会增大问题发生的概率，所以最好不要使用中文。

▶ 发生错误的情况

如果发生错误，不妨先确认一下命令的最后是否忘记输入";"（分隔符）。在 MySQL 监视器上，命令的最后需要输入";"。如果在没有输入";"的情况下直接按 Enter 键，就会显示"->"标记。它表示命令还没有结束，此时只要输入";"并按下 Enter 键，命令就会执行。在熟悉这项操作前会容易忘记敲";"，不过没有关系，显示"->"标记后再输入";"也来得及。

另外，如果显示了 You have an error in your SQL syntax（你的 SQL 语句的语法有问题）之类的信息，请确认一下命令的拼写是否有错误。如果显示了 Can't create database 'db1'; database exists（db1 已经存在，无法再次创建），就表示数据库 db1 已经被创建过了。MySQL 中无法创建多个同名的数据库。

专栏▶ 在租赁服务器上使用 MySQL

在使用租赁服务器时，数据库名通常是事先决定好的，所以并不是在所有的情况下都需要创建数据库或者可以给数据库随意取名字，这一点需要注意。

4.2 确认创建的数据库

4.2.1 确认数据库

SHOW 命令用于确认数据库的信息。大部分信息能通过 SHOW 命令显示出来。我们可以使用下面的命令显示现在已经存在的数据库。

格式 显示数据库一览

```
SHOW DATABASES;
```

操作方法

输入下面的命令，确认创建的数据库。

```
SHOW DATABASES;
```

执行结果

```
mysql> drop database a;
Query OK, 0 rows affected (0.00 sec)

mysql> SHOW DATABASES;
+--------------------+
| Database           |
+--------------------+
| information_schema |
| db1                |
| mysql              |
| performance_schema |
| test               |
+--------------------+
5 rows in set (0.00 sec)
```

创建好的数据库会显示出来。可以看到，以文本形式表示的方格框架的下方显示了一些内容，其中包括刚刚创建的 db1。另外，最下面的一行会显示 ××rows in set 这种输出行数的信息。当输出内容无法容纳在 MySQL 监视器的一个屏幕中时，我们只要确认这个行数信息就可以了。

4.2.2　test 和 mysql 数据库

我们已经知道数据库 db1 创建成功了。但与此同时，test 和 mysql 等数据库也被默认创建了出来。这些不明数据库到底是什么呢?

实际上，在安装 MySQL 的时候会自动创建一个名为 test 的数据库。这个数据库本身是空的，里面没有任何表。也就是说，即使用户没有执行 CREATE DATABASE ×× 命令，也可以立刻进行数据库测试。

而 mysql 是负责存储 MySQL 各种信息的数据库，它保存了管理用户信息的表 user 等（→ 4.10节）。除此之外，它还保存了存储 MySQL 信息的数据库及示例数据库。

4.3　指定使用的数据库

成功创建数据库后，我们试着在数据库中创建表。在 MySQL 中，并不是启动后就能立即使用数据库，还需要显式地声明使用什么数据库。不过，即使不指定使用的数据库，也可以启动 MySQL 监视器。

一些 RDBMS 要求在启动 MySQL 监视器的同时指定数据库，但 MySQL 并没有对此提出要求。

4.3.1　指定数据库

我们可以使用 use 命令指定数据库。

> **格式**　指定使用的数据库

```
use 数据库名
```

操作方法

输入下面的命令，指定使用数据库 db1。

```
use db1;
```

执行结果

```
mysql> use db1
Database changed
```

　　执行 use 命令后，结果中会显示 Database changed（数据库改变了）的信息。明明没有选择任何数据库却显示了 "changed"，这一点有些奇怪，不过我们并不需要在意。

　　读者是否注意到命令的最后没有输入 ";" 呢？在 SQL 语句中，命令的最后通常需要输入 ";"，但是 use 不是 SQL 语句，所以不输入 ";" 也没有问题。另外，我们可以用 \u 来代替 use，使用 \u db1 命令指定数据库。像这种不需要输入 ";" 的命令，本书统一用小写字母表示。

　　另外，因为 MySQL 可以在不选择数据库的状态下启动 MySQL 监视器，所以我们很容易忘记当前使用的是哪个数据库。这一点需要我们多加注意。

▶ 显示当前使用的数据库

我们可以使用下面的方法查看当前使用的数据库。

> **格式** 显示当前使用的数据库

```
SELECT DATABASE();
```

> **执行结果**

```
mysql> SELECT DATABASE();
+------------+
| DATABASE() |
+------------+
| db1        |
+------------+
1 row in set (0.00 sec)
```

> **专栏▶** 选择数据库启动 MySQL 监视器
>
> 　我们可以直接指定数据库启动 MySQL 监视器。
>
> 　在这种情况下，可以像 mysql db1 -u root -proot 这样，通过在命令提示符中指定数据库名来执行 mysql 命令。

4.4　创建表 tb1

　　现在数据库 db1 还是空的状态。下面创建员工信息表 tb1 并插入各条数据。即使操作失误导致创建出来的表乱七八糟也没有关系，因为这些表都可以轻松删除（→ 7.7 节）。

4.4.1 列和字段

在创建表时，需要事先指定输入数据的类型是什么、列名是什么等。

数据库中也有分开使用术语的情况，比如构成表的项目称为字段（field），构成记录的各项目的数据称为列。本书统一使用"列"这一术语。

4.4.2 数据类型

列中保存的数据的种类称为数据类型。INT 表示能够存储 1、2、3 这样的整数数据。VARCHAR 表示能够存储字符数据。另外，VARCHAR 的后面会紧跟"(10)"这样的内容，它表示允许最多输入 10 个字符。

这里先记住 INT 和 VARCHAR 这两种数据类型。关于数据类型的详细内容，我们会在第 5 章进行说明。

▶ 创建的表的结构

下面创建包含以下 3 个列的表。如表 4-1 所示，各列对数据类型也有一定要求。

表 4-1　表 tb1

具体内容	员工号	姓名	年龄
列名	empid	name	age
数据类型	VARCHAR(10)	VARCHAR(10)	INT

创建表 tb1，其中将列 age 定义为整数，将列 empid 和列 name 定义为允许最多输入 10 个字符。

这次设置的列名分别为 empid、name 和 age。虽然表名或列名可以使用中文，但是使用中文名字会发生各种各样的问题。因此，数据库名、表名或列名等最好不要使用中文。本书的表名、列名全部使用了半角英文字母和数字。

4.4.3 创建表

我们可以使用 CREATE TABLE 命令创建表。在 () 内使用空格分开列名和数据类型，各个列之间使用","分隔。

> **格式** 创建表
>
> CREATE TABLE 表名 (列名 1 数据类型 1，列名 2 数据类型 2...);

下面我们试着创建 D 公司的员工信息表 tb1。

▶ **表的结构**

表 tb1 的列结构

empid	name	age
VARCHAR(10)	VARCHAR(10)	INT

操作方法

在 MySQL 监视器中使用 db1，在此状态下输入下面的命令。

```
CREATE TABLE tb1 (empid VARCHAR(10),name VARCHAR(10),age INT);
```

执行结果

```
mysql> CREATE TABLE tb1 (empid VARCHAR(10),name VARCHAR(10),age INT);
Query OK, 0 rows affected (0.25 sec)
```

显示 Query OK 就表示成功。不在命令的最后输入 ";" 就无法执行命令（→ 4.1.1 节）。如果发生错误，请检查是否出现了拼写错误，或者是否输入了全角空格，检查完之后再尝试执行。

另外，当存在同名的表时会发生错误，不会替换之前已经存在的表。

专栏▶ 使用 `` 把数据库名括起来

数据库名、表名和列名可以用 ``（反引号）括起来使用，本书就不对这种方法进行介绍了。另外，输入到列中的字符串的值需要用 ''（单引号）或者 ""（双引号）括起来。

4.5 显示所有的表

4.5.1 显示所有的表

4.2 节介绍过 SHOW 命令可以显示 MySQL 中各种各样的信息。而当显示数据库中所有的表时，需要使用 SHOW TABLES 命令。

格式 显示所有的表

```
SHOW TABLES;
```

操作方法

输入下面的命令，确认执行结果中是否出现了刚刚创建的表 tb1。

```
SHOW TABLES;
```

执行结果

```
mysql> SHOW TABLES;
+---------------+
| Tables_in_db1 |
+---------------+
| tb1           |
+---------------+
1 row in set (0.00 sec)
```

▶ 指定字符编码创建表

在 MySQL 中输入字符到表中时，会因为各种原因出现字符乱码的情况。这时有一个方法可以解决这个问题，那就是指定字符编码创建表。

例如在指定 UTF-8 创建表时，在 "CREATE TABLE ..." 的命令中加上 CHARSET=utf8 选项。如果无论如何都解决不了字符乱码的问题，不妨尝试一下下面这种方法。

```
CREATE TABLE tb1 (empid VARCHAR(10),name VARCHAR(10),age INT) CHARSET=utf8;
```

注意，本书使用的 MySQL 的默认字符编码是 UTF-8，所以不需要按照上面的设置来创建表。

专栏▶ 访问其他数据库

在使用 use 选择数据库的状态下也能够操作其他数据库中的表。这时可以像 "数据库名 . 表名" 这样把 "数据库名" 和 "表名" 用 "." 连接起来。例如，当从其他数据库访问数据库 db2 中的表 table 的所有记录时，可以使用下面的命令。

```
SELECT * FROM db2.table;
```

这个命令在没有使用 use 选择数据库的状态下也可以执行。

4.6 确认表的列结构

下面来确认列的数据类型等结构。

4.6.1 确认表的列结构

用于显示表的列结构的命令是 DESC 或者 DESCRIBE。像这种同一个命令有多种表示方法的情况在 SQL 语句中很常见。本书尽量采用了简单的表示方法。

格式 显示表的列结构

```
DESC 表名;
```

下面试着显示表 tb1 的列结构。

▶ 表的结构

▶ 显示出来的表 tb1 的列结构

empid	name	age
VARCHAR(10)	VARCHAR(10)	INT

操作方法

输入下面的命令,显示表 tb1 的列结构。

```
DESC tb1;
```

执行结果

```
mysql> DESC tb1;
+-------+-------------+------+-----+---------+-------+
| Field | Type        | Null | Key | Default | Extra |
+-------+-------------+------+-----+---------+-------+
| empid | varchar(10) | YES  |     | NULL    |       |
| name  | varchar(10) | YES  |     | NULL    |       |
| age   | int(11)     | YES  |     | NULL    |       |
+-------+-------------+------+-----+---------+-------+
3 rows in set (0.05 sec)
```

Null 表示"允许不输入任何值"，Default 表示"如果什么值都不输入就用这个值"（→ 6.11 节）。

Field 表示列名，Type 表示数据类型。Key 和 Extra 会在 6.8 节进行介绍，这里就不多讲了。另外，数据类型 INT 后面紧跟着的数值是 MySQL 自动设置的，表示位数。

> **专栏▶ 特殊的 SHOW**
>
> 使用 SHOW 命令能够显示数据库名（→ 4.2 节）、表名（→ 4.5 节）、表的结构以及字符编码设置（→ 3.3.4 节）等各种各样的信息。
>
> 然而，SHOW 是其他 RDBMS 的 SQL 中所没有的，它是 MySQL 特有的命令[①]。因此，一些精通 SQL 的人认为应该尽量不去使用只能在 MySQL 中使用的命令。但是，本书是介绍 MySQL 的书，而且 SHOW 也是一个非常方便的命令，所以本书大量使用了该命令。此外，4.3.1 节提到本书统一使用小写字母表示不需要输入"；"的命令，SHOW 虽然是 MySQL 特有的命令，但是使用时需要在后面加上"；"，因此，在本书中该命令和普通的 SQL 命令一样使用大写字母表示。

4.7　向表中插入数据

虽然表 tb1 创建成功了，但是最重要的数据还没有插入进去，所以下面我们试着添加数据。

4.7.1　插入数据

我们可以使用下面的命令向表中插入数据。

格式　向表中插入数据

```
INSERT INTO 表名 VALUES(数据 1, 数据 2...);
```

在 VALUES 后面的 () 中，需要按照列的顺序用"，"来区分各数据。这里我们试着向 D 公司员工信息表 tb1 中插入表 4-2 的数据。

表 4-2　向表 tb1 中插入的数据

列 empid 中插入的值	列 name 中插入的值	列 age 中插入的值
A101	佐藤	40
A102	高桥	28
A103	中川	20
A104	渡边	23
A105	西泽	35

---

① 12c Oracle 数据库中也有 SHOW 命令，例如 SHOW PDBS 等。——译者注

例如第 1 行数据表示员工号为 A101、名字为佐藤的员工，其年龄是 40 岁。首先创建 5 条（5 个人的）数据，一个人的数据就是一条记录（→ 1.1.2 节）。

另外，因为列 name 被设置成了 VARCHAR(10)，所以我们无法输入多于 10 个字符的数据。但是在 MySQL 中，即使输入了多于指定字符数（这里是 10 个字符）的数据也不会报错，而是会忽略无法插入的字符（这里是指 10 个字符之后的数据）[①]，这一点需要注意。

数值数据可以直接插入，字符串数据需要用 " " 或者 ' ' 括起来。本书使用 ' ' 将字符串数据括起来（→ 4.4.3 节）。

这次也会输入中文。我们可以通过在命令提示符中启动中文输入法来输入。注意，一定要使用半角字符输入中文以外的内容。

▶ **执行内容**

▶ **执行前（表 tb1）**

empid	name	age

▶ **执行后**

empid	name	age
A101	佐藤	40

插入第 1 条记录

操作方法

通过下面的命令，向表 tb1 的列 empid、列 name 和列 age 中分别输入 'A101'、' 佐藤 '、40。

```
INSERT INTO tb1 VALUES('A101','佐藤',40);
```

执行结果

```
mysql> INSERT INTO tb1 VALUES('A101','佐藤',40);
Query OK, 1 row affected (0.12 sec)
```

执行成功的话会显示 Query OK。如果显示 You have an error，请确认拼写是否正确。注意，不能出现全角空格。

这样就插入了第 1 条记录。第 2 条记录也可以用同样的方法插入，不过我们可以用其他更简单的方法来操作。请试着按 ↑ 键或 ↓ 键，这样就会显示出之前输入的命令历史。

[①] 该动作主要受到 MySQL 的 SQL Modes 的影响，例如当 SQL Modes 设为 STRICT_TRANS_TABLES 时会报出 Data too long for column 'XXX' at row XX 的错误。——译者注

4.7.2 向表 tb1 中添加第 2 条记录

下面我们使用上下键更高效地输入第 2 条记录。

▶ **执行内容**

▶ 执行前（表 tb1）

empid	name	age
A101	佐藤	40

▶ 执行后

empid	name	age
A101	佐藤	40
A102	高桥	28

插入第 2 条记录

操作方法

① 按↑键或↓键，会显示出输入第 1 条记录时使用的命令 "INSERT INTO tb1 VALUES('A101',' 佐藤 ',40);"。
② 通过←键将光标移动到需要修改的字符处。
③ 使用 Delete 键或者 Back space 键按照下面的内容进行修改，然后按 Enter 键。

```
INSERT INTO tb1 VALUES('A102','高桥',28);
```

和命令提示符一样，通过↑键或↓键能够显示出以前输入的命令历史。如果有需要修改的地方，可以使用←键或→键移动光标，编辑需要修改的内容。无论光标在这一行的哪个位置，我们只要按下 Enter 键都可以执行该命令。另外，按 F7 键可以让历史命令列表显示出来。往后会输入更复杂的 SQL 语句，记下来这些技巧会方便不少。

如果执行结果显示 Query OK, 1 row affected (0.00 sec)，就表示第 2 条记录插入成功了。然后使用同样的方法插入第 3 条记录。

操作方法

通过下面的命令插入第 3 条记录。

```
INSERT INTO tb1 VALUES('A103','中川',20);
```

4.7.3 指定列名插入记录

我们试着用其他方法插入第 4 条记录。上面的方法需要按照设置好的列的顺序输入数据，但其实我们也可以忽略列的顺序，通过指定列名来插入记录。

> **格式** 指定列名插入记录

```
INSERT INTO 表名（列名 1，列名 2...）VALUES（数据 1，数据 2...）;
```

下面就来使用这种方法插入第 4 条记录。这里我们故意改变列的顺序插入记录。

▶ **执行内容**

   ▶ 执行前（表 tb1）

empid	name	age
A101	佐藤	40
A102	高桥	28
A103	中川	20

   ▶ 执行后

empid	name	age
A101	佐藤	40
A102	高桥	28
A103	中川	20
A104	渡边	23

插入第 4 条记录

> **操作方法**
>
> 输入下面的命令，插入第 4 条记录。
>
> ```
> INSERT INTO tb1 (age,name,empid) VALUES(23,'渡边','A104');
> ```

请使用上面介绍的任意一种方法插入第 5 条记录。

4.7.4 一次性输入记录

有一种方法可以一次性输入多行记录。

> **格式** 向表中插入多行记录

```
INSERT INTO 表名 ( 列名 1, 列名 2...) VALUES ( 数据 1, 数据 2...),( 数据 1, 数据 2...),( 数据 1, 数据
2...)...;
```

对于 4.7.1 节中的示例, 我们可以使用下面的方法插入记录。

```
INSERT INTO tb1 (empid,name,age) VALUES ('A101','佐藤',40),('A102','高桥',28),
('A103','中川',20),('A104','渡边',23),('A105','西泽',35);
```

虽然较长的 SQL 语句也可以在中间换行输入, 但是 VALUES 等关键字如果不在一行, 就会发生错误。此外, 数据中间也不能换行。

4.8　显示数据

至此我们就完成了数据的输入, 下面我们试着把输入的数据显示出来。

4.8.1　显示数据

使用 SELECT 命令能够让列的数据显示出来。SELECT 是 SQL 语句中使用频率最高的命令。

> **格式** 显示各列的数据

```
SELECT 列名 1, 列名 2... FROM 表名 ;
```

例如, 当显示表 tb1 的列 empid 和列 name 时, 需要使用下面的命令。

```
SELECT empid,name FROM tb1;
```

一个一个地指定列名有些麻烦, 这时使用表示所有列的 "*"（星号）会方便许多。

此外, 从第 8 章开始我们将会学习如何才能只显示满足条件的记录。在此之前, 我们暂时使用 "SELECT * FROM 表名 ;" 来显示所有记录。

▶ 执行内容

　　▶ 执行后（表 tb1 的记录）

empid	name	age
A101	佐藤	40
A102	高桥	28

（续）

empid	name	age
A103	中川	20
A104	渡边	23
A105	西泽	35

操作方法

输入下面的命令，显示所有的记录。

```
SELECT * FROM tb1;
```

执行结果

```
mysql> SELECT * FROM tb1;
+-------+------+------+
| empid | name | age  |
+-------+------+------+
| A101  | 佐藤 |   40 |
| A102  | 高桥 |   28 |
| A103  | 中川 |   20 |
| A104  | 渡边 |   23 |
| A105  | 西泽 |   35 |
+-------+------+------+
5 rows in set (0.00 sec)
```

▶ 使用 SELECT 输出指定的值

SELECT 命令还能用于显示与数据库无关的值。例如输入

```
select '测试';
```

字符串"测试"就会像下面这样显示出来。

执行结果

```
mysql> select '测试';
+------+
| 测试 |
+------+
| 测试 |
+------+
1 row in set (0.00 sec)
```

这种方法适用于确认函数的值或计算结果。例如输入"SELECT　(2+3)*4;"后按 Enter 键，就会显示出"20"。

另外，SELECT 在 MySQL 以外的 RDBMS 中也能使用。无论对多么重要的表执行该命令都不会破坏表中数据，所以大家可以放心练习。

4.9 （准备）复制表 tb1

第 5 章以后会使用和表 tb1 内容相同的表 tb1A~ tb1K 来介绍 MySQL 的表操作。当然，使用之前介绍的 CREATE TABLE 命令也可以创建这些表，不过会麻烦一些。

下面我们通过复制表 tb1 来创建 11 个表。表的复制方法会在 7.1 节详细介绍，这里只要在 MySQL 监视器中执行下面的命令即可。第 2 行之后可以使用↑键，仅修改表名即可，这样很快就能完成。

```
CREATE TABLE tb1A SELECT * FROM tb1;
CREATE TABLE tb1B SELECT * FROM tb1;
...
CREATE TABLE tb1K SELECT * FROM tb1;
```

我们可以通过 SHOW TABLES 命令确认是否成功创建了表。

执行结果

```
mysql> CREATE TABLE tb1A SELECT * FROM tb1;
Query OK, 5 rows affected (0.20 sec)
Records: 5  Duplicates: 0  Warnings: 0

mysql> CREATE TABLE tb1B SELECT * FROM tb1;
Query OK, 5 rows affected (0.09 sec)
Records: 5  Duplicates: 0  Warnings: 0
...
mysql> CREATE TABLE tb1K SELECT * FROM tb1;
Query OK, 5 rows affected (0.19 sec)
Records: 5  Duplicates: 0  Warnings: 0

mysql> SHOW TABLES;
+---------------+
| Tables_in_db1 |
+---------------+
| tb1           |
| tb1a          |
| ...           |
| tb1k          |
+---------------+
12 rows in set (0.00 sec)
```

4.10 总结

本章介绍了以下内容。

- 创建数据库的方法
- 创建表的方法
- 显示列结构的方法
- 插入数据的方法
- 显示所有数据的方法

SQL 的初学者要先反复练习基本的 SQL 语句，达到牢记于心的程度。另外，请灵活使用附录 3 中的练习。

▶ **自我检查**

下面检查一下本章学习的内容是否全部理解并掌握了。

☐ 能够理解 "CREATE DATABASE…" 的使用方法

☐ 能够理解 "CREATE TABLE…" 的使用方法

☐ 能够理解 "DESC…" 的使用方法

☐ 能够理解 "INSERT INTO…" 的使用方法

☐ 能够理解 "SELECT * FROM…" 的使用方法

▶ **练习题**

问题1

使用 1 行命令显示 2 次表 tb1 的所有数据。

 只显示 2 次结果，但命令是 1 行。

问题2

数据库 mysql 的表 user 的列 user 中包含了用户信息，请显示这个信息。

 必须用 root 权限执行。

◤ 参考答案

问题1

执行下面的命令。

```
SELECT * FROM tb1; SELECT * FROM tb1;
```

执行结果

```
mysql> SELECT * FROM tb1; SELECT * FROM tb1;
+-------+------+------+
| empid | name | age  |
+-------+------+------+
| A101  | 佐藤 |   40 |
| A102  | 高桥 |   28 |
| A103  | 中川 |   20 |
| A104  | 渡边 |   23 |
| A105  | 西泽 |   35 |
+-------+------+------+
5 rows in set (0.00 sec)

+-------+------+------+
| empid | name | age  |
+-------+------+------+
| A101  | 佐藤 |   40 |
| A102  | 高桥 |   28 |
| A103  | 中川 |   20 |
| A104  | 渡边 |   23 |
| A105  | 西泽 |   35 |
+-------+------+------+
5 rows in set (0.00 sec)
```

问题2

输入下面的命令。

```
use mysql
SELECT user FROM user;
```

执行结果

```
mysql> use mysql
Database changed
mysql> SELECT user FROM user;
+------+
| user |
+------+
| root |
| root |
| root |
| test |
+------+
4 rows in set (0.00 sec)
```

执行后使用 use db1 选择原来的数据库。

在数据库 db1 中执行下面的命令也会得到相同的结果。

```
SELECT user FROM mysql.user;
```

专栏▶ **MySQL 的文档**

本书使用的 MAMP 附属的 MySQL 是 5.6 版本，我们可以通过下面的 URL 查看它的参考手册。

MySQL 5.6 参考手册

https://dev.mysql.com/doc/refman/5.6/en/

当前（2018 年 5 月）MySQL 的最新版本是 8.0，我们可以通过下面的 URL 查看它的参考手册。

MySQL 8.0 参考手册

https://dev.mysql.com/doc/refman/8.0/en/

第5章 数据类型和数据输入

数据库中一旦设置了数据类型，之后再修改就会很麻烦。本章我们需要牢牢记住可以在 MySQL 中设置的具有代表性的数据类型以及各类型数据的输入方法。

5.1 什么是数据类型

如图 5-1 所示，数据库的表中只能输入各个列指定格式的数据。例如，指定为"数值类型"的列中不能输入字符等数据。指定为"日期类型"的列中，只能输入日期数据。这种数据的格式称为数据类型。

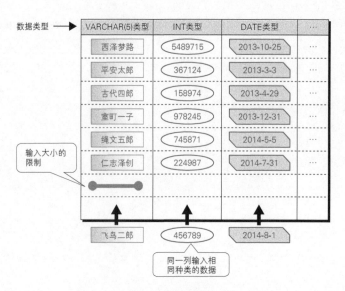

图 5-1 数据类型

数据类型具有降低输入错误数据的可能性、保证数据库整体可信赖性的特点。

但是 MySQL 和其他 RDBMS 相比，数据输入的检查功能相对趋于宽松。因此，在很多情况下即使输入的数据不符合设置的数据类型也不会发生错误。例如向数值类型的列中输入文字就不会发生错误，而是会输入"0"。这就导致输入的数据格式和用户想要的数据格式出现偏差。大家需要注意这种情况。

5.2 数值类型

数值类型的列中需要输入数值。

5.2.1 数值类型的种类

表 5-1 中列出了常用数值型数据类型的种类。本书的示例省略了位数的指定。

表 5-1 常用的数值型数据类型

数据类型	含义	对应的范围
INT	右侧范围的整数 本书主要使用这个类型	−2 147 483 648 ~ 2 147 483 647
TINYINT	极小的整数	−128 ~ 127
SMALLINT	小整数	−32 768 ~ 32 767
MEDIUMINT	中等整数	−8 388 608 ~ 8 388 607
BIGINT	大整数	−9 223 372 036 854 775 808 ~ 9 223 372 036 854 775 807
FLOAT	单精度浮点数	−3.402 823 466E+38 ~ −1.175 494 351E−38 0 1.175 494 351E−38 ~ 3.402 823 466E+38
DOUBLE	双精度浮点数	−1.797 693 134 862 315 7E+308 ~ −2.225 073 858 507 201 4E−308 0 2.225 073 858 507 201 4E−308 ~ 1.797 693 134 862 315 7E+308
DECIMAL	精确小数	DECIMAL（最大位数，小数点之后的位数）的格式中的"最大位数"可以指定不大于 65 的值，"小数点之后的位数"可以指定不大于 30 的值。不会产生误差

虽然还有很多其他的数值类型，但本书的整数数据只使用 INT 类型，包含小数点的数据只使用 DOUBLE 类型。

5.2.2　输入数值数据

输入数据时可以加上正负号 "+" "−"。

数值也可以使用指数表示法输入。在使用指数表示法输入的情况下，需要使用符号 "E"。"○ E+ △" 表示 "○乘以 10 的△次方"。例如，6.02×10^{23} 可以表示为 "6.02E+23"。

举例来说，当向表 tb1A 的 INT 类型的列 age 中输入 10000（1 万）时，如果使用指数格式，就是下面这种形式。

```
INSERT INTO tb1A (age) VALUES(1E+4);
```

另外，在以后介绍的内容中，我们将使用和表 tb1 内容相同的表 tb1A ～ tb1K（→ 4.9 节）进行练习。还没有创建这些表的读者，也可以使用下载文件 table 文件夹中的 tb1A_K_make.txt 文件创建这些表。（请参考前面介绍的下载示例。）

5.3　字符串类型

5.3.1　字符串类型的种类

字符串类型主要包括表 5-2 中列出的几类。

表 5-2　常用的字符串数据类型

数据类型	含义	对应的范围
CHAR	固定长度字符串	长度不超过 255 个字符
VARCHAR	可变长度字符串	1 ～ 65 532 字节。字符数的上限取决于使用的字符编码
TEXT	长文本字符串	长度不超过 65 535 个字符
LONGTEXT	极长的文本字符串	长度不超过 4 294 967 295 个字符

现在只要记住长度不超过 255 个字符的是 VARCHAR，超过 255 个字符的是 TEXT 就足够了。VARCHAR 和 CHAR 能够在 () 中指定位数。例如 VARCHAR(100) 表示可以存储不超过 100 个字符的字符串。

CHAR 类型为固定长度的字符串，在保存数据的时候，字符数如果没有达到 () 中指定的数量就会用空格填充。但是，读取时这些填充的空格会被自动删除[①]。而 VARCHAR 为可变长度字符串，保存数据时不会填充空格。

---

① Oracle 等数据库不会自动删掉填充的空格。——译者注

本书使用的字符串类型是 VRACHAR。

5.3.2 输入字符串

字符串数据需要用双引号""""或者单引号"'"括起来。如果输入的字符串数据中包含"'"，那么"'"之后出现的"'"就会被解释为表示字符串结束的"'"。

所以，当把 ' ' 当成字符输入时，要在它的前面加上"\"，该操作称为转义处理（escape processing）。

下面是向表 tb1B 的列 name 中输入带"'"的 '西泽' 的例子。

```
INSERT INTO tb1B (name) VALUES ('\'西泽\'');
```

同样，当输入"\"时，也需要在前面加上"\"，输入"\\"。

5.3.3 VARCHAR 和 CHAR 的位数单位

在 MySQL 4.1 以后的版本中，VARCHAR 和 CHAR 的 () 中指定的位数单位变成了"字符"。以 VARCHAR(10) 为例，不管输入的是中文还是半角英文字母和数字，最多都只能保存 10 个字符。

而在 4.0 之前的版本中，位数单位是"字节"，请注意版本间的差别。

5.4 日期与时间类型

5.4.1 日期与时间类型的种类

能够保存日期或时间的列的数据类型包括 DATE（日期）、TIME（时间）、YEAR（年），以及把日期和时间组合在一起的 DATETIME 等（见表 5-3）。

表 5-3 常用的日期与时间数据类型

数据类型	含义	对应的范围
DATETIME	日期和时间	1000-01-01 00:00:00 ~ 9999-12-31 23:59:59
DATE	日期	1000-01-01 ~ 9999-12-31
YEAR	年	1901 ~ 2155（4 位时） 1970 ~ 2069（70 ~ 69）（2 位时）
TIME	时间	–838:59:59 ~ 838:59:59

DATETIME 类型可以处理日期和时间的数据。这里大家只要记住可以一起保存日期和时间的 DATETIME 类型，以及只能保存日期的 DATE 类型就足够了。

5.4.2 输入日期与时间类型的数据

日期与时间类型的数据需要使用单引号 "'" 或者双引号 """ 括起来。在 MySQL 中，日期必须以 YYYY-MM-DD 的格式输入，时间必须以 HH:MM:SS 的格式输入。

我们来练习一下日期数据的输入方法。下面创建列 a 为日期类型的表 t_date，并输入值为 "2018-5-3" 的日期数据。

▶ **执行内容**

▶ 表 t_date 的结构

列	a
数据类型	DATE

向列 a 中输入内容为 "2018-5-3" 的日期数据

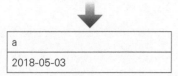

a
2018-05-03

操作方法

① 输入下面的命令，创建表 t_date。

```
CREATE TABLE t_date (a DATE);
```

② 输入下面的命令，插入日期类型的数据。

```
INSERT INTO t_date (a) VALUES('2018-5-3');
```

执行结果

```
mysql> CREATE TABLE t_date (a DATE);
Query OK, 0 rows affected (0.20 sec)
```

```
mysql> INSERT INTO t_date (a) VALUES('2018-5-3');
Query OK, 1 row affected (0.06 sec)

mysql> SELECT * FROM t_date;
+------------+
| a          |
+------------+
| 2018-05-03 |
+------------+
1 row in set (0.00 sec)
```

专栏▶ 修改提示符的字符串

在 MySQL 监视器运行的时候，我们能够在提示符 "＞" 中指定自己想显示的内容。

当 MySQL 监视器启动时（→ 3.4.3 节），我们可以指定 "--prompt ＝提示符内容" 选项设置提示符，但如果设置的提示符中包含中文就会发生乱码（在 Windows 的情况下）。当发生这种情况时，我们可以在 MySQL 监视器启动后使用 prompt 命令修改提示符的内容。

■设置作为提示符显示的文本

```
prompt 作为提示符显示的文本
```

另外，我们还可以通过 "\d" 设置数据库名，通过 "\h" 设置主机名，通过 "\u" 设置用户名。下面是把提示符设置成 "我的提示可能会很好 + 数据库名 +＞" 的示例。

```
prompt 我的提示可能会很好\d>
```

执行上面的命令会得到以下结果。

执行结果

```
mysql> prompt 我的提示可能会很好\d>
PROMPT set to '我的提示可能会很好\d>'
我的提示可能会很好db1>
```

执行下面的命令，可以回到初期的状态。

```
prompt mysql>
```

5.5 总结

本章介绍了以下内容。

- 数据类型是什么
- 能够设置的数据类型的种类
- 如何设置列的数据类型

在实际操作中，VARCHAR 应该设置成多少个字符、该使用 INT 还是 TINYINT 等都是非常重要的问题。我们要记住这些具有代表性的数据类型。

▶ 自我检查

下面检查一下本章学习的内容是否全部理解并掌握了。

☐ 能够掌握主要数据类型的种类和含义
☐ 能够创建列为 INT 或 DOUBLE 等数值类型的表
☐ 能够创建列为 VARCHAR 或 CHAR 等字符串类型的表
☐ 能够创建列为 DATETIME 或 YEAR 等日期与时间类型的表

▶ 练习题

问题 1

创建表 t_time，并让该表拥有能够存储 "年月日时分秒" 的列 col_time。另外，请向列 col_time 中插入 "2018 年 11 月 17 日 20 时 35 分 15 秒"。

 HINT　基本方法是设置 DATETIME 类型的列并输入数据。

问题 2

设置 MySQL 监视器提示符的显示内容为 "当前数据库名：主机名 >"。

 HINT　请参考前面修改 MySQL 监视器提示符的示例。试着设置成方便自己使用的提示符。

▶ **参考答案**

問題1

执行下面的命令。

```
CREATE TABLE t_time (col_time DATETIME);
```

```
INSERT INTO t_time VALUES('2018-11-17 20:35:15');
```

执行结果

```
mysql>CREATE TABLE t_time (col_time DATETIME);
Query OK, 0 rows affected (0.09 sec)

mysql>INSERT INTO t_time VALUES('2018-11-17 20:35:15');
Query OK, 1 row affected (0.06 sec)

mysql>SELECT * FROM t_time;
+---------------------+
| col_time            |
+---------------------+
| 2018-11-17 20:35:15 |
+---------------------+
1 row in set (0.00 sec)
```

問題2

输入下面的命令。

```
prompt \d:\h>
```

执行结果

```
mysql>prompt \d:\h>
PROMPT set to '\d:\h>'
db1:localhost>
```

第6章　修改表

下面对在第 4 章创建的员工信息表进行修改。本章将介绍如何修改列的数据类型。

另外，本章将会使用和表 tb1 内容相同的表 tb1C、表 tb1D 等进行操作（→ 4.9 节）。如果使用表 tb1 进行操作，请忽略中间修改的内容，继续往下阅读。

6.1　修改表的列结构

在第 4 章中，我们创建出指定了列名和数据类型的表（→ 4.4.3 节），并且依照各列的数据类型插入了相应的数据（→ 4.7 节）。

即使把表创建了出来，在实际操作中也需要经常对表进行修改。比如希望可以输入更多的字符、需要添加列、想要修改列名等情况。

6.1.1　ALTER TABLE 命令

我们可以使用 ALTER TABLE 命令修改列的结构。根据需要修改的类型，可以像下面这样使用带有 MODIFY、ADD、CHANGE、DROP 的语句。

- 当修改列的定义时：`ALTER TABLE ... MODIFY ...`
- 当添加列时：`ALTER TABLE ... ADD ...`
- 当修改列名和定义时：`ALTER TABLE ... CHANGE ...`
- 当删除列时：`ALTER TABLE ... DROP ...`

首先来看一下如何自由地修改列结构。下面会介绍修改数据类型、添加列、修改列的位置、修改列名、删除列这一系列的操作。

6.2　修改列的数据类型

任何时候都可以修改列的数据类型。例如当我们需要向设置成 VARCHAR 的列中输入大量字符时，就可以把列修改为 TEXT 类型。

但是，数据类型的修改必须具有兼容性。不具有兼容性的修改会导致错误发生。需要注意的是，即使数据类型可以修改，也可能会发生数据变成没有意义的值、全部或者部分数据丢失之类的情况。如果把已经输入了 100 个字符的列修改为 VARCHAR(50)，毫无疑问，第 50 个字符之后的数据就会丢失。

当修改列的数据类型时，我们需要使用下面的命令。

> **格式** 修改列的数据类型

```
ALTER TABLE 表名 MODIFY 列名 数据类型 ;
```

首先准备一个内容和员工信息表 tb1 完全相同的表 tb1C。当然也可以使用表 tb1 进行操作。

试着修改表 tb1C 的列结构。列 name 中允许输入的字符数原本不超过 10 个，现在我们把它修改为不超过 100 个。

▶ 执行内容

▶ （执行前）表 tb1C 的列结构

列	empid	name	age
数据类型	VARCHAR(10)	VARCHAR(10)	INT

把这个数字改为 100

▶ （执行后）把列 name 修改为 VARCHAR(100)

列	empid	name	age
数据类型	VARCHAR(10)	VARCHAR(100)	INT

操作方法

① 执行下面的命令。

```
ALTER TABLE tb1C MODIFY name VARCHAR(100);
```

② 修改后，执行下面的命令。

```
DESC tb1C;
```

执行结果

```
mysql> ALTER TABLE tb1C MODIFY name VARCHAR(100);
Query OK, 5 rows affected (0.19 sec)
Records: 5  Duplicates: 0  Warnings: 0

mysql> DESC tb1C;
+-------+--------------+------+-----+---------+-------+
| Field | Type         | Null | Key | Default | Extra |
+-------+--------------+------+-----+---------+-------+
| empid | varchar(10)  | YES  |     | NULL    |       |
| name  | varchar(100) | YES  |     | NULL    |       |
| age   | int(11)      | YES  |     | NULL    |       |
+-------+--------------+------+-----+---------+-------+
3 rows in set (0.02 sec)
```

表示姓名的列 name 显示为 VARCHAR(100)。这样就修改完成了。

专栏▶ 修改数据类型要慎重

在大多数的情况下，存储了 "开头不是 0 且仅由数值字符组成的数据" 的列能按照 "INT 类型" →
"VARCHAR 类型" → "INT 类型" 的方式进行修改。但是，如果列中存在数据，原则上就不应该再修改列的数据类型了。

6.3 添加列

现在员工信息表 tb1 中定义了 empid、name 和 age 这 3 个列。下面试着添加能够输入员工出生日期的 DATETIME 类型的列 birth。

我们可以使用下面的命令将新建的列添加到最后的位置。

格式 将新建的列添加到最后的位置

```
ALTER TABLE 表名 ADD 列名 数据类型 ;
```

▶ **执行内容**

▶ **执行前（表 tb1 的列结构）**

列	empid	name	age
数据类型	VARCHAR(10)	VARCHAR(100)	INT

▶ **执行后**

列	empid	name	age	birth
数据类型	VARCHAR(10)	VARCHAR(100)	INT	DATETIME

添加该列

操作方法

① 执行下面的命令。

```
ALTER TABLE tb1C ADD birth DATETIME;
```

② 执行下面的命令。

```
DESC tb1C;
```

执行结果

```
mysql> ALTER TABLE tb1C ADD birth DATETIME;
Query OK, 0 rows affected (0.33 sec)
Records: 0  Duplicates: 0  Warnings: 0

mysql> DESC tb1C;
+-------+--------------+------+-----+---------+-------+
| Field | Type         | Null | Key | Default | Extra |
+-------+--------------+------+-----+---------+-------+
| empid | varchar(10)  | YES  |     | NULL    |       |
| name  | varchar(100) | YES  |     | NULL    |       |
| age   | int(11)      | YES  |     | NULL    |       |
| birth | datetime     | YES  |     | NULL    |       |
+-------+--------------+------+-----+---------+-------+
4 rows in set (0.01 sec)
```

上面的执行结果显示了员工信息表 tb1C 的列结构。至此，我们就成功添加了名为 birth 且允许输入日期和时间的列。

在输入出生日期的情况下，使用仅能输入日期的 DATE 类型就已经足够了。但这次我们选择更进一步，使列 birth 中能够输入包括出生时间在内的出生日期。

6.3.1　添加员工信息记录

我们试着向表 tb1C 中添加包括出生日期在内的员工信息记录。具体来说，就是向表 tb1C 中插入 empid 为 "N111"、name 为 "松田"、age 为 "38"、birth 为 "1980-11-10" 的记录。插入数据后，试着把所有的记录都显示出来。

▶ **执行内容**

　▶ （执行前）表 tb1C

empid	name	age	birth
A101	佐藤	40	NULL
A102	高桥	28	NULL
A103	中川	20	NULL
A104	渡边	23	NULL
A105	西泽	35	NULL

　▶ （执行后）插入 "N111" "松田" "38" "1980-11-10"

empid	name	age	birth
A101	佐藤	40	NULL
A102	高桥	28	NULL
A103	中川	20	NULL
A104	渡边	23	NULL
A105	西泽	35	NULL
N111	松田	38	1980-11-10 00:00:00

插入这条数据

操作方法

① 执行下面的命令。

```
INSERT INTO tb1C VALUES('N111','松田',38,'1980-11-10');
```

② 执行下面的命令。

```
SELECT * FROM tb1C;
```

执行结果

```
mysql> INSERT INTO tb1C VALUES('N111','松田',38,'1980-11-10');
Query OK, 1 row affected (0.00 sec)

mysql> SELECT * FROM tb1C;
+-------+------+------+---------------------+
| empid | name | age  | birth               |
+-------+------+------+---------------------+
| A101  | 佐藤 |   40 | NULL                |
| A102  | 高桥 |   28 | NULL                |
| A103  | 中川 |   20 | NULL                |
| A104  | 渡边 |   23 | NULL                |
| A105  | 西泽 |   35 | NULL                |
| N111  | 松田 |   38 | 1980-11-10 00:00:00 |
+-------+------+------+---------------------+
6 rows in set (0.05 sec)
```

我们使用了需要输入日期与时间的数据类型 DATETIME，所以没有输入的时间部分被自动设置成了 "00:00:00"，即 0 点 0 分 0 秒。

6.4　修改列的位置

6.4.1　把列添加到最前面

像 6.3 节那样执行 "ALTER TABLE ... ADD ..."，新建的列会添加到表的最后面。如果在该命令的基础上加上 FIRST，新建的列就会添加到最前面。下面的命令用于将 DATETIME 类型的列 birth 添加到表 tb1D 的最前面。

```
ALTER TABLE tb1D ADD birth DATETIME FIRST;
```

6.4.2　把列添加到任意位置

使用 AFTER 能够把列添加到指定的位置。例如，下面的命令用于将列 birth 添加到表 tb1E 的列 empid 的后面。

```
ALTER TABLE tb1E ADD birth DATETIME AFTER empid;
```

我们在 6.2 节修改列的数据类型时使用了 MODIFY（→ 6.2 节），其实那时也可以修改列的位置。

6.4.3　修改列的顺序

添加了列 birth 之后，试着修改员工信息表 tb1C 的列的顺序。具体来说，就是把表 tb1C 的列 birth 换到最前面的位置。另外，在修改之后，试着把表的列结构显示出来。

▶ **执行内容**

　▶ 执行前（表 tb1C 的列结构）

列	empid	name	age	birth
数据类型	VARCHAR(10)	VARCHAR(100)	INT	DATETIME

移动该列

　▶ 执行后（把列 birth 换到最前面的位置）

列	birth	empid	name	age
数据类型	DATETIME	VARCHAR(10)	VARCHAR(100)	INT

操作方法

① 执行下面的命令。

```
ALTER TABLE tb1C MODIFY birth DATETIME FIRST;
```

② 执行下面的命令。

```
DESC tb1C;
```

执行结果

```
mysql> ALTER TABLE tb1C MODIFY birth DATETIME FIRST;
Query OK, 0 rows affected (0.23 sec)
Records: 0  Duplicates: 0  Warnings: 0

mysql> DESC tb1C;
+-------+--------------+------+-----+---------+-------+
| Field | Type         | Null | Key | Default | Extra |
+-------+--------------+------+-----+---------+-------+
| birth | datetime     | YES  |     | NULL    |       |
| empid | varchar(10)  | YES  |     | NULL    |       |
| name  | varchar(100) | YES  |     | NULL    |       |
| age   | int(11)      | YES  |     | NULL    |       |
+-------+--------------+------+-----+---------+-------+
4 rows in set (0.01 sec)
```

6.5　修改列名和数据类型

我们在 6.3 节给表 tb1C 添加了新的记录。其中，列 birth 保存的应该是出生日期，但是却添加了时间 "00:00:00"。所以最好还是不使用 DATETIME 类型，而是使用单纯的日期类型 DATE。

下面试着把列 birth 的数据类型修改为 DATE，并把列名修改为 birthday。

6.5.1　修改列的数据类型或位置的同时也修改列名

如果想在修改列的数据类型或位置的同时也修改列名，就需要使用 "ALTER TABLE ... CHANGE ..." 命令。

格式　修改列的数据类型或位置的同时也修改列名

```
ALTER TABLE 表名 CHANGE 修改前的列名 修改后的列名 修改后的数据类型 ;
```

试着把表 tb1C 的列 birth 修改为 DATE 类型，同时把列名修改为 birthday，修改后显示列的结构。

▶ 执行内容

▶ 执行前（表 tb1C 的列结构）

列	birth	empid	name	age
数据类型	DATETIME	VARCHAR(10)	VARCHAR(100)	INT

修改该列

▶ 执行后（将列 birth 的数据类型修改为 DATE，列名修改为 birthday）

列	birthday	empid	name	age
数据类型	DATE	VARCHAR(10)	VARCHAR(100)	INT

操作方法

① 执行下面的命令。

```
ALTER TABLE tb1C CHANGE birth birthday DATE;
```

② 执行下面的命令。

```
DESC tb1C;
```

执行结果

```
mysql> ALTER TABLE tb1C CHANGE birth birthday DATE;
Query OK, 6 rows affected (0.19 sec)
Records: 6  Duplicates: 0  Warnings: 0

mysql> DESC tb1C;
+----------+--------------+------+-----+---------+-------+
| Field    | Type         | Null | Key | Default | Extra |
+----------+--------------+------+-----+---------+-------+
| birthday | date         | YES  |     | NULL    |       |
| empid    | varchar(10)  | YES  |     | NULL    |       |
| name     | varchar(100) | YES  |     | NULL    |       |
| age      | int(11)      | YES  |     | NULL    |       |
+----------+--------------+------+-----+---------+-------+
4 rows in set (0.05 sec)
```

现在列 birthday 中仅能输入日期了，之前的 "00:00:00" 等时间数据部分被删除了。请用 SELECT 命令进行确认。

6.6 删除列

前面我们对表 tb1C 的列 birthday 进行了各种修改，最后我们来删除出生日期相关的数据。
在 SQL 中，不仅仅是列，对数据库和表执行删除操作时也会使用 DROP 命令。

| 格式 | 删除列 |

```
ALTER TABLE 表名 DROP 列名;
```

试着删除表 tb1C 的列 birthday，并在删除后显示列的结构。

▶ **执行内容**

　▶ 执行前（表 tb1C 的列结构）

列	birthday	empid	name	age
数据类型	DATE	VARCHAR(10)	VARCHAR(100)	INT

删除该列

　▶ 执行后

列	empid	name	age
数据类型	VARCHAR(10)	VARCHAR(100)	INT

操作方法

① 执行下面的命令。

```
ALTER TABLE tb1C DROP birthday;
```

② 执行下面的命令。

```
DESC tb1C;
```

执行结果

```
mysql> ALTER TABLE tb1C DROP birthday;
Query OK, 0 rows affected (0.69 sec)
Records: 0  Duplicates: 0  Warnings: 0

mysql> DESC tb1C;
+-------+--------------+------+-----+---------+-------+
| Field | Type         | Null | Key | Default | Extra |
+-------+--------------+------+-----+---------+-------+
| empid | varchar(10)  | YES  |     | NULL    |       |
| name  | varchar(100) | YES  |     | NULL    |       |
| age   | int(11)      | YES  |     | NULL    |       |
+-------+--------------+------+-----+---------+-------+
3 rows in set (0.05 sec)
```

如上所示，在删除列的情况下，该列保存的数据自然也会被删除。拿上面的例子来说，就是删除了出生日期的数据。但是请放心，这项操作不会影响到其他列。

专栏▶ **故意输入超过指定数量的字符**

　　当数据类型指定为 VARCHAR(10) 时，如果输入了 10 个以上的字符，会发生什么情况呢？假设表 tb1F 与表 tb1 结构相同。我们可以在表 tb1F 的列 name 中输入 "一二三四一二三四一二三四一二三四" 这 16 个字符进行试验。

```
INSERT INTO tb1F (name) VALUES ('一二三四一二三四一二三四一二三四');
```

　　在 MySQL 中，即使字符溢出也不会发生错误。执行 "SELECT * FROM tb1F;" 命令，就可以一目了然地看到只保存了 "一二三四一二三四一二" 这 10 个字符，其他数据都被省略掉了。也就是说，超过指定字符数的部分被自动删除了。我们需要注意避免出现输入的数据在不知不觉中丢失的情况。

6.7　设置主键

6.7.1　什么是唯一

　　创建了数据库之后，就需要想办法能从大量的数据中只确定一个符合条件的记录。例如让每个员工都有一个独一无二的会员 ID，或者让一个商品条码仅对应一种价格等。

　　这种 "只会确定一个" 的独一无二的状态，称为唯一（unique）。

6.7.2 什么是主键

创建唯一记录时，会给列设置一个用于和其他列进行区分的特殊属性。

在这种情况下需要用到的就是主键（PRIMARY KEY）。主键是在多条记录中用于确定一条记录时使用的标识符。

为了可以严密地确定某条记录，主键需要具备以下特征。

◗ **没有重复的值**
◗ **不允许输入空值（NULL）**

如果在创建表的时候设置主键，就需要使用下面的命令。

格式 在创建表的时候设置主键

```
CREATE TABLE 表名 ( 列名 数据类型 PRIMARY KEY ...);
```

6.7.3 创建主键

例如输入下面的命令，就会创建表 t_pk，其中作为主键的列 a 为 INT 类型，列 b 为 VARCHAR(10) 类型。

```
CREATE TABLE t_pk (a INT PRIMARY KEY ,b VARCHAR(10));
```

我们可以通过 DESC 查看这个表的列结构。

执行结果

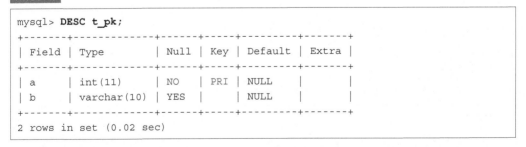

```
mysql> DESC t_pk;
+-------+-------------+------+-----+---------+-------+
| Field | Type        | Null | Key | Default | Extra |
+-------+-------------+------+-----+---------+-------+
| a     | int(11)     | NO   | PRI | NULL    |       |
| b     | varchar(10) | YES  |     | NULL    |       |
+-------+-------------+------+-----+---------+-------+
2 rows in set (0.02 sec)
```

项目 Key 中显示的 PRI 表示主键 PRIMARY KEY。另外在项目 NULL 中，列 a 显示为 NO，这表示不允许输入 NULL，即不允许输入空值。

6.7.4 确认主键

例如，我们可以通过下面的命令向表 t_pk 中插入值为"1,'啊'"的记录。

```
INSERT INTO t_pk VALUES (1,'啊');
```

试着确认表 t_pk 的内容。

执行结果

```
mysql> INSERT INTO t_pk VALUES (1,'啊');
Query OK, 1 row affected (0.00 sec)

mysql> SELECT * FROM t_pk;
+---+------+
| a | b    |
+---+------+
| 1 | 啊   |
+---+------+
1 row in set (0.00 sec)
```

因为列 a 中不允许输入重复的值"1"和空值"NULL"，所以在没有满足这些条件的情况下会发生下面的错误。

执行结果

```
mysql> INSERT INTO t_pk (a) VALUES (1);
ERROR 1062 (23000): Duplicate entry '1' for key 'PRIMARY'
mysql> INSERT INTO t_pk (a) VALUES (NULL);
ERROR 1048 (23000): Column 'a' cannot be null
```

当然，"1"和"NULL"以外的值是可以正常输入的。下面向列 a 中输入值"2"。

执行结果

```
mysql> INSERT INTO t_pk (a) VALUES (2);
Query OK, 1 row affected (0.00 sec)
```

在设置为主键的列中，不能使用 INSERT 或 UPDATE 命令输入已经存在的值（见图 6-1）。正因如此，主键才能唯一标识一条记录。

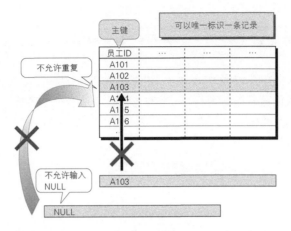

图 6-1　主键

6.7.5　设置唯一键

此外，我们还可以设置具有"不允许重复"这一限制属性的唯一键（unique key）。

下面创建表 t_uniq，该表包括 INT 类型的唯一键列 a 和 VARCHAR(10) 类型的列 b。

```
CREATE TABLE t_uniq (a INT UNIQUE , b VARCHAR(10));
```

唯一键虽然不允许列中有重复值，但允许输入 NULL。

执行结果

```
mysql> CREATE TABLE t_uniq (a INT UNIQUE ,b VARCHAR(10));
Query OK, 0 rows affected (0.07 sec)

mysql> DESC t_uniq;
+-------+-------------+------+-----+---------+-------+
| Field | Type        | Null | Key | Default | Extra |
+-------+-------------+------+-----+---------+-------+
| a     | int(11)     | YES  | UNI | NULL    |       |
| b     | varchar(10) | YES  |     | NULL    |       |
+-------+-------------+------+-----+---------+-------+
2 rows in set (0.03 sec)
mysql> INSERT INTO t_uniq (a) VALUES (NULL);
Query OK, 1 row affected (0.01 sec)
```

通过上面的执行结果，我们可以看到项目 NULL 显示为 YES，即允许在列中输入空值但不允许重复。

6.8　使列具有自动连续编号功能

下面我们试着让列能够从 1 开始自动输入逐次加 1 的连续数字。

对于名单或者列表的序号等，我们每次都要输入数字作为列的数据，这不仅麻烦，还容易出错。所以，如果能够自动输入 1、2、3、4 这样的连续序号，就会方便许多。

6.8.1　具有自动连续编号功能的列的定义

要使列具有自动连续编号功能，就得在定义列的时候进行以下 3 项设置。

▶ 数据类型为 INT 等整数类型

具有自动连续编号功能的列必须为 INT、TINYINT 和 SMALLINT 等整数类型。既然是连续编号，自然为整数。

▶ 加上 AUTO_INCREMENT

要给数据类型 INT 加上关键字 AUTO_INCREMENT。它用于声明连续编号。

▶ 设置 PRIMARY KEY，使列具有唯一性

具有自动连续编号功能的列需要具有唯一性，我们可以设置 PRIMARY KEY 使其变成主键。

在使用 CREATE TABLE 命令创建表的时候，我们使用了 "a INT,b VARCHAR..." 这样的语句，AUTO_INCREMENT 和 PRIMARY KEY 等需要记述到数据类型 INT 的后面。

另外，设置为 AUTO_INCREMENT 的列自然是不允许重复的（唯一的状态）。这样的列非常适合作为主键使用。

6.8.2　创建具有自动连续编号功能的列

我们来试着创建一个具有自动连续编号功能的表 t_series 用于练习。

创建表 t_series，该表包括具有自动连续编号功能的列 a 和数据类型为 VARCHAR(10) 的列 b。创建完成后，显示表的列结构。

▶ 执行内容

▶（执行后）创建表 t_series

列	a	b
数据类型	INT AUTO_INCREMENT PRIMARY KEY	VARCHAR(10)

操作方法

① 执行下面的命令。

```
CREATE TABLE t_series (a INT AUTO_INCREMENT PRIMARY KEY,b VARCHAR(10));
```

② 执行下面的命令。

```
DESC t_series;
```

执行结果

```
mysql> CREATE TABLE t_series (a INT AUTO_INCREMENT PRIMARY KEY,b VARCHAR(10));
Query OK, 0 rows affected (0.08 sec)

mysql> DESC t_series;
+-------+-------------+------+-----+---------+----------------+
| Field | Type        | Null | Key | Default | Extra          |
+-------+-------------+------+-----+---------+----------------+
| a     | int(11)     | NO   | PRI | NULL    | auto_increment |
| b     | varchar(10) | YES  |     | NULL    |                |
+-------+-------------+------+-----+---------+----------------+
2 rows in set (0.02 sec)
```

在通过 DESC 命令显示的内容中，项目 Key 显示为 PRI，它表示主键 PRIMARY KEY。另外，项目 Extra 显示为 auto_increment，它表示设置了自动连续编号功能。

> **专栏▶ 其他 RDBMS 中自动连续编号功能的设置**
>
> 自动连续编号功能的设置方法根据 RDBMS 的不同而不同。MySQL 中是通过定义列的 AUTO_INCREMENT 属性来实现的，而在 Oracle 中就不能通过列的定义来实现自动连续编号功能。Oracle 中可以使用 CREATE SEQUENCE 等命令，通过创建能够自动生成等间隔的数值的序列（SEQUENCE）来实现自动连续编号功能。
>
> 另外，PostgreSQL 中有可以生成连续编号的数据类型 SERIAL。但是在使用 SERIAL 的情况下，实际上是通过序列功能来生成连续编号的。

6.9 使用自动连续编号功能插入记录

下面试着向表 t_series 中插入记录，并确认是否输入了连续编号。因为列 a 中会自动输入连续的编号，所以这次只要在列 b 中输入数据即可。

要想在设置了自动连续编号功能的列中自动输入连续编号，就需要采用输入 0，或者输入空值（输入 NULL）等方法。

向表 t_series 中分别插入值为"子""丑""寅"的 3 条记录。

▶ 执行内容

▶ 执行前（表 t_series）

a	b

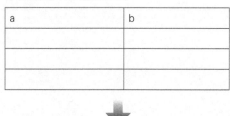

▶ 执行后

a	b
1	子
2	丑
3	寅

插入这 3 条记录

操作方法

执行下面的命令。

```
INSERT INTO t_series (b) VALUES('子');
INSERT INTO t_series (b) VALUES('丑');
INSERT INTO t_series (b) VALUES('寅');
```

虽然写的是"子""丑""寅"这 3 个值，但其实输入任何值都可以。不要仅限于这 3 条记录，我们要插入更多的记录，即使输入相同的值也没有关系。在需要反复执行相同命令的情况下，可以先按 ↑ 键，再按 Enter 键，反复执行该操作（→ 3.4.3 节）。

6.9.1　确认插入的记录

适当插入一些记录后，我们来确认一下都有哪些数据输入了进去。

```
SELECT * FROM t_series;
```

执行结果

```
mysql> SELECT * FROM t_series;
+---+------+
| a | b    |
+---+------+
| 1 | 子   |
| 2 | 丑   |
| 3 | 寅   |
...

+---+------+
5 rows in set (0.01 sec)
```

可以看到列 a 中自动输入了从 1 开始逐次加 1 的数据。

6.10　设置连续编号的初始值

拥有自动连续编号功能的列还可以设置任意的值。

例如执行 "INSERT INTO t_series VALUES(100,'卯');"，列 a 中就会输入值 "100"，然后从 "101" 开始分配连续的编号，即从已经输入的最大值 +1 开始分配值。由于设置了 PRIMARY KEY 属性，所以不能输入重复的值。

6.10.1　连续编号的初始化

如果把这个表中的所有记录都删除，然后重新输入记录，编号会变成什么样呢？比如执行 DELETE FROM t_series 命令把所有的列都删除（→ 7.7 节），然后执行 "INSERT INTO t_series (b) VALUES('×××');"。

可以看到编号不会重新从 1 开始分配，而是从既有最大值 +1 的值开始分配。

执行结果

```
mysql> SELECT * FROM t_series;
+---+------+
| a | b    |
+---+------+
| 1 | 子   |
| 2 | 丑   |
| 3 | 寅   |
+---+------+
3 rows in set (0.00 sec)

mysql> DELETE FROM t_series;
Query OK, 3 rows affected (0.01 sec)

mysql> INSERT INTO t_series (b) VALUES('XX');
Query OK, 1 row affected (0.01 sec)

mysql> SELECT * FROM t_series;
+---+------+
| a | b    |
+---+------+
| 4 | XX   |
+---+------+
1 row in set (0.00 sec)
```

如果想把所有的记录都删除掉，并且让编号从 1 开始连续输入（初始化），就需要按照下面的方式对 AUTO_INCREMENT 的值进行初始化。

格式 初始化 AUTO_INCREMENT 的值

```
ALTER TABLE 表名 AUTO_INCREMENT=1;
```

当表中存在数据时，如果设置的编号值比已经存在的值大，也可以通过上面的语句重新设置编号的初始值[①]。

另外，正如 6.9 节介绍的那样，即使向拥有自动连续编号功能的列中输入 0，0 也不会输入进去。例如执行 "INSERT INTO t_series VALUES(0,'辰');" 后，编号只会根据规则连续输入进去。因此，如果总是向拥有自动连续编号功能的列中输入 0，错误发生的概率就会降低。

---

① 假设表 t_series 的列 a 中已经存在的最大值为 4，这时设置 AUTO_INCREMENT=10，下一次编号的初始值就是 10。（10 比已经存在的最大值 4 大，可以重新设置编号的初始值。）如果设置 AUTO_INCREMENT=1，下一次编号的初始值就是 5。（1 比已经存在的最大值 4 小，不能重新设置编号的初始值。）——译者注

6.11 设置列的默认值

本节将会介绍给列设置默认值（default）的方法。在设置列的默认值时，需要给列加上 DEFAULT 关键字。

格式 设置列的默认值

```
CREATE TABLE 表名（列名 数据类型 DEFAULT 默认值 ...）;
```

试着给和员工信息表 tb1 具有相同结构的表 tb1G 设置列的默认值。添加"如果不在姓名列（name）中输入任何值，就会自动输入'未输入姓名'"的功能。

修改定义后，试着显示列的定义。

表 tb1G 的列结构如表 6-1 所示。

表 6-1　（执行前）表 tb1G 的列结构

列名	数据类型
empid	VARCHAR(10)
name	VARCHAR(10)
age	INT

6.11.1　修改列结构的定义

▶ 执行内容

▶（执行前）表 tb1G 的列结构

列	empid	name	age
数据类型	VARCHAR(10)	VARCHAR(10)	INT

▶（执行后）将列 name 的默认值设置为"未输入姓名"

列	empid	name	age
数据类型	VARCHAR(10)	VARCHAR(10) DEFAULT '未输入姓名'	INT

设置该列

操作方法

① 执行下面的命令。

```
ALTER TABLE tb1G MODIFY name VARCHAR(10) DEFAULT '未输入姓名';
```

② 执行下面的命令。

```
DESC tb1G;
```

执行结果

```
mysql> ALTER TABLE tb1G MODIFY name VARCHAR(10) DEFAULT '未输入姓名';
Query OK, 5 rows affected (0.16 sec)
Records: 5  Duplicates: 0  Warnings: 0

mysql> DESC tb1G;
+-------+-------------+------+-----+------------+-------+
| Field | Type        | Null | Key | Default    | Extra |
+-------+-------------+------+-----+------------+-------+
| empid | varchar(10) | YES  |     | NULL       |       |
| name  | varchar(10) | YES  |     | 未输入姓名  |       |
| age   | int(11)     | YES  |     | NULL       |       |
+-------+-------------+------+-----+------------+-------+
3 rows in set (0.05 sec)
```

6.11.2 输入数据

按照计划修改好列结构后，试着在列 empid 和列 age 中输入值，不在列 name 中输入任何内容，看看会出现什么样的效果。

试着输入员工 ID（empid）为 "N999"、年龄（age）为 "38" 的数据。

```
INSERT INTO tb1G (empid,age) VALUES ('N999',38);
```

执行结果

```
mysql> INSERT INTO tb1G (empid,age) VALUES ('N999',38);
Query OK, 1 row affected (0.00 sec)
```

```
mysql> SELECT * FROM tb1G;
+-------+------------+------+
| empid | name       | age  |
+-------+------------+------+
| A101  | 佐藤       |   40 |
| A102  | 高桥       |   28 |
| A103  | 中川       |   20 |
| A104  | 渡边       |   23 |
| A105  | 西泽       |   35 |
| N999  | 未输入姓名 |   38 |
+-------+------------+------+
6 rows in set (0.00 sec)
```

列 name 中输入了默认值"未输入姓名"。这是在什么也不输入的情况下设置的默认值，当然我们也可以向列 name 中输入其他任意的数据。比如向列 name 中输入"山田"，"山田"就会原封不动地保存进去。

专栏▶ 数据库的实体是什么

MySQL 创建的数据库到底保存在什么地方呢？

如果使用本书的方法安装了 MAMP，C:\MAMP\db\mysql 的文件夹内就会自动创建一个和数据库同名的文件夹，数据库的实体就保存在里面（见图 6-2）。

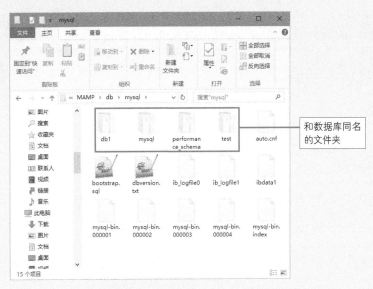

图 6-2　C:\MAMP\db\mysql 的内容

举例来说，当数据库 db1 中存储了表 tb 和 tb1 时，C:\MAMP\db\mysql\db1 的文件夹内会有 db.opt、tb.frm、tb.ibd、tb1.frm 和 tb1.ibd 这 5 个文件（见图 6-3）。

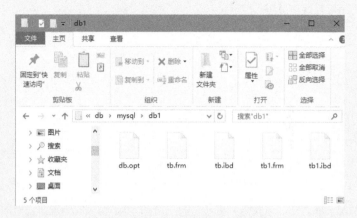

图 6-3 文件夹 db1 内保存的文件示例

各个文件的概况如表 6-2 所示。

表 6-2 数据库文件夹内的文件

文件名	说明
db.opt	记述默认字符编码等选项的文本文件
表名 .frm	保存表的元数据（表定义等）的文件
表名 .ibd	保存在表中的数据的实体

但是，通过实际操作我们可以知道，仅仅复制这些文件并不能形成有效的备份。

如果自己在 data 文件夹内创建一个文件夹会出现什么样的结果呢？我们不妨试一下。

比如在 C:\MAMP\db\mysql 的文件夹内创建文件夹 manual，然后在 MySQL 监视器上执行 SHOW DATABASES，这个文件夹就会作为数据库显示出来。

执行结果

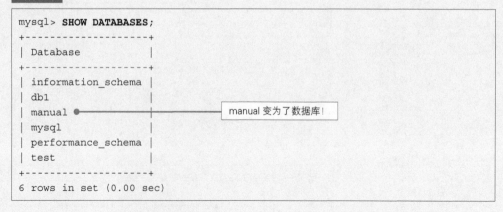

另外，在通过这种方式强制创建的数据库中，我们也可以照常创建表。大家不妨试一试。

6.12 创建索引

6.12.1 什么是索引

当查找表中的数据时，如果数据量过于庞大，查找操作就会花费很多时间。在这种情况下，最好在表上创建索引（index）。

如果事先在表上创建了索引，查找时就不用对全表进行扫描，而是利用索引进行扫描。这就可能会缩短查找时间。

如果像本书这样只对 10 行左右的表进行操作，那么有没有索引都不会产生任何影响。但是对于在企业中使用的大型表来说就不同了，索引的设置会极大地影响处理速度。

另外，在设置了主键（→ 6.7 节）的情况下，索引会自动创建。

6.12.2 创建索引

索引可以通过下面的命令创建。

格式 创建索引

```
CREATE INDEX 索引名 ON 表名 ( 列名 );
```

在表 tb1G 的列 empid 上创建名为 my_ind 的索引。

```
CREATE INDEX my_ind ON tb1G (empid);
```

执行结果

```
mysql> CREATE INDEX my_ind ON tb1G (empid);
Query OK, 0 rows affected (0.13 sec)
Records: 0  Duplicates: 0  Warnings: 0
```

6.12.3 显示索引

创建的索引可以通过下面的命令显示出来。

格式 确认索引

```
SHOW INDEX FROM 表名 ;
```

下面的执行结果中显示了表 tb1G 上创建的索引。

执行结果

```
mysql> SHOW INDEX FROM tb1G;
+-------+------------+----------+--------------+-------------+-----------+
-------+----------+--------+------+-------------+---------+---------------+
| Table | Non_unique | Key_name | Seq_in_index | Column_name | Collation |
Cardi
nality | Sub_part | Packed | Null | Index_type | Comment | Index_comment |
+-------+------------+----------+--------------+-------------+-----------+
-------+----------+--------+------+-------------+---------+---------------+
| tb1g |          1 | my_ind   |            1 | empid       | A         |
6 |     NULL | NULL   | YES  | BTREE       |         |               |
+-------+------------+----------+--------------+-------------+-----------+
-------+----------+--------+------+-------------+---------+---------------+
1 row in set (0.00 sec)
```

执行结果看起来有些乱。我们可以把命令最后的"；"换成"\G"（G是大写字母），纵向显示列值，这样看起来会更清晰一些。

执行结果

```
mysql> SHOW INDEX FROM tb1G \G
*************************** 1. row ***************************
Table: tb1g
Non_unique: 1
Key_name: my_ind
Seq_in_index: 1
Column_name: empid
Collation: A
Cardinality: 6
Sub_part: NULL
Packed: NULL
Null: YES
Index_type: BTREE
Comment:
Index_comment:
1 row in set (0.00 sec)
```

6.12.4　删除索引

创建好的索引可以通过下面的命令删除。

格式 ▸ 删除索引

```
DROP INDEX 索引名 ON 表名 ;
```

下面是删除表 tb1G 上创建的索引 my_ind 的示例。

执行结果

```
mysql> DROP INDEX my_ind ON tb1G;
Query OK, 0 rows affected (0.08 sec)
Records: 0  Duplicates: 0  Warnings: 0
```

执行 SHOW INDEX 命令，我们能够得知索引已经被删除了。

执行结果

```
mysql> SHOW INDEX FROM tb1G \G
Empty set (0.00 sec)
```

专栏 ▸ 索引和处理速度的关系

实际上，创建了索引并不代表一定会缩短查找时间。因为根据查找条件的不同，有时候不需要用到索引，而且在某些情况下，使用索引反而会花费更多的时间。

例如，人们都说在相同值较多（重复值较多）的情况下最好不要创建索引。我们举一个极端的例子，当某列中只有 "YES" 和 "NO" 这两个值时，即使在该列上创建索引也不会提高处理速度。

另外，当对创建了索引的表进行更新时，也需要对已经存在的索引信息进行维护。所以，在使用索引的情况下，检索速度可能会变快，但与此同时，更新速度也很可能会变慢。

在使用索引的情况下，即使索引在创建过程中出现了错误，查找结果也不会受到任何影响。创建索引只会影响数据库整体的处理速度。

索引的创建是影响整个数据库处理效率的重要问题。我们把这种提高处理效率的对策称为调优（tuning）。如何调优就要看数据库工程师的技能了。

6.13 总结

本章介绍了以下内容。

- 如何修改表的列结构
- 什么是主键
- 如何设置拥有自动连续编号功能的列
- 如何设置列的默认值

● 索引的作用和创建方法

在数据库中，"唯一值"很重要。我们要学会使用 PRIMARY KEY、UNIQUE、自动连续编号功能和索引。

▶ 自我检查

下面检查一下本章学习的内容是否全部理解并掌握了。

- ☐ 能够使用"ALTER TABLE ..."命令对列结构进行修改、添加和删除
- ☐ 能够给列设置自动连续编号功能。能够输入连续的编号
- ☐ 能够使用"AUTO_INCREMENT=..."设置连续编号的初始值
- ☐ 能够使用 DEFAULT 设置列的默认值
- ☐ 能够使用"CREATE INDEX ..."创建索引
- ☐ 能够显示索引的内容并删除索引

▶ 练习题

问题 1

创建列结构如表 6-3 所示的表 t_initial_serial，然后把输入时的时间保存到列 c_time 中并插入记录。

表 6-3　表 t_initial_serial

具体内容	连续编号	输入时间
列名	id	c_time
数据类型	INT 类型 AUTO_INCREMENT PRIMARY KEY 初始值为 100	DATETIME 类型

 可以使用 NOW 函数获取当前时间。把 NOW() 作为数据输入，就能够输入当前时间了。函数相关的内容会在第 8 章进行介绍。详细内容可参考 8.2.6 节。

▶ 参考答案

问题 1

执行下面的命令。

```
CREATE TABLE t_initial_serial (id INT AUTO_INCREMENT PRIMARY KEY,c_time
DATETIME) AUTO_INCREMENT=100;
```

```
INSERT INTO t_initial_serial (c_time) VALUES(NOW());
```

执行结果

```
mysql> CREATE TABLE t_initial_serial (id INT AUTO_INCREMENT PRIMARY KEY,c_time
DATETIME) AUTO_INCREMENT=100;
Query OK, 0 rows affected (0.09 sec)

mysql> INSERT INTO t_initial_serial (c_time) VALUES(NOW());
Query OK, 1 row affected (0.05 sec)

mysql> SELECT * FROM t_initial_serial;
+-----+---------------------+
| id  | c_time              |
+-----+---------------------+
| 100 | 2018-05-15 19:59:23 |
+-----+---------------------+
1 row in set (0.00 sec)
```

第7章 复制、删除表和记录

本章将介绍如何复制表的列结构和记录，以及如何完全删除数据库、表和记录。

7.1 复制表的列结构和记录

下面将介绍表和记录的删除方法以及各种提取方法。因为需要用到很多表，每次输入记录又很麻烦，所以为了能重复利用之前创建过的表，我们要掌握表的各种复制方法。

接下来会介绍以下 3 种复制方法。

- 复制表的列结构和记录
- 仅复制表的列结构
- 仅复制记录

7.2 将表的列结构和记录整个复制过来

先介绍第 1 种方法，也就是使用 SELECT 的结果复制列结构和记录，然后创建新的表。该方法可以将包括记录在内的整个表复制过来，非常方便。

但是，这种方法不能复制 AUTO_INCREMENT 等属性。AUTO_INCREMENT 等属性需要在复制后再次进行设置。

7.2.1　复制表的列结构和记录

相关语法非常容易理解，也就是使用 SELECT 的记录执行 CREATE TABLE。

> **格式**　复制表的列结构和记录来创建表

```
CREATE TABLE 新表名 SELECT * FROM 元表名;
```

使用"SELECT * FROM ..."的结果执行 CREATE TABLE。这样在创建新表的同时也复制了记录。

在 4.9 节，我们创建了很多表 tb1 的副本，当时使用的就是这个语法。下面试着通过复制表 tb1 来创建表 tb1_bk。

▶ 执行内容

> ▶ 执行前（表 tb1 的列）

列	empid	name	age
数据类型	VARCHAR(10)	VARCHAR(10)	INT

复制这个结构

> ▶ 执行后（通过复制创建的表 tb1_bk 的列）

列	empid	name	age
数据类型	VARCHAR(10)	VARCHAR(10)	INT

创建该列

> **操作方法**
>
> 执行下面的命令。
>
> ```
> CREATE TABLE tb1_bk SELECT * FROM tb1;
> ```

试着执行下面的命令来确认一下表是否被正确地复制了。

```
SELECT * FROM tb1_bk;
```

执行结果

```
mysql> SELECT * FROM tb1_bk;
+-------+------+------+
| empid | name | age  |
+-------+------+------+
| A101  | 佐藤 |   40 |
| A102  | 高桥 |   28 |
| A103  | 中川 |   20 |
| A104  | 渡边 |   23 |
| A105  | 西泽 |   35 |
+-------+------+------+
5 rows in set (0.00 sec)
```

记录被正常复制过来了。如果用 8.3.2 节介绍的 WHERE 或 8.3.1 节介绍的 LIMIT 来限定要提取的记录，还可以只对需要的记录进行复制。

另外，这种方法可能会改变列的属性。例如在某些 MySQL 的版本中，VARCHAR(100) 可能会变成 CHAR(100)。除此之外，还可能存在不复制元表的索引等情况。所以在执行完复制操作后，请用 DESC 确认表的结构，然后再使用该表。

7.3　仅复制表的列结构

下面将介绍通过复制表的列结构来创建表的方法。这种方法虽然不会复制表中的记录，但是会复制 AUTO_INCREMENT 和 PRIMARY KEY 等列的属性。

7.3.1　仅复制表的列结构

在 CREATE TABLE 命令的表名后面加上 **LIKE** 指定复制的元表。

格式　通过复制表的列结构来创建新表

```
CREATE TABLE 新表名 LIKE 元表名 ;
```

接下来，我们试着创建一个与员工信息表 tb1 具有相同列结构的空表 tb1_bkc，并且试着显示表 tb1 和表 tb1_bkc 的列结构。

▶ **执行内容**

▶ 执行前（表 tb1 的列）

列	empid	name	age
数据类型	VARCHAR(10)	VARCHAR(10)	INT

复制列结构

▶ 执行后（通过复制列结构创建的表 tb1_bkc）

列	empid	name	age
数据类型	VARCHAR(10)	VARCHAR(10)	INT

创建该表

操作方法

① 执行下面的命令。

```
CREATE TABLE tb1_bkc LIKE tb1;
```

② 输入下面的命令。

```
DESC tb1;
DESC tb1_bkc;
```

执行结果

```
mysql> DESC tb1;
+-------+-------------+------+-----+---------+-------+
| Field | Type        | Null | Key | Default | Extra |
+-------+-------------+------+-----+---------+-------+
| empid | varchar(10) | YES  |     | NULL    |       |
| name  | varchar(10) | YES  |     | NULL    |       |
| age   | int(11)     | YES  |     | NULL    |       |
+-------+-------------+------+-----+---------+-------+
3 rows in set (0.08 sec)

mysql> DESC tb1_bkc;
+-------+-------------+------+-----+---------+-------+
| Field | Type        | Null | Key | Default | Extra |
+-------+-------------+------+-----+---------+-------+
| empid | varchar(10) | YES  |     | NULL    |       |
| name  | varchar(10) | YES  |     | NULL    |       |
| age   | int(11)     | YES  |     | NULL    |       |
+-------+-------------+------+-----+---------+-------+
3 rows in set (0.07 sec)
```

　　该方法也会复制 AUTO_INCREMENT 和 PRIMARY KEY 等列的属性[①]。这是一种不复制记录，只复制列结构的方法。

7.4　复制其他表的记录

下面介绍如何向创建好的表中复制其他表的记录（数据）。

7.4.1　复制其他表的记录

我们可以使用下面的方法复制具有相同列结构的表的记录。具体语法如下所示。

> **格式**　复制其他表的记录

```
INSERT INTO 表名 SELECT * FROM 元表名;
```

在 7.3 节中，我们创建了一个和表 tb1 具有相同结构的空表 tb1_bkc。现在试着将表 tb1 中的所有记录都复制到表 tb1_bkc 中。插入记录后，将所有的记录显示出来。

▶ 执行内容

▶ 执行前（表 tb1_bkc）

empid	name	age

▶ 执行后

empid	name	age
A101	佐藤	40
A102	高桥	28
A103	中川	20
A104	渡边	23
A105	西泽	35

从表 tb1 中复制了所有的记录

---

① 这一点可以通过第 6 章中介绍的表 t_series 进行验证。——译者注

操作方法

① 执行下面的命令。

```
INSERT INTO tb1_bkc SELECT * FROM tb1;
```

② 执行下面的命令。

```
SELECT * FROM tb1_bkc;
```

我们可以确认一下所有的记录是否都插入到了表 tb1_bkc 中。

执行结果

```
mysql> SELECT * FROM tb1_bkc;
+-------+------+------+
| empid | name | age  |
+-------+------+------+
| A101  | 佐藤 |   40 |
| A102  | 高桥 |   28 |
| A103  | 中川 |   20 |
| A104  | 渡边 |   23 |
| A105  | 西泽 |   35 |
+-------+------+------+
5 rows in set (0.00 sec)
```

7.5 选择某一列进行复制

我们可以从元表中选择某一列的记录进行复制。例如下面的示例就展示了如何向表 tb1_bkc 的姓名列 name 中插入表 tb1 的列 empid 的记录。

```
INSERT INTO tb1_bkc(name) SELECT empid FROM tb1;
```

只有表 tb1_bkc 的列 name 中输入了员工号，其他列中都输入了 NULL。

执行结果

```
mysql> SELECT * FROM tb1_bkc;
+-------+------+------+
| empid | name | age  |
+-------+------+------+
| A101  | 佐藤 |   40 |
| A102  | 高桥 |   28 |
| A103  | 中川 |   20 |
| A104  | 渡边 |   23 |
| A105  | 西泽 |   35 |
| NULL  | A101 | NULL |
| NULL  | A102 | NULL |
| NULL  | A103 | NULL |
| NULL  | A104 | NULL |
| NULL  | A105 | NULL |
+-------+------+------+
10 rows in set (0.00 sec)
```

在这种情况下，因为列 empid 和列 name 的数据类型都是 VARCHAR(10)，所以命令的执行没有出现任何问题。但是，如果数据类型不一致，复制操作就可能会失败，这一点需要大家注意。

另外，我们还可以使用 WHERE（→ 8.3.2 节）复制符合条件的记录，使用 LIMIT（→ 8.3.1 节）指定插入的记录数。

7.6　删除表、数据库和记录

接下来介绍删除表、数据库和记录的方法。记录删除后大多无法复原，所以在执行 DROP 或 DELETE 命令的时候一定要慎重。

7.7　删除表

下面是删除表的方法。我们可以使用 DROP 命令删除表。

格式　删除表

```
DROP TABLE 表名;
```

试着删除表 tb1A，并在删除后显示当前存在的所有表的表名。

▶ **执行内容**

▶ **执行前（表 tb1A）**

empid	name	age
A101	佐藤	40
A102	高桥	28
A103	中川	20
A104	渡边	23
A105	西泽	35

删除该表

操作方法

① 执行下面的命令。

```
DROP TABLE tb1A;
```

② 执行下面的命令。

```
SHOW TABLES;
```

执行结果

```
mysql> SHOW TABLES;
+---------------+
| Tables_in_db1 |
+---------------+
| tb1           |
| tb1_bk        |
| tb1_bkc       |
| tb1b          |
| tb1c          |
| tb1d          |
| tb1e          |
| tb1f          |
| tb1g          |
| tb1h          |
| tb1i          |
| tb1j          |
| tb1k          |
+---------------+
13 rows in set (0.01 sec)
```

表 tb1A 消失了，再也不能回到原来的状态了。在执行包含 DROP 的命令时一定要谨慎。

7.7.1　当目标表存在时将其删除

如下所示，在 DROP TABLE 的后面加上 IF EXISTS，就表示如果表 tb1A 存在就将其删除。

```
DROP TABLE IF EXISTS tb1A;
```

一般来说，在目标表不存在的情况下执行 DROP 命令会发生错误，但如果加上了 IF EXISTS，就能够抑制错误的发生。

例如 14.2 节会介绍如何使用 SOURCE 命令执行记述了多个 SQL 语句的文本文件。这时如果在命令中加上 IF EXISTS，无论表存在与否，命令都能执行，非常方便。

7.8　删除数据库

删除数据库时也需要使用 DROP 命令。执行 "DROP DATABASE db0;"，数据库 db0 就会被删除。

格式　删除数据库

```
DROP DATABASE 数据库名 ;
```

执行上面的命令之后，数据库就无法恢复到原来的状态了。包括表在内的所有信息都将消失，这一点需要特别注意。另外，现在使用的数据库 db1 在本书后面的内容中也会用到，注意不要把它删除了。

7.9　删除所有记录

下面将介绍不删除表自身，只删除表中记录的方法。这里只介绍删除所有记录的方法。

格式　删除所有记录

```
DELETE FROM 表名 ;
```

执行 "DELETE FROM 表名 ;"，表里的所有记录都会被删除。另外，如果想指定记录进行删除，可以使用 WHERE 来设置条件。关于 WHERE，请参考 8.3.2 节的内容。

试着删除表 tb1_bk 里的所有记录，并且在删除后确认记录是否已经消失。

▶ 执行内容

　▶ 执行前（表 tb1_bk）

empid	name	age
A101	佐藤	40
A102	高桥	28
A103	中川	20
A104	渡边	23
A105	西泽	35

删除记录

　▶ 执行后

empid	name	age

删除了

操作方法

① 执行下面的命令。

```
DELETE FROM tb1_bk;
```

② 执行下面的命令。

```
SELECT * FROM tb1_bk;
```

执行结果

```
mysql> DELETE FROM tb1_bk;
Query OK, 5 rows affected (0.01 sec)

mysql> SELECT * FROM tb1_bk;
Empty set (0.00 sec)
```

执行 SELECT 后会显示 Empty set，由此可知，所有的记录都被删除了。

专栏▶　不使用 MySQL 监视器操作 MySQL

我们可以直接从命令提示符或终端来操作 MySQL。

●使用 mysqladmin 命令创建和删除数据库

例如 MySQL 里提供了一个名为 mysqladmin 的强大命令来创建数据库。我们可以执行 mysqladmin 命令创建数据库。这个命令不是 MySQL 监视器的命令，所以请直接从命令提示符或终端输入。

■使用 mysqladmin 创建数据库

```
mysqladmin -u 用户名 -p密码 CREATE 数据库名
```

对于用户名和密码，请输入和 MySQL 监视器启动时相同的内容。下面是在命令提示符中使用 mysqladmin 命令创建数据库 db2 的示例。

```
mysqladmin -u root -proot CREATE db2
```

这样就创建好了数据库 db2。

接下来将介绍使用 mysqladmin 命令删除数据库 db2 的方法。执行该命令后会显示是否删除数据库的确认信息，请按 "Y"。

```
mysqladmin -u root -proot DROP db2
```

●使用 mysql 命令执行查询

虽然只要使用 mysql 命令就能启动 MySQL 监视器，但是也可以在不启动 MySQL 监视器的情况下直接执行 SQL 语句。在这种情况下，需要加上 -e 选项，并且用 "" 将后面的命令括起来。注意不是用单引号（' '），而是用双引号（" "）把命令括起来。

■使用 mysql 命令执行 SQL 语句

```
mysql 数据库名 -u 用户名 -p密码 -e "命令"
```

下面是使用 mysql 命令直接执行 SQL 语句的示例。

```
mysql db1 -u root -proot -e "SELECT * FROM tb1"
```

在之后的章节里，除了上面介绍的内容之外还会出现各种不使用 MySQL 监视器的操作，比如使用 mysqldump 命令获取数据库的 dump 文件（→ 14.4.1 节），或者使用 mysql 命令进行复原（→ 14.4.3 节）等。

专栏▶ **多行输入**

前面介绍的 SQL 语句非常简单，所以我们把所有内容都输入在了 1 行中。比如下面这个语句（→ 4.8.1 节）。

```
SELECT empid, name FROM tb1;
```

可是，命令变长后易读性就会大打折扣，还会出现 1 行无法写完的情况。在初始化设置中，输入"；"后命令才能执行，因此没有必要强行把命令写在 1 行中。不妨通过换行让命令变得更易于阅读，然后在命令的最后加上"；"。

另外，SQL 语句中可以输入 tab 或半角空格。也就是说，可以随意缩进到更容易阅读的位置。但是请注意，如果在关键字或记录的中间进行换行就会出错。比如对于 SELECT，就不能在 SEL 和 ECT 的中间进行换行。

对上面的 SQL 语句执行换行和缩进后就变成了下面这样。

```
SELECT
    empid, name
FROM
    tb1
;
```

如果不输入最后的"；"，命令就不会执行。一边输入一边确认输入内容可以减少错误的发生。

如果每一行都执行换行，不仅阅读起来更加方便，也更容易发现错误。另外，当 SQL 语句像 14.2 节那样写在文本文件中时，我们也可以随意对其进行改写，非常方便。

本书原本也打算采用换行这种更易于理解的方式进行书写，但因页数限制，最终只在必要的时候执行了换行，大部分命令写在了 1 行中。大家可以适当地进行换行、缩进，使输入的内容更易于阅读。

但是严格来说，不管是半角空格还是 tab，输入的其实都是代码，如果执行了缩进的 SQL 语句变成文件，文件自然也会变大。不过现在硬盘容量和处理能力已经不再是限制条件了，文件变大所造成的影响基本可以忽略不计。易于理解的描述方式是防止错误的有效手段，请一定设计出方便自己理解的写法。

7.10　总结

本章介绍了以下内容。

- 如何通过复制其他表的列结构和记录来创建表
- 如何通过复制其他表的列结构来创建表
- 如何复制其他表的记录
- 如何删除表、数据库和记录

我们在第 9 章会学习如何通过 WHERE 等命令来设置条件进行复制和删除。我们先记住复制和删除所有记录的方法。至此，我们已经能够轻松创建用于本书学习的素材了。

▶ **自我检查**

下面检查一下本章学习的内容是否全部理解并掌握了。

☐ 能够使用 "CREATE TABLE ... SELECT ..." 复制列结构和记录来创建表
☐ 能够使用 "CREATE TABLE ... LIKE ..." 复制列结构来创建表
☐ 能够使用 "INSERT INTO ... SELECT ... FROM ..." 复制表里的记录
☐ 能够使用 DROP 删除数据库、表和记录

▶ **练习题**

问题1

表 t_name 的列结构如表 7-1 所示。请将表 tb1 的列 name 的记录插入进去。

表 7-1　表 t_name

列名	a
列的数据类型	VARCHAR (10)
列的内容	松尾
	市川
	乡
	伊藤
	冈田

 指定列进行复制。参考 7.5 节。

▶ **参考答案**

问题1

执行下面的命令。

```
INSERT INTO t_name(a) SELECT name FROM tb1;
```

执行命令之前，表 t_name 的内容如下所示。

执行结果

```
mysql> SELECT * FROM t_name;
+------+
| a    |
+------+
| 松尾 |
| 市川 |
| 乡   |
| 伊藤 |
| 冈田 |
+------+
5 rows in set (0.00 sec)
```

只复制列 name 的记录。

执行结果

```
mysql> INSERT INTO t_name(a) SELECT name FROM tb1;
Query OK, 5 rows affected (0.02 sec)
Records: 5  Duplicates: 0  Warnings: 0

mysql> SELECT * FROM t_name;
+------+
| a    |
+------+
| 松尾 |
| 市川 |
| 乡   |
| 伊藤 |
| 冈田 |
| 佐藤 |
| 高桥 |
| 中川 |
| 渡边 |
| 西泽 |
+------+
10 rows in set (0.00 sec)
```

第3部分
熟练使用MySQL

　　只是简单地使用 INSERT、SELECT 和 DELETE 不可能完全操作数据库。实际工作中通常会使用多个复杂关联在一起的表来处理大量数据，这时不仅要考虑处理效率，还要避免意外丢失数据的情况发生。

　　MySQL 的学习也将迎来佳境。从如何设置条件进行提取和编辑，到如何使用具有关联关系的多个表，这一系列过程都会在接下来的内容中学到。我们还会介绍一些在实践中需要用到的内容，如视图、存储过程、事务和文件操作等。

第8章　使用各种条件进行提取

在前面的内容中，我们使用的都是 "SELECT * FROM tbl;" 这种简单的 SELECT 命令来显示记录。但在实际使用数据库时，仅显示所有记录和所有列是不够的，必须使用各种手段快速找到所需信息。

SELECT 是 SQL 的基础。明确各个数据要以怎样的形式提取之后，自由操作 SELECT 是我们要达到的目标。

8.1　设计列的显示内容并执行 SELECT

8.1.1　准备表 tb

从本章开始，我们将使用销售信息表 tb 来练习 SELECT 的用法。表 tb 中保存了各员工的销售额和相关月份的数据。请使用附录 3 事先创建好这个表。

▶ 表 tb 的内容

empid	sales	month
A103	101	4
A102	54	5
A104	181	4
A101	184	4
A103	17	5
A101	300	5
A102	205	6
A104	93	5
A103	12	6
A107	87	6

表 tb 由员工号（empid）、销售额（sales）和月份（month）3 个列组成。通过关联的员工信息表 tb1 可以知道，表 tb 中 empid 为 A101 的员工是佐藤。

下面介绍的内容都以启动了 MySQL 监视器并执行了 use db1 为前提。

8.1.2 改变列的显示顺序

在之前的内容中，我们使用了"SELECT * FROM tb;"这样的命令来查找记录。该命令表示从（FROM）tb 中选择（SELECT）所有的列（*）。"*"是通配符（wildcard），可以替代任意字符。

在指定了列名的情况下，列会按照指定的顺序显示（→ 4.8 节）。当指定多个列时，可以使用","来分隔列名。

我们让员工信息表 tb 只包含销售额（sales）和员工号（empid）的信息，并按照这个顺序显示出来。

▶ **执行内容**

▶ 执行前（表 tb）

empid	sales	month
A103	101	4
A102	54	5
A104	181	4
A101	184	4
A103	17	5
A101	300	5
A102	205	6
A104	93	5
A103	12	6
A107	87	6

这两列

▶ 执行后

sales	empid
101	A103
54	A102
181	A104
184	A101
17	A103
300	A101
205	A102
93	A104
12	A103
87	A107

调换顺序后显示出来

操作方法

执行下面的命令。

```
SELECT sales,empid FROM tb;
```

执行结果

```
mysql> SELECT sales,empid FROM tb;
+-------+-------+
| sales | empid |
+-------+-------+
|   101 | A103  |
|    54 | A102  |
|   181 | A104  |
|   184 | A101  |
|    17 | A103  |
|   300 | A101  |
|   205 | A102  |
|    93 | A104  |
|    12 | A103  |
|    87 | A107  |
+-------+-------+
10 rows in set (0.00 sec)
```

同一个列可以显示多次。例如执行命令 "SELECT sales,empid,sales,empid,sales,
empid FROM tb;",列 sales 和列 empid 就会各显示 3 次。

8.1.3 使用别名

即使显示了列名 empid 和 sales,一般人也不太清楚它表示的是什么意思。如果给这些列加上
"昵称",理解起来就容易多了。

这个昵称就是别名(alias)。别名是指一般称谓以外的名称。在计算机的世界里,它表示为了
指代真实事物,由用户自由命名的名称。

如果执行 "SELECT * FROM tb;",第 1 行将显示出真正的列名 empid、sales 和 month。此
时我们也可以将其替换为容易理解的别名。

格式　指定别名

```
SELECT 列名 AS 别名 FROM 表名;
```

在指定多个列的情况下,需要使用 ","区分各列名,并加上 "列名 AS 别名"。如果别名使
用了特殊符号,就需要使用 " " 将别名括起来。

下面试着给列 empid 加上别名 "员工号",给列 sales 加上别名 "销售额",然后把表 tb 中的所
有记录都显示出来。

▶ 执行内容

▶ 执行前（表 tb）

empid	sales	month
A103	101	4
A102	54	5
A104	181	4
A101	184	4
A103	17	5
A101	300	5
A102	205	6
A104	93	5
A103	12	6
A107	87	6

这两列

▶ 执行后

员工号	销售额
A103	101
A102	54
A104	181
A101	184
A103	17
A101	300
A102	205
A104	93
A103	12
A107	87

加上别名后显示出来

操作方法

执行下面的命令。

```
SELECT empid AS 员工号,sales AS 销售额 FROM tb;
```

执行结果

```
mysql> SELECT empid AS 员工号,sales AS 销售额 FROM tb;
+--------+--------+
| 员工号 | 销售额 |
+--------+--------+
| A103   |    101 |
| A102   |     54 |
| A104   |    181 |
| A101   |    184 |
| A103   |     17 |
| A101   |    300 |
| A102   |    205 |
| A104   |     93 |
| A103   |     12 |
| A107   |     87 |
+--------+--------+
10 rows in set (0.00 sec)
```

比以前更容易理解了吧。如果把显示出来的字符串复制粘贴到某个文档中，这些字符串就可以直接作为基础数据使用了。

8.2 计算列值或处理字符串之后显示列

8.2.1 使用列值进行计算并显示

我们可以使用列中的数据自由地进行乘法和除法等四则运算。但在计算机的世界中，不能直接使用符号 × 或 ÷，而要使用表 8-1 中列出的算术运算符。

表 8-1 算术运算符

运算符	使用示例	含义
+	a + b	a 加上 b
-	a - b	a 减去 b
*	a * b	a 乘以 b
/	a / b	a 除以 b
DIV	a DIV b	a 除以 b（结果取整）
%、MOD	a % b	a 除以 b 取余

假设销售信息表 tb 中的列 sales 的值以"万元"为单位。那么，"A101"佐藤 5 月份的销售额为 300 万元（表 tb 的第 6 行数据）。

试着给表 tb 的列 sales 的值乘以 10000 并给该列添加别名"销售额"，然后显示所有记录。

▶ 执行内容

▶ 执行前（表 tb）

empid	sales	month
A103	101	4
A102	54	5
A104	181	4
A101	184	4
A103	17	5
A101	300	5
A102	205	6
A104	93	5
A103	12	6
A107	87	6

▶ 执行后

销售额
1010000
540000
1810000
1840000
170000
3000000
2050000
930000
120000
870000

给列名加上别名

将值乘以 10000 后显示出来

操作方法

执行下面的命令。

```
SELECT sales*10000 as 销售额 FROM tb;
```

执行结果

```
mysql> SELECT sales*10000 as 销售额 FROM tb;
+---------+
| 销售额  |
+---------+
| 1010000 |
|  540000 |
| 1810000 |
| 1840000 |
|  170000 |
| 3000000 |
| 2050000 |
|  930000 |
|  120000 |
|  870000 |
+---------+
10 rows in set (0.00 sec)
```

另外，如果是"销售额 (元)"这种包含半角括号的情况，就需要使用 " " 将整个内容括起来，即 ""销售额 (元)""，否则就会发生错误[①]，这一点需要注意。

除了可以像上面那样进行乘法或除法运算，各个列值之间也可以进行计算。我们可以使用下面的命令让列 a 的值除以列 b 的值。

```
SELECT a/b FROM 表名;
```

列 a 的值和列 b 的值相加时使用下面的命令。

```
SELECT a+b FROM 表名;
```

当然，这都是在同一条记录的各列值之间进行的计算。

---

① 使用全角括号时，能够正常执行，不会发生错误。——译者注

8.2.2 使用函数进行计算

传入数据后，函数会执行指定的处理并返回结果。例如，AVG 这个函数会返回传入数据的平均值。函数名的后面要加上 ()，() 里面是需要处理的数据。放在 () 中的数据称为参数。

虽然上面提到的函数与 Excel 等表计算的函数基本相同，但在 SQL 语句中，() 中指定的大多是列名。例如，AVG(x) 会返回列 x 中数据的平均值。由于列 x 的值和记录数相对应，所以该函数表示列 x 中所有记录的平均值。

当指定作为函数处理对象的记录时，我们可以使用 WHERE 设置条件进行提取，也可以使用 GROUP BY 对记录进行分组计算（→ 8.6 节）。

下面我们来计算一下 D 公司 2018 年第二季度的平均销售额。试着显示表 tb 的列 sales 的平均值。

▶ 执行内容

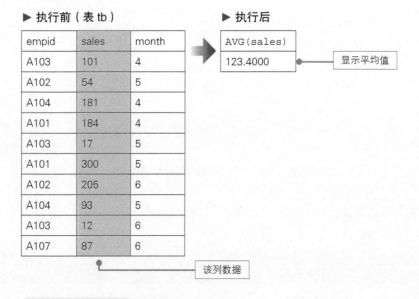

▶ 执行前（表 tb）

empid	sales	month
A103	101	4
A102	54	5
A104	181	4
A101	184	4
A103	17	5
A101	300	5
A102	205	6
A104	93	5
A103	12	6
A107	87	6

该列数据

▶ 执行后

AVG(sales)
123.4000

显示平均值

操作方法

执行下面的命令。

```
SELECT AVG(sales) FROM tb;
```

执行结果

```
mysql> SELECT AVG(sales) FROM tb;
+------------+
| AVG(sales) |
+------------+
|   123.4000 |
+------------+
1 row in set (0.00 sec)
```

可以看到销售额（sales）的平均值是 123.4。

▶ 显示总和

下面的命令用于显示销售额总和（SUM 函数）。

```
SELECT SUM(sales) FROM tb;
```

执行结果

```
mysql> SELECT SUM(sales) FROM tb;
+------------+
| SUM(sales) |
+------------+
|       1234 |
+------------+
1 row in set (0.00 sec)
```

销售额总和为"1234"。

▶ 显示个数

下面的命令用于统计记录个数（COUNT 函数）。

```
SELECT COUNT(sales) FROM tb;
```

执行结果

```
mysql> SELECT COUNT(sales) FROM tb;
+--------------+
| COUNT(sales) |
+--------------+
|           10 |
+--------------+
1 row in set (0.00 sec)
```

　　个数是 "10"。因为销售额总和是 "1234"，而个数是 "10"，所以可以得知平均值与 AVG(sales) 返回的 123.4 一致。

　　MySQL 中有很多内置函数。除了这里介绍的用于计算平均值、总和以及个数的统计函数，还有 sin、cos 这种数学处理函数，以及字符串函数、日期和时间函数等。本书仅介绍了其中的一小部分。

8.2.3　用于显示各种信息的函数

　　下面来介绍一个和表完全无关的函数。PI 是用于返回圆周率的函数。试着执行下面的命令。

```
SELECT PI();
```

执行结果

```
mysql> SELECT PI();
+----------+
| PI()     |
+----------+
| 3.141593 |
+----------+
1 row in set (0.11 sec)
```

　　像这样将函数和 SELECT 一起使用，就能够显示出与列和表无关的数据。

　　下面介绍的函数用于查看当前使用的 MySQL 环境。

▶ 显示 MySQL 服务器版本

```
SELECT VERSION();
```

▶ 显示当前使用的数据库

```
SELECT DATABASE();
```

▶ 显示当前用户

```
SELECT USER();
```

▶ **显示由参数指定的字符的字符编码**

```
SELECT CHARSET('这个字符');
```

即使不需要用到参数，函数名之后也要加上()。省略了()就会发生错误。函数后面必须加上()是很多编程语言的共通之处。之后介绍的存储过程（→12.1 节）、存储函数（→12.4 节）和 PHP 函数（→15.8.4 节）也都需要加上()。

专栏▶ **计算圆的面积**

如果使用保存了半径的列 r 的值计算面积，就可以将语句编写为 "SELECT r * r * PI()FROM ..."。

8.2.4 连接字符串

MySQL 中还有很多用于处理字符串的函数。例如在连接字符串的时候，可以使用 CONCAT 函数。CONCAT 中指定的字符串列需要使用"，"进行分隔。比如在连接列 a、b、c 的字符时，就需要写成 CONCAT(a,b,c)。该函数还可以直接指定字符串。

例如，员工信息表 tb1 的列 empid 表示员工号，列 name 表示姓名。下面试着显示内容为"员工号 + 姓名 + 先生"的字符串。

连接表 tb1 的列 empid、列 name 以及"先生"并将其显示出来。

▶ **执行内容**

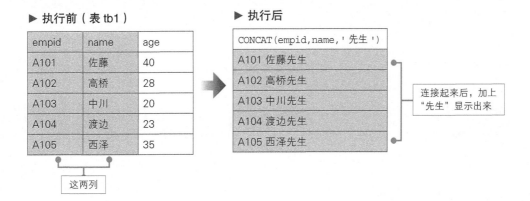

操作方法

执行下面的命令。

```
SELECT CONCAT(empid,name,'先生') FROM tb1;
```

执行结果

```
mysql> SELECT CONCAT(empid,name,'先生') FROM tb1;
+-------------------------+
| CONCAT(empid,name,'先生') |
+-------------------------+
| A101佐藤先生              |
| A102高桥先生              |
| A103中川先生              |
| A104渡边先生              |
| A105西泽先生              |
+-------------------------+
5 rows in set (0.14 sec)
```

当然，CONCAT 函数也可以连接 3 个以上的字符串。另外，"先生"是字符串数据，不要忘记使用"'"把它括起来。

8.2.5 字符串操作中常用的函数

下面介绍字符串操作中一些常用的函数。如果使用员工信息表 tb1 实际进行测试，就能很好地理解这些函数的作用了。

▶ 从右取出：RIGHT 函数

下面的命令用于显示列 empid 最右边的 2 个字符。

```
SELECT RIGHT(empid,2) FROM tb1;
```

在列 empid 的值为"A101"的情况下，显示为"01"。

▶ 从左取出：LEFT 函数

下面的命令用于显示列 empid 最左边的 2 个字符。

```
SELECT LEFT(empid,2) FROM tb1;
```

在这种情况下，所有的值都显示为"A1"。

▶ 从第 × 个字符开始截取△个字符：SUBSTRING 函数

下面的命令用于从列 empid 的第 2 个字符开始连续显示 3 个字符。

```
SELECT SUBSTRING(empid,2,3) FROM tb1;
```

在列 empid 的值为"A101"的情况下，显示为"101"。

▶ 重复显示：REPEAT 函数

下面的命令用于重复显示字符"."，其重复次数为列 age 的值。

```
SELECT REPEAT('.',age) FROM tb1;
```

这样就可以绘制 D 公司员工的年龄简易图了。使用"♪"等特定字符会变得更加有趣。

执行结果

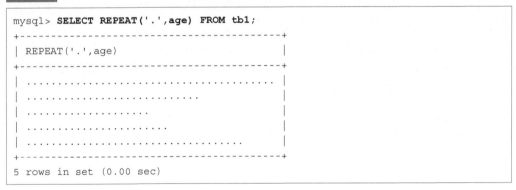

```
mysql> SELECT REPEAT('.',age) FROM tb1;
+-----------------------------------------+
| REPEAT('.',age)                         |
+-----------------------------------------+
| ......................................  |
| ..............................          |
| ..................                      |
| .......................                 |
| ...................................     |
+-----------------------------------------+
5 rows in set (0.00 sec)
```

▶ 反转显示：REVERSE 函数

下面把列 name 中的字符串倒着显示出来。

```
SELECT REVERSE(name) FROM tb1;
```

这样，姓名就会倒过来显示。

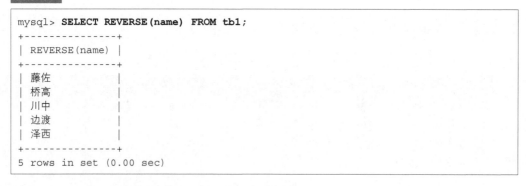

```
执行结果

mysql> SELECT REVERSE(name) FROM tb1;
+---------------+
| REVERSE(name) |
+---------------+
| 藤佐          |
| 桥高          |
| 川中          |
| 边渡          |
| 泽西          |
+---------------+
5 rows in set (0.00 sec)
```

使用 REVERSE 函数能够找到字符顺序颠倒的单词。

8.2.6　日期和时间函数

处理日期和时间的函数也有很多。下面将介绍本书使用的 NOW 函数。

NOW 是用于返回当前日期和时间的函数。如果想自动设置执行处理的日期和时间，可以使用 NOW()。NOW() 会返回日期和时间，所以最好将输入列设置为 DATETIME 类型。第 5 部分介绍的实用公告板也会用到 NOW()，大家先记住这个函数。

作为练习，我们来创建表 t_now。将表 t_now 的列 a 设置为 INT 类型，列 b 设置为 DATETIME 类型，并给列 a 添加自动连续编号功能（→6.8 节）。然后将当前的日期和时间保存在列 b 中并插入 5 条记录。6.13 节中出现过类似的练习题。

▶ **执行内容**

▶ **创建表 t_now**

列	a	b
数据类型	INT AUTO_INCREMENT PRIMARY KEY	DATETIME

设置自动连续编号功能

▶ **执行后**

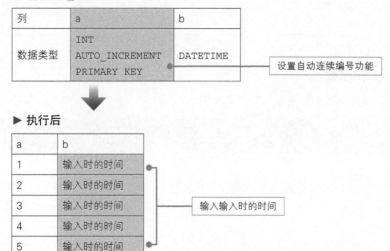

a	b
1	输入时的时间
2	输入时的时间
3	输入时的时间
4	输入时的时间
5	输入时的时间

输入输入时的时间

操作方法

① 执行下面的命令。

```
CREATE TABLE t_now (a INT AUTO_INCREMENT PRIMARY KEY,b DATETIME);
```

② 执行下面的命令。

```
INSERT INTO t_now (b) VALUES(NOW());
```

③ 反复执行4次②。

使用 Enter 键输入后，如果需要反复输入相同的数据，可以先按↑键，再按 Enter 键，反复执行该操作。如果在列 b 中输入 NOW()，执行处理时的时间就会被输入进去。

我们来确认一下输入的记录。请执行 "SELECT * FROM t_now;" 命令。

执行结果

```
mysql> SELECT * FROM t_now;
+---+---------------------+
| a | b                   |
+---+---------------------+
| 1 | 2018-05-27 14:52:50 |
| 2 | 2018-05-27 14:52:54 |
| 3 | 2018-05-27 14:52:55 |
| 4 | 2018-05-27 14:52:56 |
| 5 | 2018-05-27 14:54:27 |
+---+---------------------+
5 rows in set (0.00 sec)
```

由于给列 a 设置了自动连续编号功能，所以从 1 开始的连续编号也会输入进去。

8.3 设置条件进行显示

在本书中，我们处理的表大约只有 10 条记录。因此在执行 SELECT 时，所有结果都能立刻显示出来。但是在实际工作中，我们处理的表可能会有成千上万条记录。

显示大量无意义的记录只会降低工作效率。所以大家要掌握限制显示的记录数的方法。

8.3.1 确定记录数并显示

我们可以使用 LIMIT 来限制要显示的记录数。

格式 限制要显示的记录数

```
SELECT 列名 FROM 表名 LIMIT 显示的记录数;
```

我们试着让销售信息表 tb 仅显示 3 条记录。

▶ **执行内容**

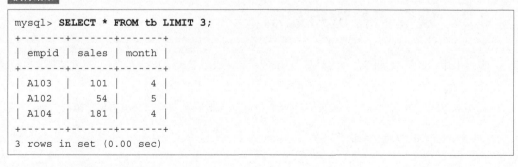

▶ 执行前（表 tb）

empid	sales	month
A103	101	4
A102	54	5
A104	181	4
A101	184	4
A103	17	5
A101	300	5
A102	205	6
A104	93	5
A103	12	6
A107	87	6

这3条记录

▶ 执行后

empid	sales	month
A103	101	4
A102	54	5
A104	181	4

显示出来

操作方法

执行下面的命令。

```
SELECT * FROM tb LIMIT 3;
```

执行结果

```
mysql> SELECT * FROM tb LIMIT 3;
+-------+-------+-------+
| empid | sales | month |
+-------+-------+-------+
| A103  |   101 |     4 |
| A102  |    54 |     5 |
| A104  |   181 |     4 |
+-------+-------+-------+
3 rows in set (0.00 sec)
```

这样就只会显示 3 条记录了。

数据库的处理速度和各种因素有关。在很多情况下只能通过经验来预测处理需要花费的时间。然而，花费的时间只有尝试之后才能知道。而使用 LIMIT 通常可以使结果更快地显示出来。因此，对于需要花费一定时间的处理，最好先使用 LIMIT 显示几行看看。

另外，"将第○行到第 × 行的内容显示出来"的显示方法将在 8.5 节进行介绍。

8.3.2　使用 WHERE 提取记录

下面将介绍使用 WHERE 提取记录的方法。

我们可以使用 WHERE 设置条件并取出与条件相匹配的记录。能否顺利提取记录可以说取决于如何使用 WHERE。

如果单纯地执行表示删除的 DELETE 或表示更新的 UPDATE（→ 9.1 节），所有记录都会被删除或者更新。如果使用 WHERE 设置条件，就可以将需要用到的记录作为删除或更新的对象了。

要想将提取的内容限定为符合某一条件的记录，就需要按照下面的方法使用 WHERE。

> **格式** 仅显示符合条件的记录
>
> SELECT 列名 FROM 表名 WHERE 条件 ;

关于"条件"的写法，例如当列 a 的值大于等于 10 时，"条件"可以写成 a>=10。

在销售信息表 tb 中，列 sales 表示销售额。下面我们试着只显示列 sales 中值大于等于 100 的记录。

▶ **执行内容**

▶ 执行前（表 tb）

empid	sales	month
A103	101	4
A102	54	5
A104	181	4
A101	184	4
A103	17	5
A101	300	5
A102	205	6
A104	93	5
A103	12	6
A107	87	6

▶ 执行后

empid	sales	month
A103	101	4
A104	181	4
A101	184	4
A101	300	5
A102	205	6

提取记录并显示

该列中值大于等于 100 的记录

操作方法

执行下面的命令。

```
SELECT * FROM tb WHERE sales>=100;
```

执行结果

```
mysql> SELECT * FROM tb WHERE sales>=100;
+-------+-------+-------+
| empid | sales | month |
+-------+-------+-------+
| A103  |   101 |     4 |
| A104  |   181 |     4 |
| A101  |   184 |     4 |
| A101  |   300 |     5 |
| A102  |   205 |     6 |
+-------+-------+-------+
5 rows in set (0.05 sec)
```

8.3.3 比较运算符

前面我们使用了符号"＞="来设置"大于等于××"的条件，这种符号称为比较运算符。MySQL 中常用的比较运算符如表 8-2 所示。

表 8-2　常用的比较运算符

比较运算符	含义
=	等于
>	大于
>=	大于等于
<	小于
<=	小于等于
<>	不等于
○ IN ×	○在 × 列表中
○ NOT IN ×	○不在 × 列表中
○ BETWEEN × AND ××	○在 × 到 ×× 之间
○ NOT BETWEEN × AND ××	○不在 × 到 ×× 之间

下面介绍几个使用数值作为 WHERE 条件的示例。无论执行多少次 SELECT 命令都不会引起问题，所以大家可以使用销售信息表 tb 进行各种各样的试验。

▶ 列 sales 的值小于 50

```
SELECT * FROM tb WHERE sales<50;
```

执行结果

```
mysql> SELECT * FROM tb WHERE sales<50;
+-------+-------+-------+
| empid | sales | month |
+-------+-------+-------+
| A103  |    17 |     5 |
| A103  |    12 |     6 |
+-------+-------+-------+
2 rows in set (0.00 sec)
```

▶ 列 month 的值不等于 4

```
SELECT * FROM tb WHERE month<>4;
```

▶ 列 sales 的值在 50 到 100 之间（大于等于 50、小于等于 100）

```
SELECT * FROM tb WHERE sales BETWEEN 50 AND 100;
```

▶ 列 sales 的值不在 50 到 200 之间（小于 50 或大于 200）

```
SELECT * FROM tb WHERE sales NOT BETWEEN 50 AND 200;
```

▶ 列 month 的值等于 5 或者 6

```
SELECT * FROM tb WHERE month IN (5,6);
```

执行结果

```
mysql> SELECT * FROM tb WHERE month IN (5,6);
+-------+-------+-------+
| empid | sales | month |
+-------+-------+-------+
| A102  |    54 |     5 |
| A103  |    17 |     5 |
| A101  |   300 |     5 |
| A102  |   205 |     6 |
| A104  |    93 |     5 |
| A103  |    12 |     6 |
| A107  |    87 |     6 |
+-------+-------+-------+
7 rows in set (0.00 sec)
```

我们可以利用 10.5 节介绍的子查询先用 SELECT 提取记录，然后提取结果中包含的记录。在这两个阶段的提取操作中，IN 也会起到非常关键的作用。

8.3.4　使用字符串作为条件

前面我们学习了数值条件的设置方法，这次将学习字符串相关的设置方法。假设在表 tb 中，列 empid 是字符串类型。如果想显示 empid 为 A101 的记录，和数值一样使用 "=" 设置条件即可。

```
SELECT * FROM tb WHERE empid='A101';
```

在这种情况下，列 empid 的内容必须与 "A101" 完全匹配。因此，"A0101" 或 "AA101" 的记录不会被提取出来。

▶ LIKE：模糊查询

当提到某个人的名字时，我们有时会采用一种含糊不清的表达。"是中川还是川中？总之名字里有一个川字。"查询数据库时也会出现这样的情况。

比如既想提取 A101，又想提取 A102，这时就可以执行模糊查询。如果想使用 "包含 ×× 字符" 这种含糊不清的条件执行查询，就需要用到 LIKE。例如包含 "啊" 这个字符的条件要写成 LIKE'啊'。前面的 SQL 语句如果按照下面的方式书写，结果也不会发生任何改变。

```
SELECT * FROM tb WHERE empid LIKE 'A101';
```

LIKE 可以把包含某字符串的所有内容当成查询对象。在这种情况下，需要用到 "%" 和 "_" 等通配符（见表 8-3）。当设置条件时，"%" 代表任意字符串，"_" 代表任意一个字符。

表 8-3　字符串的通配符及其使用示例

通配符	含义
%	任意字符串
_	任意一个字符

指定的字符串	符合的例子
%县	埼玉县、非常好的县、废藩置县、县
福%	福井县、福岛、福
长 _ 县	长野县、长崎县、长海县
%县%	包含县就可以，县、县名、长海县

例如对于表 tb 的列 empid，即使不特意写成 empid ='A101'，也可以像下面这样以"最后是 1"为条件来提取 A101 的记录。

```
SELECT * FROM tb WHERE empid LIKE '%1';
```

"%1"表示任意字符串 +1。下面我们试着显示表 tb1 的列 name 中包含字符"川"的记录。

▶ **执行内容**

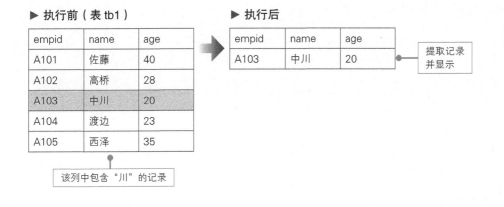

　操作方法

执行下面的命令。

```
SELECT * FROM tb1 WHERE name LIKE '%川%';
```

执行结果

```
mysql> SELECT * FROM tb1 WHERE name LIKE '%川%';
+-------+------+------+
| empid | name | age  |
+-------+------+------+
| A103  | 中川 |   20 |
+-------+------+------+
1 row in set (0.03 sec)
```

如果表中有"川""川田"或者"小副川",也会一并提取出来。我们可以通过 name LIKE
'川%' 进行前方一致检索,通过 name LIKE '%川' 进行后方一致检索,通过 name LIKE '%川%'
进行部分一致检索。

▶ 提取不包含指定字符串的记录

另外,提取不包含某字符串的记录时需要使用 NOT LIKE 命令。执行下面的命令可以提取表
tb1 的列 name 中不以字符"佐"开头的记录。

```
SELECT * FROM tb1 WHERE name NOT LIKE '佐%';
```

8.3.5 使用 NULL 作为条件

NULL 表示空值。如果没有向列中输入数据,也没有给列设置默认值,就会输入 NULL。对于和员
工信息表 tb1 内容相同的表 tb1H,假如我们仅向姓名列 name 中输入数据,其他列中就会输入 NULL。

```
INSERT INTO tb1H (name) VALUES('仅仅是姓名');
```

执行结果

```
mysql> SELECT * FROM tb1H;
+-------+------------+------+
| empid | name       | age  |
+-------+------------+------+
| A101  | 佐藤       |   40 |
| A102  | 高桥       |   28 |
| A103  | 中川       |   20 |
| A104  | 渡边       |   23 |
| A105  | 西泽       |   35 |
| NULL  | 仅仅是姓名 | NULL |
+-------+------------+------+
6 rows in set (0.00 sec)
```

▶ **当列值为 NULL 时**

提取列值为 NULL 的记录时需要使用 IS NULL。例如，下面的命令用于提取表 tb1H 中列 age 为 NULL 的记录。

```
SELECT * FROM tb1H WHERE age IS NULL;
```

▶ **当列值非 NULL 时**

反之，提取列值不是 NULL 的记录时需要使用 IS NOT NULL。下面的命令用于提取表 tb1H 中列 age 不为 NULL 的记录。

```
SELECT * FROM tb1H WHERE age IS NOT NULL;
```

需要注意的是，当提取值为 NULL 的记录时，即使使用 WHERE age = NULL，也无法提取出相应的记录。

专栏▶ 删除多余的记录

例如，执行 "SELECT empid FROM tb;" 会重复提取 3 个 "A103"。

执行结果

```
mysql> SELECT empid FROM tb;
+-------+
| empid |
+-------+
| A103  |
| A102  |
| A104  |
| A101  |
| A103  |
| A101  |
| A102  |
| A104  |
| A103  |
| A107  |
+-------+
10 rows in set (0.03 sec)
```

表 tb 中有 10 条记录，所以执行结果才会变成上面那样。但是从用户的角度来说，很多时候显示重复的记录并没有什么意义。此时如果像下面这样给命令加上 DISTINCT，就可以删除多余的记录了。

```
SELECT DISTINCT empid FROM tb;
```

执行结果

```
mysql> SELECT DISTINCT empid FROM tb;
+-------+
| empid |
+-------+
| A103  |
| A102  |
| A104  |
| A101  |
| A107  |
+-------+
5 rows in set (0.09 sec)
```

8.4　指定多个条件进行选择

代表"○○和××"的 AND，以及代表"○○或××"的 OR，是很多编程语言拥有的逻辑运算符。我们试着将 WHERE 与 AND 或 OR 放到一起使用，以此来设置多个条件。

8.4.1　使用 AND

如果想设置"○○和××"这样的条件，就可以使用 AND 将多个条件连接起来。例如，在 8.3.3 节介绍"列 sales 的值大于等于 50、小于等于 100"的示例时，我们提到了"SELECT * FROM tb WHERE sales BETWEEN 50 AND 100;"。如果使用 AND 编写该条件，就是下面这种形式。

```
SELECT * FROM tb WHERE sales>=50 AND sales<=100;
```

在使用 AND 的情况下，可以给不同的列设置多个条件。

表 tb 显示了各员工号所对应的月销售额。那么，我们应该如何查询满足以下条件的记录呢？

⊙ 员工号为 A101 的员工 4 月份的销售额

我们可以试着使用 LIKE（→ 8.3.4 节）执行模糊查询。显示的记录需要满足列 empid 的值的最后为"1"且列 month 的值为"4"的条件。

▶ **执行内容**

▶ 执行前（表 tb）

empid	sales	month
A103	101	4
A102	54	5
A104	181	4
A101	184	4
A103	17	5
A101	300	5
A102	205	6
A104	93	5
A103	12	6
A107	87	6

列值的最后是 "1"　　列值为 "4"

▶ 执行后

empid	sales	month
A101	184	4

提取记录并
显示出来

操作方法

执行下面的命令。

```
SELECT * FROM tb WHERE empid LIKE '%1' AND month=4;
```

执行结果

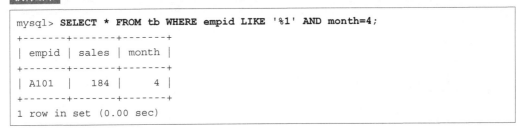

```
mysql> SELECT * FROM tb WHERE empid LIKE '%1' AND month=4;
+-------+-------+-------+
| empid | sales | month |
+-------+-------+-------+
| A101  |   184 |     4 |
+-------+-------+-------+
1 row in set (0.00 sec)
```

可以看到员工号 "A101" 的员工 4 月份的销售额是 184 万元。

在这个示例中，使用 empid LIKE 'A101' 或者 empid='A101' 都可以将记录提取出来，不过我们使用了后方一致检索（→8.3.4 节）的方法。

8.4.2　使用 OR

下面我们要设置 "○○或者 ××" 的条件。在这种情况下需要使用 OR。在 8.3.3 节介绍的 "列

sales 的值小于 50 或大于 200"的示例中,我们使用了"SELECT * FROM tb WHERE sales NOT BETWEEN 50 AND 200;"。同样,该条件也可以使用 OR 来处理。

下面试着显示表 tb 中列 sales 的值小于 50 或者大于 200 的记录。

▶ **执行内容**

▶ 执行前(表 tb)

empid	sales	month
A103	101	4
A102	54	5
A104	181	4
A101	184	4
A103	17	5
A101	300	5
A102	205	6
A104	93	5
A103	12	6
A107	87	6

列值小于 50 或者大于 200 的记录

▶ 执行后

empid	sales	month
A103	17	5
A101	300	5
A102	205	6
A103	12	6

提取记录
并显示

操作方法

执行下面的命令。

```
SELECT * FROM tb WHERE sales<50 OR sales>200;
```

执行结果

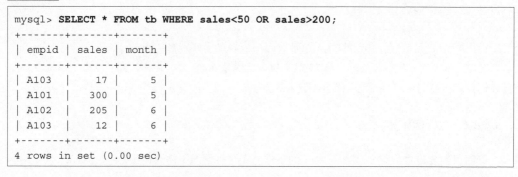

```
mysql> SELECT * FROM tb WHERE sales<50 OR sales>200;
+-------+-------+-------+
| empid | sales | month |
+-------+-------+-------+
| A103  |    17 |     5 |
| A101  |   300 |     5 |
| A102  |   205 |     6 |
| A103  |    12 |     6 |
+-------+-------+-------+
4 rows in set (0.00 sec)
```

8.4.3 使用多个 AND 或 OR

我们可以设置任意次数的 AND 和 OR。下面是同时使用 AND 和 OR 进行处理的示例。

◗ "empid 是 'A101'" 且 "month 是 4"，或者 "sales 大于等于 200"

也就是说，要在 8.4.1 节处理的 "员工号为 A101 的员工 4 月份的销售额" 的基础上添加 "销售额大于等于 200 万元" 的记录。对此，我们可以使用下面的语句将条件连接起来。

```
SELECT * FROM tb WHERE empid LIKE '%1' AND month=4 OR sales>=200;
```

执行结果

```
mysql> SELECT * FROM tb WHERE empid LIKE '%1' AND month=4 OR sales>=200;
+-------+-------+-------+
| empid | sales | month |
+-------+-------+-------+
| A101  |   184 |     4 |
| A101  |   300 |     5 |
| A102  |   205 |     6 |
+-------+-------+-------+
3 rows in set (0.00 sec)
```

可以看到，员工号为 A101 的员工 4 月份的记录中增加了 2 条 sales 大于 200 的记录。即使像下面这样修改条件的设置顺序，处理也不会发生任何改变。

```
SELECT * FROM tb WHERE sales>=200 OR empid LIKE '%1' AND month=4;
```

也就是说，无论条件的设置顺序如何，都会先处理 empid LIKE '%1' AND month=4，然后再用 OR 添加 sales 大于等于 200 的记录。请记住下面的规则。

◗ **当 AND 和 OR 混合使用时，会优先处理 AND**

那么，如果想进行下面的处理，大家知道该怎么做吗?

◗ "sales 大于等于 200，或者 empid 为 'A101'" 且 "month 是 4"

该处理表示先提取满足销售额大于等于 200 万元，或者员工号为 A101 这一条件的记录，然后再从结果中提取满足 4 月份这个条件的记录。我们想优先处理的是 OR 的部分，但是直接执行会先处理 AND 的部分。

所以，在这种情况下，我们需要用 () 把想要优先处理的内容括起来。

```
SELECT * FROM tb WHERE(sales>=200 OR empid LIKE '%1')AND month=4;
```

执行结果

```
mysql> SELECT * FROM tb WHERE(sales>=200 OR empid LIKE '%1')AND month=4;
+-------+-------+-------+
| empid | sales | month |
+-------+-------+-------+
| A101  |   184 |     4 |
+-------+-------+-------+
1 row in set (0.06 sec)
```

通过表 tb 可以得知，4 月份没有大于等于 200 的记录，所以只有员工 A101 的 4 月份的记录保留了下来。

8.4.4　使用 CASE WHEN

还有一种"根据条件改变输入值"的高级方法。例如，大于等于 80 分输入"优"，大于等于 60 分小于 80 分输入"良"，大于等于 40 分小于 60 分输入"及格"，除此之外全部输入"不及格"，对于这种处理，我们可以使用 CASE WHEN。

格式　根据条件改变并显示值

```
CASE
    WHEN 条件1   THEN 显示的值
    WHEN 条件2   THEN 显示的值
    WHEN 条件3   THEN 显示的值
...
ELSE 不满足所有条件时的值
END
```

当使用 SELECT 命令显示列值时，我们可以使用上述语句来记述列的内容。如果需要显示多个列，像之前一样使用"，"进行分隔即可。

下面我们使用销售信息表 tb 对销售额进行如下评价。

● 当销售额（sales）大于等于 100 时为"高"，大于等于 50 小于 100 时为"中等"，否则为"低"

用于显示上述内容的 SQL 语句如下所示。

```
SELECT
CASE
    WHEN sales>=100 THEN '高'
    WHEN sales>=50 THEN '中等'
    ELSE '低'
END
FROM tb;
```

把所有内容放在一行记述看起来有些冗长，所以这里执行了换行并再添加了缩进（→ 7.9 节）。我们先记住这个 "CASE WHEN ..." 的用法。使用表 tb，通过 CASE 根据列 sales 的值显示"高""中等"和"低"。

但是，直接执行这个命令，会出现预想之外的结果。

执行结果

```
mysql> SELECT
    -> CASE
    ->     WHEN sales>=100 THEN '高'
    ->     WHEN sales>=50 THEN '中等'
    ->     ELSE '低'
    -> END
    -> FROM tb;
+----------------------------------------------------------------------+
| CASE
      WHEN sales>=100 THEN '高'
      WHEN sales>=50 THEN '中等'
      ELSE '低'
END |
+----------------------------------------------------------------------+
| 高                                                                   |
| 中等                                                                 |
| 高                                                                   |
| 高                                                                   |
| 低                                                                   |
| 高                                                                   |
| 高                                                                   |
| 中等                                                                 |
| 低                                                                   |
| 中等                                                                 |
+----------------------------------------------------------------------+
10 rows in set (0.05 sec)
```

显示出来的内容让人有些难以理解。开头出现了乱糟糟的 "CASE WHEN ..." 字符串，导致显示的内容过于冗长。

执行 SELECT 命令会先显示出列名等表示项目的描述。在前面的例子中，列名都是 empid 或 sales 这种简短的形式，但是这次显示的列名是 "CASE WHEN ... END"。

这种列名会对理解造成障碍，所以我们试着给 CASE ... END 的部分加上别名"评价"。不过，光显示评价并不能看出它表示的是什么，因此我们也让列 empid 和列 sales 显示出来。

▶ 执行内容

▶ 执行前（表 tb）

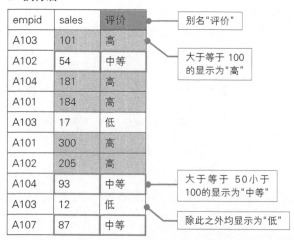

empid	sales	month
A103	101	4
A102	54	5
A104	181	4
A101	184	4
A103	17	5
A101	300	5
A102	205	6
A104	93	5
A103	12	6
A107	87	6

大于等于 100

大于等于 50
小于 100

除此之外

▶ 执行后

empid	sales	评价
A103	101	高
A102	54	中等
A104	181	高
A101	184	高
A103	17	低
A101	300	高
A102	205	高
A104	93	中等
A103	12	低
A107	87	中等

别名"评价"

大于等于 100
的显示为"高"

大于等于 50小于
100的显示为"中等"

除此之外均显示为"低"

操作方法

执行下面的命令。

```
SELECT empid,sales,
    CASE
        WHEN sales>=100 THEN '高'
        WHEN sales>=50 THEN '中等'
        ELSE '低'
    END AS 评价
FROM tb;
```

执行结果

```
mysql> SELECT empid,sales,
    ->     CASE
    ->         WHEN sales>=100 THEN '高'
    ->         WHEN sales>=50 THEN '中等'
    ->         ELSE '低'
    ->     END AS 评价
    -> FROM tb;
+-------+-------+------+
| empid | sales | 评价 |
+-------+-------+------+
| A103  |   101 | 高   |
```

```
| A102   |     54 | 中等   |
| A104   |    181 | 高     |
| A101   |    184 | 高     |
| A103   |     17 | 低     |
| A101   |    300 | 高     |
| A102   |    205 | 高     |
| A104   |     93 | 中等   |
| A103   |     12 | 低     |
| A107   |     87 | 中等   |
+--------+--------+--------+
10 rows in set (0.00 sec)
```

为了给 CASE ... END 设置别名，我们加上了"AS 评价"这样的记述。要显示的项目也像"empid,sales,CASE ..."这样用"，"分隔开来。

如果把命令写在一行中，就是下面这样。

```
SELECT empid,sales,CASE WHEN sales>=100 THEN '高' WHEN sales>=50 THEN '中等'
ELSE '低' END AS 评价 FROM tb;
```

对于使用了 CASE WHEN 的 SQL 语句，还是进行换行和缩进更有助于理解。

8.5 排序

8.5.1 按升序排序并显示

通过 SELECT 命令显示的记录顺序是不规则的。如果记录的数量像本书介绍的示例一样不超过 10 条，就不会出现什么问题。但如果记录有几千条、几万条，显示顺序就非常重要了。除非指定了显示顺序，否则不管结果如何，都没有理由抱怨数据库。

我们可以使用 ORDER BY 按指定的列值顺序显示记录。

格式 按升序显示记录

```
SELECT 列名 FROM 表名 ORDER BY 作为键的列 ;
```

在这种情况下，记录会按照从小到大的顺序排列，即按升序排列。如果让表 tb 按照销售额从低到高的顺序显示记录，就需要按照下面的方式进行操作。

▶ 执行内容

▶ 执行前（表 tb）

empid	sales	month
A103	101	4
A102	54	5
A104	181	4
A101	184	4
A103	17	5
A101	300	5
A102	205	6
A104	93	5
A103	12	6
A107	87	6

按升序排列该列的值

▶ 执行后

empid	sales	month
A103	12	6
A103	17	5
A102	54	5
A107	87	6
A104	93	5
A103	101	4
A104	181	4
A101	184	4
A102	205	6
A101	300	5

显示所有记录

操作方法

执行下面的命令。

```
SELECT * FROM tb ORDER BY sales;
```

执行结果

```
mysql> SELECT * FROM tb ORDER BY sales;
+-------+-------+-------+
| empid | sales | month |
+-------+-------+-------+
| A103  |    12 |     6 |
| A103  |    17 |     5 |
| A102  |    54 |     5 |
| A107  |    87 |     6 |
| A104  |    93 |     5 |
| A103  |   101 |     4 |
| A104  |   181 |     4 |
| A101  |   184 |     4 |
| A102  |   205 |     6 |
| A101  |   300 |     5 |
+-------+-------+-------+
10 rows in set (0.05 sec)
```

在什么都不指定的情况下，记录会按升序排列。但如果想明确指定按升序排列，就需要像下面这样给命令加上 ASC。执行结果是一样的。

```
SELECT * FROM tb ORDER BY sales ASC;
```

8.5.2 按降序排序并显示

按降序排序的时候，需要给命令加上 DESC。需要注意的是，DESC 和 ASC 需要写在 "ORDER BY 列名" 的后面。

试着对销售信息表 tb 进行排序并设置记录数（→ 8.3.1 节），然后将结果显示出来。试着在表 tb 中按照列 sales 的值从大到小的顺序显示前 5 条记录。

▶ 执行内容

▶ 执行前（表 tb）

empid	sales	month
A103	101	4
A102	54	5
A104	181	4
A101	184	4
A103	17	5
A101	300	5
A102	205	6
A104	93	5
A103	12	6
A107	87	6

列值进入前 5 名的记录

▶ 执行后

empid	sales	month
A101	300	5
A102	205	6
A101	184	4
A104	181	4
A103	101	4

提取记录并显示

操作方法

执行下面的命令。

```
SELECT * FROM tb ORDER BY sales DESC LIMIT 5;
```

```
mysql> SELECT * FROM tb ORDER BY sales DESC LIMIT 5;
+-------+-------+-------+
| empid | sales | month |
+-------+-------+-------+
| A101  |   300 |     5 |
| A102  |   205 |     6 |
| A101  |   184 |     4 |
| A104  |   181 |     4 |
| A103  |   101 |     4 |
+-------+-------+-------+
5 rows in set (0.05 sec)
```

使用 ORDER 进行排序，除了可以按顺序显示记录以外，在设置删除或更新等条件的时候也非常有用。比如，处理"排序后删除最后面的 10 条记录"（→ 9.3.3 节）时就非常方便。

8.5.3　指定记录的显示范围

在按顺序显示记录的情况下，如果能指定记录的显示范围就会非常方便。在 8.3.1 节中，我们使用 LIMIT 来限制显示的记录数。当时只是选择了 3 条记录显示出来，而使用 OFFSET 可以进一步指定显示的范围。

格式 指定范围并显示

```
SELECT 列名 FROM 表名 LIMIT 显示的记录数 OFFSET 开始显示记录的移位数；
```

"开始显示记录的移位数"是指定"移动多少位后开始显示记录"的数字。如果设置为 OFFSET 3，则表示"从第 1 条记录开始移动 3 位后，从第 4 条记录开始显示"。

对于销售信息表 tb，我们按照销售额（列 sales）从高到低的顺序将排在第 4 位和第 5 位的记录显示出来。

▶ **执行内容**

▶ 执行前（表 tb）

empid	sales	month
A103	101	4
A102	54	5
A104	181	4
A101	184	4
A103	17	5
A101	300	5
A102	205	6
A104	93	5
A103	12	6
A107	87	6

按照列值从大到小的顺序排列，
排在第 4 位和第 5 位的记录

▶ 执行后

empid	sales	month
A104	181	4
A103	101	4

提取记录并
显示出来

操作方法

执行下面的命令。

```
SELECT * FROM tb ORDER BY sales DESC LIMIT 2 OFFSET 3;
```

执行结果

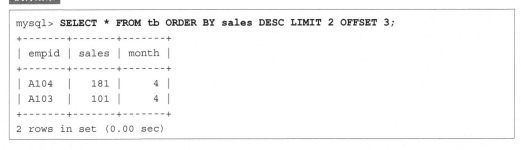

```
mysql> SELECT * FROM tb ORDER BY sales DESC LIMIT 2 OFFSET 3;
+-------+-------+-------+
| empid | sales | month |
+-------+-------+-------+
| A104  |   181 |     4 |
| A103  |   101 |     4 |
+-------+-------+-------+
2 rows in set (0.00 sec)
```

8.6 分组显示

8.6.1 分组显示

在表 tb 中，empid 为 "A101" 的记录有多个。我们可以让同属 "A101" 的多条记录组成一个组合。这样就能以组为单位计算该组记录的总和或平均值了。

分组后处理起来似乎变得更加方便了，但是在数据库中，当前的处理对象却变得模糊起来，所以我们要时刻了解当前的处理对象是谁。

分组时需要使用 GROUP BY 命令。

格式	分组显示

```
SELECT 列名 FROM 表名 GROUP BY 用于分组的列名 ;
```

只是分组显示的话并没有什么意义，不过我们还是先试着按照列 empid 进行分组，看看会显示出什么样的结果。

下面的命令用于显示按照列 empid 分组后的记录。

```
SELECT * FROM tb GROUP BY empid;
```

执行结果

```
mysql> SELECT * FROM tb GROUP BY empid;
+-------+-------+-------+
| empid | sales | month |
+-------+-------+-------+
| A101  |   184 |     4 |
| A102  |    54 |     5 |
| A103  |   101 |     4 |
| A104  |   181 |     4 |
| A107  |    87 |     6 |
+-------+-------+-------+
5 rows in set (0.16 sec)
```

表示员工号的 empid 每种只显示了一个值。GROUP BY empid 使每组 empid 都被执行了 SELECT。通过这个处理，我们可以知道表 tb 的列 empid 中存在 A101、A102 等 5 种数据。

因为要按组进行处理，所以我们姑且可以认为属于该组的记录是被随机选择的。虽然 "A101" 的记录对应的 "sales" 是 "184"，但这只是随机选出来的结果。一定要记住处理对象是 "同一组中的所有记录"。

8.6.2 计算各组的记录数

下面试着计算每组记录的个数，即每个员工号有多少条记录。计算个数需要使用 COUNT 函数（→ 8.2.2 节）。COUNT(x) 用于计算除 NULL 以外列 x 的值的个数。

前面我们提到过，分组后的处理对象是"同一组中的所有记录"。例如，在 empid 为"A101"的组中，仅显示了 sales 为"184"的记录，但其实属于"A101"的所有列 sales 的值都是处理对象。因此，如果按照列 empid 进行分组并执行 COUNT(sales)，就会按组显示列 sales 的值的个数。

另外，因为计算的是记录的数量，所以在没有 NULL 的情况下，不管以哪个列为对象，结果都是一样的。因此，不仅仅是 COUNT(sales)，执行 COUNT(empid) 或 COUNT(month) 也不会有任何问题。当然，执行 COUNT(*) 也很方便。在这种情况下，计算的记录数就包含了 NULL。

试着执行下面的命令。

```
SELECT COUNT(*) FROM tb GROUP BY empid;
```

执行结果

```
mysql> SELECT COUNT(*) FROM tb GROUP BY empid;
+----------+
| COUNT(*) |
+----------+
|        2 |
|        2 |
|        3 |
|        2 |
|        1 |
+----------+
5 rows in set (0.00 sec)
```

执行结果中显示了每组记录的个数，但是上面的执行结果并不容易让人明白表示的是什么个数，所以我们把命令修改成下面这样。

```
SELECT
    empid,COUNT(*) AS 个数
FROM tb
    GROUP BY empid;
```

执行结果

```
mysql> SELECT empid,COUNT(*) AS 个数 FROM tb  GROUP BY empid;
+-------+------+
| empid | 个数 |
+-------+------+
| A101  |    2 |
| A102  |    2 |
| A103  |    3 |
| A104  |    2 |
| A107  |    1 |
+-------+------+
5 rows in set (0.00 sec)
```

上面的结果中显示了每组的 empid 和 COUNT(*) 的值。为了便于理解，还设置了"个数"这个别名。

8.6.3　显示各组的总和以及平均值

下面我们试着计算每位员工的总销售额。计算总和的函数是 SUM。计算列 sales 的总和时需要使用 SUM(sales)。

按照列 empid 进行分组，显示表 tb 中每组销售额的总和，并加上"合计"这个别名。

▶ 执行内容

▶ 执行前（表 tb）

empid	sales	month
A103	101	4
A102	54	5
A104	181	4
A101	184	4
A103	17	5
A101	300	5
A102	205	6
A104	93	5
A103	12	6
A107	87	6

按照该列分组

empid	sales	month
A101	184	4
A101	300	5
A102	54	5
A102	205	6
A103	101	4
A103	17	5
A103	12	6
A104	181	4
A104	93	5
A107	87	6

按组计算列 sales 中值的总和

▶ 执行后

empid	合计
A101	484
A102	259
A103	130
A104	274
A107	87

显示列 empid 和每组的总和

操作方法

执行下面的命令。

```
SELECT
    empid,SUM(sales) AS 合计
FROM tb
    GROUP BY empid;
```

执行结果

```
mysql> SELECT empid,SUM(sales) AS 合计 FROM tb  GROUP BY empid;
+-------+------+
| empid | 合计 |
+-------+------+
| A101  |  484 |
| A102  |  259 |
| A103  |  130 |
| A104  |  274 |
| A107  |   87 |
+-------+------+
5 rows in set (0.00 sec)
```

上面的示例显示了各员工的总销售额。例如，员工号为"A101"的员工，总销售额为 184 + 300，即 484 万元。

下面是按 empid 分组并计算每组销售额平均值的示例。

```
SELECT
    empid,AVG(sales)
FROM tb
    GROUP BY empid;
```

执行结果

```
mysql> SELECT empid,AVG(sales) FROM tb  GROUP BY empid;
+-------+------------+
| empid | AVG(sales) |
+-------+------------+
| A101  |   242.0000 |
| A102  |   129.5000 |
| A103  |    43.3333 |
| A104  |   137.0000 |
| A107  |    87.0000 |
+-------+------------+
5 rows in set (0.00 sec)
```

8.7 设置条件分组显示

8.7.1 按组处理

下面介绍的内容稍微有点难。我们试着通过 GROUP BY 进行分组,并设置记录的提取条件。

例如,想要"按员工号计算销售额的总和,但是仅显示总和大于等于 ×× 的记录"时,可以使用 HAVING 为分组的结果值设置提取条件。

> **格式** 分组并设置记录的提取条件
>
> ```
> SELECT 统计列 FROM 表名 GROUP BY 分组列 HAVING 条件;
> ```

用 HAVING 设置的条件适用于分组的结果值。下面我们来实际操作一下。设置"按员工号分组计算总销售额,但仅显示小组总销售额大于等于 200 万元的记录"的条件。具体来说,就是对于表 tb 中的每一种 empid,显示"列 sales 的总和大于等于 200"的列 empid 及列 sales 的总和。

▶ **执行内容**

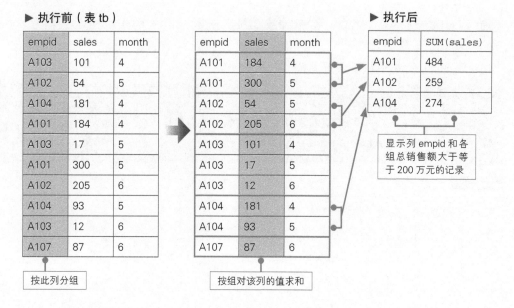

▶ 执行前(表 tb)

empid	sales	month
A103	101	4
A102	54	5
A104	181	4
A101	184	4
A103	17	5
A101	300	5
A102	205	6
A104	93	5
A103	12	6
A107	87	6

按此列分组

empid	sales	month
A101	184	4
A101	300	5
A102	54	5
A102	205	6
A103	101	4
A103	17	5
A103	12	6
A104	181	4
A104	93	5
A107	87	6

按组对该列的值求和

▶ 执行后

empid	SUM(sales)
A101	484
A102	259
A104	274

显示列 empid 和各组总销售额大于等于 200 万元的记录

操作方法

执行下面的命令。

```
SELECT
    empid,SUM(sales)
FROM tb
    GROUP BY empid
HAVING SUM(sales)>=200;
```

执行结果

```
mysql> SELECT  empid,SUM(sales) FROM tb  GROUP BY empid HAVING SUM(sales)>=200;
+-------+------------+
| empid | SUM(sales) |
+-------+------------+
| A101  |        484 |
| A102  |        259 |
| A104  |        274 |
+-------+------------+
3 rows in set (0.05 sec)
```

如果没有写最后的 HAVING SUM(sales)> = 200，执行结果就是下面这种形式。

执行结果 （没有记述HAVING SUM(sales)>=200）

```
mysql> SELECT  empid,SUM(sales) FROM tb  GROUP BY empid ;
+-------+------------+
| empid | SUM(sales) |
+-------+------------+
| A101  |        484 |
| A102  |        259 |
| A103  |        130 |
| A104  |        274 |
| A107  |         87 |
+-------+------------+
5 rows in set (0.00 sec)
```

从上面的执行结果中可以看到，A103 和 A107 的总销售额都小于 200 万元，所以相关记录被省略了。

本节我们处理的内容是"按员工号分组并计算各组总销售额，但仅显示小组总销售额大于等于 200 万元的记录"。也就是说，用于提取记录的 HAVING 是在分组之后执行的。我们来看看这一处理方式和下一节介绍的"提取记录后分组"有什么区别。

8.7.2 提取记录后分组

与前一节的"分组后提取记录"相反，本节将介绍"提取记录后分组"的相关内容。例如，仅提取销售额大于等于 1 万元的交易记录，并以该记录为对象计算各员工的平均销售额。

我们需要使用 WHERE（→ 8.3.2 节）执行分组之前的提取操作。与以往不同的是，使用 GROUP BY 分组的操作要放在最后面。

下面我们试着仅提取销售额（sales）大于等于 50 万元的交易记录，并以该记录为对象计算各员工的平均销售额。具体来说，就是对于表 tb 的列 sales 中大于等于 50 的记录，按照列 empid 分组后，显示列 empid 以及各组 sales 的平均值。

▶ **执行内容**

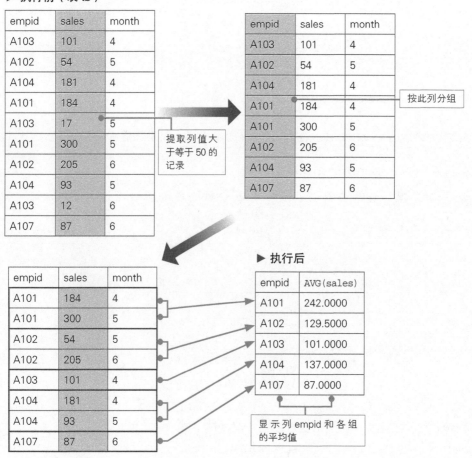

▶ 执行前（表 tb）

empid	sales	month
A103	101	4
A102	54	5
A104	181	4
A101	184	4
A103	17	5
A101	300	5
A102	205	6
A104	93	5
A103	12	6
A107	87	6

提取列值大于等于 50 的记录

empid	sales	month
A103	101	4
A102	54	5
A104	181	4
A101	184	4
A101	300	5
A102	205	6
A104	93	5
A107	87	6

按此列分组

empid	sales	month
A101	184	4
A101	300	5
A102	54	5
A102	205	6
A103	101	4
A104	181	4
A104	93	5
A107	87	6

▶ 执行后

empid	AVG(sales)
A101	242.0000
A102	129.5000
A103	101.0000
A104	137.0000
A107	87.0000

显示列 empid 和各组的平均值

操作方法

执行下面的命令。

```
SELECT
    empid,AVG(sales)
FROM tb
    WHERE sales>=50
GROUP BY empid;
```

执行结果

```
mysql> SELECT empid,AVG(sales) FROM tb  WHERE sales>=50 GROUP BY empid;
+-------+------------+
| empid | AVG(sales) |
+-------+------------+
| A101  |   242.0000 |
| A102  |   129.5000 |
| A103  |   101.0000 |
| A104  |   137.0000 |
| A107  |    87.0000 |
+-------+------------+
5 rows in set (0.02 sec)
```

试着用"SELECT empid,sales FROM tb;"显示所有记录并确认结果。

执行结果 （显示所有记录）

```
mysql> SELECT empid,sales FROM tb;
+-------+-------+
| empid | sales |
+-------+-------+
| A103  |   101 |
| A102  |    54 |
| A104  |   181 |
| A101  |   184 |
| A103  |    17 |
| A101  |   300 |
| A102  |   205 |
| A104  |    93 |
| A103  |    12 |
| A107  |    87 |
+-------+-------+
10 rows in set (0.00 sec)
```

我们来确认一下提取结果。A101 在列 sales 中的数据有 2 个，分别是 184 和 300。这两个数据都满足大于等于 50 的条件，所以它们的平均值为 242。而 A103 在列 sales 中的数据有 3 个，分别是 101、17 和 12。由于 17 和 12 小于 50，所以被省略掉了。结果只有一个 101 作为平均处理对象，因此平均值为 101。

8.7.3　分组后排序

我们试着对分组的结果重新排序并将结果显示出来。也就是需要同时使用 "GROUP BY ..." 和 "ORDER BY ..."。记述时先写 "GROUP BY ..."，再写 "ORDER BY ..."。

试着将表 tb 各员工的平均销售额（AVG(sales)）按从高到低的顺序显示。具体来说，就是对表 tb 按照列 empid 进行分组，然后按照各组平均销售额从高到低的顺序显示列 empid 和各组销售额的平均值。

▶ **执行内容**

▶ 执行前（表 tb）

empid	sales	month
A103	101	4
A102	54	5
A104	181	4
A101	184	4
A103	17	5
A101	300	5
A102	205	6
A104	93	5
A103	12	6
A107	87	6

按此列分组

empid	sales	month
A101	184	4
A101	300	5
A102	54	5
A102	205	6
A103	101	4
A103	17	5
A103	12	6
A104	181	4
A104	93	5
A107	87	6

计算各组平均值

▶ 执行后

empid	AVG(sales)
A101	242.0000
A104	137.0000
A102	129.5000
A107	87.0000
A103	43.3333

降序排列

操作方法

执行下面的命令。

```
SELECT
    empid,AVG(sales)
FROM tb
    GROUP BY empid
ORDER BY AVG(sales)
    DESC;
```

执行结果

```
mysql> SELECT empid,AVG(sales) FROM tb GROUP BY empid ORDER BY AVG(sales) DESC;
+-------+------------+
| empid | AVG(sales) |
+-------+------------+
| A101  |   242.0000 |
| A104  |   137.0000 |
| A102  |   129.5000 |
| A107  |    87.0000 |
| A103  |    43.3333 |
+-------+------------+
5 rows in set (0.00 sec)
```

可以看到，显示的内容按照 empid 分组，并按照各组销售额的平均值降序排列。

8.7.4 分组方法总结

下面总结一下前面提到的在分组的情况下设置条件的方法，主要包括以下两种类型。

a. 提取记录后分组

b. 分组后提取记录

在 a. 的情况下，需要使用 WHERE 设置条件并提取记录，然后通过 GROUP BY 进行分组。在 b. 的情况下，需要先用 GROUP BY 进行分组，然后使用 HAVING 提取记录。此外，我们使用了 ORDER BY 对分组后的结果进行排序。

我们试着把这些方法组合起来进行处理。以销售额大于等于 50 万元的数据为对象，按照员工号（empid）分组，计算各员工的平均销售额（AVG(sales)），然后按照降序显示。

▶ 执行内容

▶ 执行前（表 tb）

empid	sales	month
A103	101	4
A102	54	5
A104	181	4
A101	184	4
A103	17	5
A101	300	5
A102	205	6
A104	93	5
A103	12	6
A107	87	6

提取列值大于等于 50 的记录

empid	sales	month
A103	101	4
A102	54	5
A104	181	4
A101	184	4
A101	300	5
A102	205	6
A104	93	5
A107	87	6

按此列分组

empid	sales	month
A101	184	4
A101	300	5
A102	54	5
A102	205	6
A103	101	4
A104	181	4
A104	93	5
A107	87	6

▶ 执行后

empid	AVG(sales)
A101	242.0000
A104	137.0000
A102	129.5000
A103	101.0000
A107	87.0000

降序显示

计算各组销售额平均值

操作方法

执行下面的命令。

```
SELECT
    empid,AVG(sales)
FROM tb
    WHERE sales>=50
GROUP BY empid
    ORDER BY AVG(sales)
DESC;
```

执行结果

```
mysql> SELECT  empid,AVG(sales) FROM tb WHERE sales>=50 GROUP BY empid ORDER BY
AVG(sales) DESC;
+-------+------------+
| empid | AVG(sales) |
+-------+------------+
| A101  |   242.0000 |
| A104  |   137.0000 |
| A102  |   129.5000 |
| A103  |   101.0000 |
| A107  |    87.0000 |
+-------+------------+
5 rows in set (0.00 sec)
```

当涉及提取、排序和分组时，就连 MySQL 专家也需要考虑怎么写 SQL 语句才好。在使用 SELECT、GROUP BY 和 ORDER BY 等多个语句的情况下，最重要的就是记述顺序。如果弄错了顺序，程序就会发生错误，这一点需要大家注意。

WHERE、GROUP BY 和 ORDER BY 的记述顺序如下所示。

① **WHERE** 条件

② GROUP BY ...

③ ORDER BY ...（DESC）

8.8　总结

本章介绍了以下内容。

● 设置条件提取记录的方法
● 使用函数提取记录的方法
● 按照指定条件排序并显示的方法
● 指定显示的记录数提取记录的方法
● 设置多个条件提取记录的方法
● 分组显示的方法

当 WHERE、GROUP BY 和 ORDER BY 纠缠在一起时，语句就会变得很复杂。如果能够准确掌握记述的顺序，工作效率就会得到大幅提升。

▶ **自我检查**

下面检查一下本章学习的内容是否全部理解并掌握了。

☐ 能够通过 WHERE 设置条件进行 SELECT
☐ 能够通过 LIMIT 限制记录的数量进行 SELECT
☐ 能够使用 "ORDER BY ...（DESC）" 按照升序（降序）进行 SELECT
☐ 能够使用 GROUP BY 分组 SELECT
☐ 能够通过 WHERE 和 HAVING 设置条件，使用 GROUP BY 进行 SELECT
☐ 能够理解 WHERE、GROUP BY 和 ORDER BY 的记述顺序

▶ **练习题**

问题1

请在表 tb 的列 sales 的总和前后加上字符串 "合计" 和 "万元" 并显示出来。另外，在显示的项目名上添加别名 "销售额"。

字符串的组合、SUM 函数和别名等内容在正文中都有介绍。请大家认真思考。

问题2

在下面的表 tb 中，以列 sales 大于等于 50 的数据为对象，按照列 empid 分组，并降序显示各组销售额平均值大于等于 120 的记录。

▶ **表 tb**

empid	sales	month
A103	101	4
A102	54	5
A104	181	4
A101	184	4
A103	17	5
A101	300	5
A102	205	6
A104	93	5
A103	12	6
A107	87	6

该习题与正文 8.7.1 节的示例相同。只要加上 HAVING 即可。

▶ **参考答案**

问题1

执行下面的命令。

```
SELECT CONCAT('合计',SUM(sales),'万元') AS 销售额 FROM tb;
```

执行结果

```
mysql> SELECT CONCAT('合计',SUM(sales),'万元') AS 销售额 FROM tb;
+--------------+
| 销售额       |
+--------------+
| 合计1234万元 |
+--------------+
1 row in set (0.00 sec)
```

问题2

执行下面的命令。

```
SELECT empid,AVG(sales)
    FROM tb
WHERE sales>=50
    GROUP BY empid
HAVING AVG(sales)>=120
    ORDER BY AVG(sales) DESC;
```

执行结果

```
mysql> SELECT empid,AVG(sales) FROM tb WHERE sales>=50  GROUP BY empid HAVING
AVG(sales)>=120 ORDER BY AVG(sales) DESC;
+-------+------------+
| empid | AVG(sales) |
+-------+------------+
| A101  |   242.0000 |
| A104  |   137.0000 |
| A102  |   129.5000 |
+-------+------------+
3 rows in set (0.00 sec)
```

专栏▶ **WHERE 和 HAVING**

正文中介绍了 WHERE 和 HAVING 在使用方法上的区别，这里我们再来总结一下。例如，使用 GROUP BY、ORDER BY 和 HAVING 的 SELECT 语句通常会按照如下方式描述。"～"部分是可选的。

SELECT ～ FROM ～ WHERE ～ GROUP BY ～ HAVING ～ ORDER BY ～

但是，实际的执行顺序却是下面这样的。

FROM ～→ WHERE ～→ GROUP BY ～→ HAVING ～→ SELECT ～→ ORDER BY ～

也就是说，在通过 GROUP BY 分组之前会先执行 WHERE，而 HAVING 执行的对象是 GROUP BY 分组后的结果。另外，可以看到 ORDER BY 重新排列了 SELECT 的结果。

第9章　编辑数据

掌握提取记录的方法之后，我们来编辑一下数据。数据的编辑包括修改各个列的数据、删除或复制记录等操作。这是数据库管理员最为敏感的部分。

9.1　更新记录

9.1.1　瞬间更新列中所有的记录

首先是修改记录的方法。修改记录时需要使用 UPDATE 命令。

格式 修改列的所有记录

```
UPDATE 表名 SET 列名 = 设置的值;
```

上面的命令会给指定的列设置值。如果执行这个命令，不管有几千条还是几万条记录，列中的所有记录都会被瞬间替换掉。

UPDATE 命令通常在通过 WHERE 设置条件之后，以特定的记录为对象执行。如果没有使用 WHERE 设置条件，所有的列都会被替换掉，因此必须小心处理。

下面我们来实际操作一下。列值一旦被修改就很难再复原，所以我们来创建一个新的列（→ 6.3 节），然后把数据插入列中。

现在销售信息表 tb 中只有员工号 empid、销售额 sales 和月份 month 这 3 个列，我们再添加一个数据类型为 VARCHAR(100) 的列 remark 来表示"备注"。使用 UPDATE 命令将列 remark 的所有记录更新为"无特殊记录",然后显示所有记录。

▶ 执行内容

▶ 执行前（表 tb）

empid	sales	month
A103	101	4
A102	54	5
A104	181	4
A101	184	4
A103	17	5
A101	300	5
A102	205	6
A104	93	5
A103	12	6
A107	87	6

▶ 执行后

empid	sales	month	remark
A103	101	4	无特殊记录
A102	54	5	无特殊记录
A104	181	4	无特殊记录
A101	184	4	无特殊记录
A103	17	5	无特殊记录
A101	300	5	无特殊记录
A102	205	6	无特殊记录
A104	93	5	无特殊记录
A103	12	6	无特殊记录
A107	87	6	无特殊记录

添加列 remark

输入"无特殊记录"

操作方法

① 执行下面的命令。

```
ALTER TABLE tb ADD remark VARCHAR(100);
```

② 执行下面的命令。

```
UPDATE tb SET remark='无特殊记录';
```

③ 执行下面的命令。

```
SELECT * FROM tb;
```

执行结果

```
mysql> ALTER TABLE tb ADD remark VARCHAR(100);
Query OK, 0 rows affected (0.17 sec)
Records: 0  Duplicates: 0  Warnings: 0
```

```
mysql> UPDATE tb SET remark='无特殊记录';
Query OK, 10 rows affected (0.00 sec)
Rows matched: 10  Changed: 10  Warnings: 0

mysql> SELECT * FROM tb;
+-------+-------+-------+------------+
| empid | sales | month | remark     |
+-------+-------+-------+------------+
| A103  |   101 |     4 | 无特殊记录 |
| A102  |    54 |     5 | 无特殊记录 |
| A104  |   181 |     4 | 无特殊记录 |
| A101  |   184 |     4 | 无特殊记录 |
| A103  |    17 |     5 | 无特殊记录 |
| A101  |   300 |     5 | 无特殊记录 |
| A102  |   205 |     6 | 无特殊记录 |
| A104  |    93 |     5 | 无特殊记录 |
| A103  |    12 |     6 | 无特殊记录 |
| A107  |    87 |     6 | 无特殊记录 |
+-------+-------+-------+------------+
10 rows in set (0.00 sec)
```

执行 UPDATE 命令后，结果中会显示 ××rows affected，它表示 ×× 条记录受到影响。在本例中，因为没有设置 WHERE 条件，所以列 remark 的所有记录瞬间变成了"无特殊记录"。

专栏▶ 防止意外执行 UPDATE 和 DELETE

当我们在工作中使用 MySQL 时，虽然有时需要一次性更新列的所有内容，但这只是偶尔的事情。如果不慎将所有的列都更新成相同的值就麻烦了。

所以，为了防止这种情况发生，在启动 MySQL 监视器的时候可以加上 --safe-updates 选项。在使用此选项的情况下，如果列上没有 WHERE 条件就无法执行 UPDATE 或 DELETE。

这是一个适合数据库管理初学者使用的功能。

9.1.2　只修改符合条件的记录

修改列中所有的记录虽然在操作上非常简单，但实际上执行的机会并不多。很多时候，我们只需要修改符合条件的记录。

我们试着只修改符合 WHERE 条件的记录，具体命令如下所示。

格式 只修改符合条件的记录

```
UPDATE 表名 SET 列名 = 设置的值 WHERE 条件 ;
```

上面的命令只是在 UPDATE 中添加了 WHERE 条件。当然，我们也可以使用 ORDER BY（→ 8.5 节）、LIMIT（→ 8.3.1 节）来设置条件。

在 9.1.1 节中，列 remark 中全部输入了"无特殊记录"。查看销售信息表 tb 就会发现有几个销售额超过 100 万元的优秀成绩。因此，我们以列 sales 大于等于 100 的记录为对象，向备注（列 remark）中输入"优秀"。

▶ 执行内容

▶ 执行前（表 tb）

empid	sales	month	remark
A103	101	4	无特殊记录
A102	54	5	无特殊记录
A104	181	4	无特殊记录
A101	184	4	无特殊记录
A103	17	5	无特殊记录
A101	300	5	无特殊记录
A102	205	6	无特殊记录
A104	93	5	无特殊记录
A103	12	6	无特殊记录
A107	87	6	无特殊记录

列值大于等于 100 的记录

▶ 执行后

empid	sales	month	remark
A103	101	4	优秀
A102	54	5	无特殊记录
A104	181	4	优秀
A101	184	4	优秀
A103	17	5	无特殊记录
A101	300	5	优秀
A102	205	6	优秀
A104	93	5	无特殊记录
A103	12	6	无特殊记录
A107	87	6	无特殊记录

输入"优秀"

操作方法

① 执行下面的命令。

```
UPDATE tb SET remark='优秀' WHERE sales>=100;
```

② 执行下面的命令。

```
SELECT * FROM tb;
```

执行结果

```
mysql> SELECT * FROM tb;
+-------+-------+-------+------------+
| empid | sales | month | remark     |
```

```
+-------+-------+-------+------------+
| A103  |   101 |     4 | 优秀       |
| A102  |    54 |     5 | 无特殊记录 |
| A104  |   181 |     4 | 优秀       |
| A101  |   184 |     4 | 优秀       |
| A103  |    17 |     5 | 无特殊记录 |
| A101  |   300 |     5 | 优秀       |
| A102  |   205 |     6 | 优秀       |
| A104  |    93 |     5 | 无特殊记录 |
| A103  |    12 |     6 | 无特殊记录 |
| A107  |    87 |     6 | 无特殊记录 |
+-------+-------+-------+------------+
10 rows in set (0.00 sec)
```

可以看到，没有更新为"优秀"的记录，其内容还是"无特殊记录"。

9.1.3　将销售额最低的 3 条记录的备注修改为"加油！"

在上一节中，我们以销售额大于等于 100 万元的记录为对象，在符合条件的备注中输入了"优秀"。这次我们试着给销售额较低的记录输入鼓励的信息。给所有销售额排序，并将"加油！"输入到销售额最低的 3 条记录的备注中。那么，"销售额最低的 3 条记录"这一条件该如何设置呢？

虽然看起来有点麻烦，但总的来说是使用 ORDER BY 将列 sales 按升序排列，并用 LIMIT 3 对前 3 条记录进行 SELECT，然后向列 remark 中输入"加油！"，最后执行 UPDATE。

▶ **执行内容**

▶ **执行前（表 tb）**

empid	sales	month	remark
A103	101	4	优秀
A102	54	5	无特殊记录
A104	181	4	优秀
A101	184	4	优秀
A103	17	5	无特殊记录
A101	300	5	优秀
A102	205	6	优秀
A104	93	5	无特殊记录
A103	12	6	无特殊记录
A107	87	6	无特殊记录

最低的 3 条记录

▶ **执行后**

empid	sales	month	remark
A103	101	4	优秀
A102	54	5	加油！
A104	181	4	优秀
A101	184	4	优秀
A103	17	5	加油！
A101	300	5	优秀
A102	205	6	优秀
A104	93	5	无特殊记录
A103	12	6	加油！
A107	87	6	无特殊记录

输入"加油！"

操作方法

① 执行下面的命令。

```
UPDATE tb
    SET remark='加油！'
ORDER BY sales
    LIMIT 3;
```

② 执行下面的命令。

```
SELECT * FROM tb;
```

执行结果

```
mysql> UPDATE tb  SET remark='加油！' ORDER BY sales LIMIT 3;
Query OK, 0 rows affected (0.04 sec)
Rows matched: 3  Changed: 0  Warnings: 0

mysql> SELECT * FROM tb;
+-------+-------+-------+------------+
| empid | sales | month | remark     |
+-------+-------+-------+------------+
| A103  |   101 |     4 | 优秀       |
| A102  |    54 |     5 | 加油！     |
| A104  |   181 |     4 | 优秀       |
| A101  |   184 |     4 | 优秀       |
| A103  |    17 |     5 | 加油！     |
| A101  |   300 |     5 | 优秀       |
| A102  |   205 |     6 | 优秀       |
| A104  |    93 |     5 | 无特殊记录 |
| A103  |    12 |     6 | 加油！     |
| A107  |    87 |     6 | 无特殊记录 |
+-------+-------+-------+------------+
10 rows in set (0.00 sec)
```

是否真的只更新了销售额最低的3条记录呢？我们试着执行下面的命令，按销售额由低到高的顺序排序来确认一下结果。

```
SELECT * FROM tb ORDER BY sales;
```

执行结果

```
mysql> SELECT * FROM tb ORDER BY sales;
+-------+-------+-------+------------+
| empid | sales | month | remark     |
+-------+-------+-------+------------+
| A103  |    12 |     6 | 加油!       |
| A103  |    17 |     5 | 加油!       |
| A102  |    54 |     5 | 加油!       |
| A107  |    87 |     6 | 无特殊记录   |
| A104  |    93 |     5 | 无特殊记录   |
| A103  |   101 |     4 | 优秀        |
| A104  |   181 |     4 | 优秀        |
| A101  |   184 |     4 | 优秀        |
| A102  |   205 |     6 | 优秀        |
| A101  |   300 |     5 | 优秀        |
+-------+-------+-------+------------+
10 rows in set (0.02 sec)
```

可以看到，只有销售额最低的 3 条记录更新了。

如果使用 OFFSET（→ 8.5.3 节），还可以对从第 ×× 条到第 ×× 条的记录进行更新。

为了方便今后的学习，我们要把销售信息表 tb 的列 remark 删掉，然后恢复成原来的表 tb（→ 8.1 节）。请使用以下命令（→ 6.6 节）删除列 remark。

```
ALTER TABLE tb DROP remark;
```

9.2 复制符合条件的记录

9.2.1 仅复制指定记录

第 7 章介绍了 3 种复制所有记录的方法。这里我们将学习把符合条件的记录复制到其他表中的方法。比如只收集成绩大于等于 80 分的记录或者只收集渡边的记录，然后重新创建一个表这样的操作。

使用 CREATE TABLE 创建一个新表，并插入按照条件提取的记录。也就是说，在 "CREATE TABLE 新表名 SELECT * FROM 元表名" 的基础上，使用 WHERE 设置条件。

试着从销售信息表 tb 中提取资深员工 "A101" 的记录，创建员工 "A101" 的专用表 tb_A101。具体来说，就是复制表 tb 的列结构和 empid 为 A101 的记录，然后创建新表 tb_A101。创建完成后，试着显示表 tb_A101 的所有记录。

▶ 执行内容

▶ 执行前（表 tb）		
empid	sales	month
A103	101	4
A102	54	5
A104	181	4
A101	184	4
A103	17	5
A101	300	5
A102	205	6
A104	93	5
A103	12	6
A107	87	6

只复制 A101 的记录

▶ 执行后（表 tb_A101）		
empid	sales	month
A101	184	4
A101	300	5

创建新表

操作方法

① 执行下面的命令。

```
CREATE TABLE tb_A101
    SELECT *
FROM tb
    WHERE empid LIKE 'A101';
```

② 执行下面的命令。

```
SELECT * FROM tb_A101;
```

执行结果

```
mysql> CREATE TABLE tb_A101 SELECT * FROM tb WHERE empid LIKE 'A101';
Query OK, 2 rows affected (0.03 sec)
Records: 2  Duplicates: 0  Warnings: 0

mysql> SELECT * FROM tb_A101;
+-------+-------+-------+
| empid | sales | month |
+-------+-------+-------+
| A101  |   184 |     4 |
| A101  |   300 |     5 |
+-------+-------+-------+
2 rows in set (0.00 sec)
```

如果要将记录插入到已存在的表中，只要像下面这样将 CREATE TABLE 的部分改为 INSERT INTO 即可。

```
INSERT INTO 已存在的表 SELECT * FROM tb WHERE empid LIKE 'A101';
```

9.2.2　排序后复制

下面将学习"只复制值最小的 3 条记录""复制从第 5 条到第 10 条的记录"这种按照列值的顺序复制记录的方法。与上一节一样，当执行"CREATE TABLE … SELECT …"时，使用 ORDER BY 排序，然后使用 LIMIT 和 OFFSET 指定要复制的记录数和开始复制记录的位置。

下面试着提取销售信息表 tb 中，按照销售额从高到低的顺序排在第 2 名到第 5 名的记录。请参考 9.1.3 节中将销售额最低的 3 条记录的备注修改为"加油！"的内容。

具体来说，就是复制表 tb 的列结构以及按照列 sales 的值由高到低的顺序复制排在第 2 名到第 5 名的 4 条记录，创建新表 tb_2to5。

▶ **表的结构**

▶ 执行前（表 tb）

	empid	sales	month
第 5 名	A103	101	4
	A102	54	5
第 4 名	A104	181	4
第 3 名	A101	184	4
	A103	17	5
第 1 名	A101	300	5
第 2 名	A102	205	6
	A104	93	5
	A103	12	6
	A107	87	6

▶ 执行后（表 tb_2to5）

empid	sales	month
A102	205	6
A101	184	4
A104	181	4
A103	101	4

操作方法

执行下面的命令。

```
CREATE TABLE tb_2to5
    SELECT *
FROM tb
    ORDER BY sales
DESC
    LIMIT 4
OFFSET 1;
```

执行结果

```
mysql> CREATE TABLE tb_2to5  SELECT *  FROM tb  ORDER BY sales DESC  LIMIT 4
OFFSET 1;
Query OK, 4 rows affected (0.03 sec)
Records: 4  Duplicates: 0  Warnings: 0

mysql> SELECT * FROM tb_2to5;
+-------+-------+-------+
| empid | sales | month |
+-------+-------+-------+
| A102  |   205 |     6 |
| A101  |   184 |     4 |
| A104  |   181 |     4 |
| A103  |   101 |     4 |
+-------+-------+-------+
4 rows in set (0.00 sec)
```

这样，满足上述条件的表 tb_2to5 就创建成功了。

9.3　删除符合条件的记录

9.3.1　删除所有记录（复习）

在 9.2.1 节中，我们复制了指定记录。这次我们来删除指定记录。因为记录会消失，所以在执行相关命令的时候要比执行 UPDATE 更加谨慎才行。

删除所有记录的方法是执行"DELETE FROM 表名 ;"命令（→ 7.9 节）。

DELETE 命令虽然会删除记录，但它并不会删除表的列结构。删除表本身时需要使用 DROP TABLE 命令（→ 7.7 节）。

9.3.2 删除指定的记录

下面我们来学习删除符合条件的记录的方法。前面已经介绍了通过 WHERE 条件提取记录的方法，现在只要将 SELETE 替换为 DELETE 即可。使用 DELETE FROM 删除记录时需要通过 WHERE 来设置条件。

> **格式** 删除符合条件的记录
>
> DELETE FROM 表名 WHERE 条件 ;

通过查看员工信息表 tb1 可以得知，员工年龄在 23~40 岁。我们来删除年龄小于 30 岁的员工的记录。

在做删除练习时，大家可以参考第 7 章的内容，准备好合适的表之后再进行操作。这里我们使用与员工信息表 tb1 内容相同的表 tb1I。

删除表 tb1I 中列 age 的值小于 30 的记录。删除记录后，试着显示表 tb1I 的所有记录。

▶ 执行内容

▶ 执行前（表 tb1I）

empid	name	age
A101	佐藤	40
A102	高桥	28
A103	中川	20
A104	渡边	23
A105	西泽	35

删除列值小于 30 的记录

▶ 执行后

empid	name	age
A101	佐藤	40
A105	西泽	35

操作方法

① 执行下面的命令。

```
DELETE FROM tb1I WHERE age<30;
```

② 执行下面的命令。

```
SELECT * FROM tb1I;
```

> 执行结果

```
mysql> DELETE FROM tb1I WHERE age<30;
Query OK, 3 rows affected (0.07 sec)

mysql> SELECT * FROM tb1I;
+-------+------+------+
| empid | name | age  |
+-------+------+------+
| A101  | 佐藤 |   40 |
| A105  | 西泽 |   35 |
+-------+------+------+
2 rows in set (0.00 sec)
```

列 age 中值小于 30 的记录被删除了，大于等于 30 的记录被保留了下来。

9.3.3 排序后删除

本节是 9.2.2 节"排序后复制"的删除版本。举例来说，就是删除排在最前面的 3 条记录这种情况。对于此类处理，我们需要使用 ORDER BY 进行排序，然后使用 LIMIT 指定要删除的记录数（→ 8.3.1 节）。

针对和销售信息表 tb（→ 8.1.1 节）内容相同的表 tb_copy，我们试着删除销售额排在最前面的 4 条记录。具体来说，就是删除列 sales 中值最大的 4 条记录，然后显示表 tb_copy 的所有记录。

另外，我们可以使用"CREATE TABLE tb_copy SELECT * FROM tb;"命令（→ 7.2 节）创建与表 tb 内容相同的表 tb_copy。

▶ 执行内容

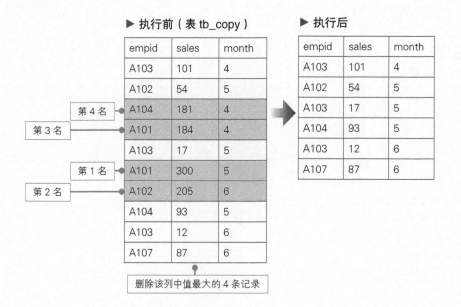

操作方法

① 执行下面的命令。

```
DELETE FROM tb_copy
    ORDER BY sales
DESC
    LIMIT 4;
```

② 执行下面的命令。

```
SELECT * FROM tb_copy;
```

执行结果

```
mysql> DELETE FROM tb_copy  ORDER BY sales DESC LIMIT 4;
Query OK, 4 rows affected (0.00 sec)

mysql> SELECT * FROM tb_copy;
+-------+-------+-------+
| empid | sales | month |
+-------+-------+-------+
| A103  |   101 |     4 |
| A102  |    54 |     5 |
| A103  |    17 |     5 |
| A104  |    93 |     5 |
| A103  |    12 |     6 |
| A107  |    87 |     6 |
+-------+-------+-------+
6 rows in set (0.00 sec)
```

和原来的表相比，可以看到列 sales 中值最大的 4 条记录被删除了。

9.4 总结

本章介绍了以下内容。

●如何更新指定列的所有值

● 如何更新符合条件的记录

● 如何删除符合条件的记录

● 如何在按照升序（降序）排列的记录中指定记录条数更新列值

▶ **自我检查**

下面检查一下本章学习的内容是否全部理解并掌握了。

☐ 能够使用 `UPDATE` 命令更新列值

☐ 能够使用 `WHERE` 更新符合条件的记录

☐ 能够使用 `WHERE` 复制符合条件的记录

☐ 能够使用 `ORDER BY` 和 `LIMIT` 对指定记录进行更新

☐ 能够使用 `WHERE` 删除符合条件的记录

▶▶ **练习题**

问题 1

表 t_stock 如下所示。

表 t_stock

列名	a	b	c
列的数据类型	VARCHAR(10)	INT	DATE
列的内容	东分店 西分店 南分店 北分店	200 500 100 400	2011-08-08 2017-06-15 2010-02-23 2019-08-08

提取表 t_stock 的列 c 中除距今 5 年前以外的值的记录并创建表 t_stock_new。这个"5 年前"的时间用下面的命令表示。假设这个处理是在 2018 年进行的。

■ 5 年前的时间

```
NOW() - INTERVAL 5 YEAR
```

 请记住 `INTERVAL ×× YEAR` 这个便利的用法。

▶ **参考答案**

问题1

执行下面的命令。

```
CREATE TABLE t_stock_new
    SELECT * FROM t_stock
where c >NOW() - INTERVAL 5 YEAR;
```

我们来确认一下表 t_stock 的内容。

执行结果

```
mysql> SELECT * FROM t_stock;
+--------+------+------------+
| a      | b    | c          |
+--------+------+------------+
| 东分店  | 200  | 2011-08-08 |
| 西分店  | 500  | 2017-06-15 |
| 南分店  | 100  | 2010-02-23 |
| 北分店  | 400  | 2019-08-08 |
+--------+------+------------+
4 rows in set (0.00 sec)
```

创建并确认表 t_stock_new 的内容。

执行结果

```
mysql> CREATE TABLE t_stock_new SELECT * FROM t_stock WHERE c> NOW() - INTERVAL
5 YEAR;
Query OK, 2 rows affected (0.27 sec)
Records: 2  Duplicates: 0  Warnings: 0

mysql> SELECT * FROM t_stock_new;
+--------+------+------------+
| a      | b    | c          |
+--------+------+------------+
| 西分店  | 500  | 2017-06-15 |
| 北分店  | 400  | 2019-08-08 |
+--------+------+------------+
2 rows in set (0.00 sec)
```

专栏▶ **数据库的运用方法**

本书是针对使用 MAMP 在 PC 上安装 MySQL、Apache 和 PHP，并在 localhost 环境下学习 MySQL 的读者编写的。但在实际工作中，Web 服务器和数据库的运用方法有各种各样的形式。虽然不能明确地进行分类，但我们可以看一下以下 3 种运用方法。

●本地部署

本地部署（on-premise）是个人或组织拥有设备来使用系统的一种形式。过去只有这一种形式，所以没有特意强调本地部署这个概念。由于需要自己完成所有工作，所以初期成本很高，操作和维护也需要用到很多高级的专业知识。特别是近几年，系统安全方面的问题也必须兼顾。但另一方面，本地部署在设计的修改以及与其他系统合作等方面有较强的灵活性。

●租赁服务器

租赁服务器（rental server）是供应商租赁系统供用户使用的一种形式。一般来说，多个用户会共用一台服务器。服务器的管理和维护由供应商负责，所以不需要用到高级的专业知识，初期成本也能大大缩减。在大多数情况下，MySQL 等数据库环境只会使用供应商事前准备的产品。

●云

云（cloud）是租借云环境的一种形式。近年来，云的人气越来越高，实际上它也拥有很多服务。因为租借的系统环境中的 CPU 和存储器等都是虚拟的，所以我们可以根据数据量和访问次数轻松地对规模和规格进行修改。一般按照使用量付费，在很多情况下有利于节约成本。云既包括一些易于上手的服务，也包括一些需要具备云相关的专业知识才能使用的服务。

第10章　使用多个表

本章将介绍处理多个表的方法。关系数据库的一个特征就是具有关联性。在购物网站运行的 MySQL 数据库中，有数量惊人的表在相互关联着。

本章我们将学习如何将表连接起来使用。

10.1　显示多个表的记录

10.1.1　确认本章示例中使用的多个表

下面是大家熟悉的员工信息表 tb1 和销售信息表 tb，以及在本章中新出现的其他营业所的员工信息表 tb2 和员工出生地信息表 tb3。请提前准备好表 tb2 和表 tb3。

在本书接下来的内容中，将会用到以下各表。

▶ 表 tb（销售信息表）

empid	sales	month
A103	101	4
A102	54	5
A104	181	4
A101	184	4
A103	17	5
A101	300	5
A102	205	6
A104	93	5
A103	12	6
A107	87	6

▶ 表 tb1（员工信息表）

empid	name	age
A101	佐藤	40
A102	高桥	28
A103	中川	20
A104	渡边	23
A105	西泽	35

▶ 表 tb2（其他营业所的员工信息表）

empid	name	age
A106	中村	26
A107	田中	24
A108	铃木	23
A109	村井	25
A110	吉田	27

▶ 表 tb3（员工出生地信息表）

empid	region
A101	东京都
A102	埼玉县
A103	神奈川县
A104	北海道
A105	静冈县

10.1.2 显示多条提取结果

试着从多个表中取出记录，并将它们汇总到一起显示出来。我们可以使用 UNION 命令从多个表中提取记录并将它们合并起来（见图 10-1）。

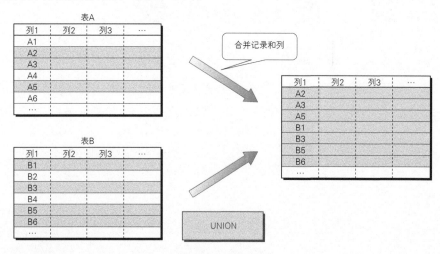

图 10-1 UNION

比如从去年的客户表和今年的客户表中把老客户的记录提取出来，然后合并到一起显示。也可以合并结构不同的表的数据。

一般来说，合并到一起显示的列，其数据类型需要一致。不过，即使数据类型不同，很多时候 MySQL 也会对可以合并的记录进行合并。

使用的语句非常简单，只要用 UNION 将"SELECT 列名 FROM 表名"连接起来即可。

格式 将两个表的记录合并起来显示

```
SELECT 列名 1  FROM 表名 1 UNION SELECT 列名 2  FROM 表名 2;
```

写成一行的话有点不好理解。执行换行和缩进后，格式会变成下面这样。

格式 将两个表的记录合并起来显示（换行 + 缩进）

```
    SELECT
        列名 1
    FROM
        表名 1
UNION
    SELECT
        列名 2
    FROM
        表名 2;
```

UNION 将两个 "SELECT ... FROM ..." 的结果合并了起来。

首先，试着合并具有相同列结构的表 tb1 和 tb2 的记录。因为合并的是所有的列，所以需要用 UNION 把 "SELECT * FROM ..." 连接起来。

▶ **执行内容**

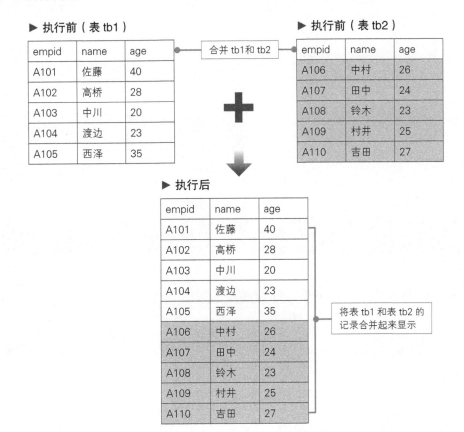

▶ 执行前（表 tb1）

empid	name	age
A101	佐藤	40
A102	高桥	28
A103	中川	20
A104	渡边	23
A105	西泽	35

合并 tb1和 tb2

▶ 执行前（表 tb2）

empid	name	age
A106	中村	26
A107	田中	24
A108	铃木	23
A109	村井	25
A110	吉田	27

▶ 执行后

empid	name	age
A101	佐藤	40
A102	高桥	28
A103	中川	20
A104	渡边	23
A105	西泽	35
A106	中村	26
A107	田中	24
A108	铃木	23
A109	村井	25
A110	吉田	27

将表 tb1 和表 tb2 的记录合并起来显示

操作方法

执行下面的命令。

```
SELECT *
    FROM tb1
UNION
SELECT *
    FROM tb2;
```

执行结果

```
mysql> SELECT * FROM tb1 UNION SELECT * FROM tb2;
+-------+------+------+
| empid | name | age  |
+-------+------+------+
| A101  | 佐藤 |   40 |
| A102  | 高桥 |   28 |
| A103  | 中川 |   20 |
| A104  | 渡边 |   23 |
| A105  | 西泽 |   35 |
| A106  | 中村 |   26 |
| A107  | 田中 |   24 |
| A108  | 铃木 |   23 |
| A109  | 村井 |   25 |
| A110  | 吉田 |   27 |
+-------+------+------+
10 rows in set (0.00 sec)
```

为了便于阅读，我们也可以用 () 把各个 "SELECT …" 括起来。这种写法更容易理解。

```
(SELECT * FROM tb1) UNION (SELECT * FROM tb2);
```

10.1.3　使用 UNION 合并 3 个以上的表

上一节，我们使用 UNION 合并了 2 个表，其实，UNION 也可以一个接一个地合并多个表。

将 empid 为 A102、A103、A104、A107 的记录一个一个地 SELECT 出来，然后使用 UNION 进行合并的示例如下所示。为了便于理解，我们添加了 () 并进行了换行。

```
    (SELECT * FROM tb WHERE empid='A102')
UNION
    (SELECT * FROM tb WHERE empid='A103')
UNION
    (SELECT * FROM tb WHERE empid='A104')
UNION
    (SELECT * FROM tb WHERE empid='A107');
```

原来的表中只有 empid 是 A101、A102、A103、A104、A107 的记录，也就是说，我们提取的是除 A101 以外的记录。执行

```
SELECT *
    FROM tb
WHERE empid
    NOT IN('A101');
```

或者

```
SELECT *
    FROM tb
WHERE empid
    IN('A102','A103','A104','A107');
```

也会得到相同的结果。需要注意的是，显示的记录虽然相同，但是显示顺序会有所不同。

10.1.4　按条件合并多条提取结果进行显示

当使用 UNION 合并提取的多条记录时，如果需要添加条件，可以在各个命令的最后加上"WHERE 条件"。

试着提取符合下面两个条件中任意一个条件的员工的员工号（empid），并将它们合并起来。内容有点复杂，我们来好好确认一下。

　① 表 tb 中销售额（sales）大于等于 200 万元的员工的员工号（empid）
　② 表 tb1 中年龄（age）大于等于 35 岁的员工的员工号（empid）

这么做是为了使用 D 公司的销售信息表 tb 选出销售成绩优秀的员工，再使用员工信息表 tb1 选出经验丰富的老员工。我们可以把它想象成一份销售实力者的名单。

因为记录数较少，所以即使不执行查询，我们也可以看出符合条件①的是 A101 和 A102，符合条件②的是 A101 和 A105。那么，实际的抽取结果又是怎样的呢？

我们试着合并表 tb 中 sales 大于等于 200 的员工的 empid 和表 tb1 中 age 大于等于 35 的员工的 empid，然后显示出来。

▶ **执行内容**

▶ **执行前（表 tb）**

empid	sales	month
A103	101	4
A102	54	5
A104	181	4
A101	184	4
A103	17	5
A101	300	5
A102	205	6
A104	93	5
A103	12	6
A107	87	6

销售额大于等于 200 万元

▶ **执行前（表 tb1）**

empid	name	age
A101	佐藤	40
A102	高桥	28
A103	中川	20
A104	渡边	23
A105	西泽	35

年龄大于等于 35 岁

▶ **执行后**

empid
A101
A102
A105

合并表 tb 中 sales 大于等于 200 和表 tb1 中 age 大于等于 35 的员工的 empid 并显示出来

操作方法

执行下面的命令。

```
    (SELECT
        empid
    FROM
        tb
    WHERE sales>=200)
UNION
    (SELECT
        empid
    FROM
        tb1
    WHERE age>=35);
```

执行结果

```
mysql> (SELECT empid FROM tb WHERE sales>=200) UNION (SELECT empid FROM tb1
WHERE age>=35);
+-------+
| empid |
+-------+
| A101  |
| A102  |
| A105  |
+-------+
3 rows in set (0.00 sec)
```

10.1.5　合并显示多条提取结果（允许重复）

在上一节（→ 10.1.4 节）中，每个员工的员工号整齐地显示了出来。大家可能认为这是理所当然的，但事实并非如此。

这个结果合并的是多个表中的记录。也就是说，在 10.1.4 节中，根据条件①提取了 A101 和 A102，根据条件②提取了 A101 和 A105，所以按理说应该显示多个 A101。但是，A101 仅显示了 1 条记录。之所以会出现这样的情况，是因为在提取记录的同时执行了"消除重复记录"的操作。

如果和本书示例一样记录的数量不超过 10 条，那么消除重复记录的操作就不会造成什么影响，但如果对大量记录执行"消除重复"的操作，就会产生一定的等待时间。因此，在处理大量记录的情况下，省去这项操作效率更高。

我们可以通过给 UNION 加上 ALL 来省去消除重复记录的操作。

把上一节的 UNION 部分换成 UNION ALL 之后，就变成了下面这样。

操作方法

执行下面的命令。

```
    (SELECT empid FROM tb WHERE sales>=200)
UNION ALL
    (SELECT empid FROM tb1 WHERE age>=35);
```

执行结果

```
mysql> (SELECT empid FROM tb WHERE sales>=200) UNION ALL (SELECT empid FROM tb1
WHERE age>=35);
+-------+
| empid |
+-------+
| A101  |
| A102  |
| A101  |
| A105  |
+-------+
4 rows in set (0.14 sec)
```

A101 由于涉及两个条件的处理，所以显示了两条。

10.2　连接多个表并显示（内连接）

上一节介绍的 UNION 用于把多个表的记录合并在一起。本节将介绍内连接 JOIN 的相关内容。

10.2.1　使用其他表的记录进行处理

将多个表通过某个连接键连接在一起的处理称为"连接"。这种处理符合关系数据库的特性。实际运行在 Web 上的数据库通常是由多个表组成的，基本没有只用一个大表来处理的情况。

前面我们操作了表 tb 和 tb1。这是一种分开管理公司"销售信息"和"员工信息"的模式。我们可以在表 tb 上进行销售相关的处理，当需要用到员工的姓名时再从表 tb1 中把相关信息提取出来。

▶ 表 tb（销售信息表）

empid	sales	month
A103	101	4
A102	54	5
A104	181	4
A101	184	4
A103	17	5
A101	300	5
A102	205	6
A104	93	5
A103	12	6
A107	87	6

▶ 表 tb1（员工信息表）

empid	name	age
A101	佐藤	40
A102	高桥	28
A103	中川	20
A104	渡边	23
A105	西泽	35

表 tb 中 empid 为 A101 的员工是 40 岁的佐藤。可如果只看表 tb，我们是无法得知员工姓名的。因此，我们需要将销售信息表 tb 和员工信息表 tb1 共同拥有的列 empid 设置为连接键，连接这两个表并显示出来。

我们可以使用 JOIN 连接两个表。

格式 连接两个表

```
SELECT 列名
    FROM 表 1
JOIN 要连接的表 2
    ON 表 1 的列 = 表 2 的列;
```

ON 的后面要写上作为连接键的列的条件。例如，在连接表 tb 和表 tb1 的情况下，由于列 empid 是共同的列，所以我们要设置这个列为连接键。在 "ON 表 1 的列 = 表 2 的列" 的部分中，"××表的 ×× 列" 的中间要加上 "."，例如 tb.empid。拿上面的示例来说，就是下面这样。

```
ON tb.empid=tb1.empid
```

上面的语句表示让 "表 tb 的列 empid" 和 "表 tb1 的列 empid" 作为匹配的连接键。

下面我们来实际操作一下。这里我们暂时使用 "*" 将所有的列都显示出来。

▶ **执行内容**

▶ 执行前（表 tb）

empid	sales	month
A103	101	4
A102	54	5
A104	181	4
A101	184	4
A103	17	5
A101	300	5
A102	205	6
A104	93	5
A103	12	6
A107	87	6

▶ 执行前（表 tb1）

empid	name	age
A101	佐藤	40
A102	高桥	28
A103	中川	20
A104	渡边	23
A105	西泽	35

将列 empid 作为连接键

▶ 执行后

empid	sales	month	empid	name	age
A103	101	4	A103	中川	20
A102	54	5	A102	高桥	28
A104	181	4	A104	渡边	23
A101	184	4	A101	佐藤	40
A103	17	5	A103	中川	20
A101	300	5	A101	佐藤	40
A102	205	6	A102	高桥	28
A104	93	5	A104	渡边	23
A103	12	6	A103	中川	20

连接表 tb 和表 tb1 中 empid 相匹配的记录并显示出来

操作方法

执行下面的命令。

```
SELECT *
    FROM tb
JOIN tb1
    ON tb.empid=tb1.empid;
```

执行结果

```
mysql> SELECT *
    ->     FROM tb
    -> JOIN tb1
    ->     ON tb.empid=tb1.empid;
+-------+-------+-------+-------+------+------+
| empid | sales | month | empid | name | age  |
+-------+-------+-------+-------+------+------+
| A103  |   101 |     4 | A103  | 中川 |   20 |
| A102  |    54 |     5 | A102  | 高桥 |   28 |
| A104  |   181 |     4 | A104  | 渡边 |   23 |
| A101  |   184 |     4 | A101  | 佐藤 |   40 |
| A103  |    17 |     5 | A103  | 中川 |   20 |
| A101  |   300 |     5 | A101  | 佐藤 |   40 |
| A102  |   205 |     6 | A102  | 高桥 |   28 |
| A104  |    93 |     5 | A104  | 渡边 |   23 |
| A103  |    12 |     6 | A103  | 中川 |   20 |
+-------+-------+-------+-------+------+------+
9 rows in set (0.08 sec)
```

▶ **内连接**

通过结果可以看到，表 tb 和表 tb1 中 empid 相匹配的记录被连接了起来。（没有显示 A107 的记录的原因请参考 10.3.1 节。）

像这样把不同的表中相匹配的记录提取出来的连接方式称为内连接（见图 10-2）。如果要明确指出某一处理是内连接，可以将 JOIN 部分写成 INNER JOIN。像下面这样在 JOIN 的前面加上 INNER，结果不会发生任何改变。

```
SELECT * FROM tb INNER JOIN tb1 ON tb.empid=tb1.empid;
```

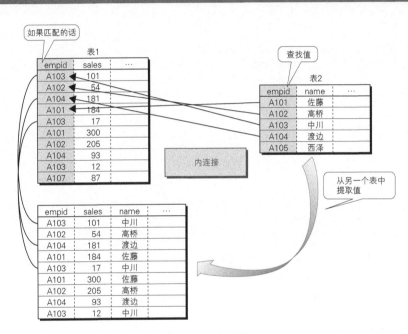

图 10-2　内连接

专栏　**有"内连接"的话是不是也有"外连接"呢**

与内连接相反，外连接（→ 10.3.1 节）是其中一个表的记录与其他表的记录在不匹配的情况下也会提取出来的连接方式。

10.2.2　选择列进行显示

在上一节中，我们用"*"显示了所有的列。这次，我们来选择要显示的列。不过，在连接表的时候如果只写 name 和 sales，MySQL 会不知道这些列属于哪个表。

在这种情况下，我们要把列名写成"表名 . 列名"。以表 tb 的列 sales 为例，就是 tb.sales。另外，列会按照指定的顺序显示。同一个列显示多少次都没有关系。

例如，在只显示 empid、name、sales 的情况下，SQL 语句需要写成下面这样。

```
SELECT tb.empid,tb1.name,tb.sales
    FROM tb
JOIN tb1
    ON tb.empid=tb1.empid;
```

执行结果

```
mysql> SELECT tb.empid,tb1.name,tb.sales
    ->        FROM tb
    -> JOIN tb1
    ->        ON tb.empid=tb1.empid;
+-------+------+-------+
| empid | name | sales |
+-------+------+-------+
| A103  | 中川 |   101 |
| A102  | 高桥 |    54 |
| A104  | 渡边 |   181 |
| A101  | 佐藤 |   184 |
| A103  | 中川 |    17 |
| A101  | 佐藤 |   300 |
| A102  | 高桥 |   205 |
| A104  | 渡边 |    93 |
| A103  | 中川 |    12 |
+-------+------+-------+
9 rows in set (0.02 sec)
```

10.2.3　给表添加别名

我们也可以给表添加别名（→ 8.1.3 节），方法和给列添加别名时相同。

格式　给表添加别名的方法

```
表名 AS 别名
```

下面的命令用于给表 tb 添加别名 "x"。

```
SELECT * FROM tb AS x;
```

给表添加别名的优点会在连接表的时候体现出来。为了方便，本书使用了 tb 这种简单的表名，但在实际工作中接触的许多表都使用了 table _sales250_2 这种复杂的表名。

当连接多个表时，必须按照"正式表名 . 列名"的方式进行记述。但如果记述的都是 table _

sales2_2 .sales 这样的内容，读起来就比较费劲了。

在这种情况下，如果给表添加一个别名，就可以将"正式表名 . 列名"写成"别名 . 列名"。比如 table_sales2_2.sales 可以记述为 x.sales。

下面我们试着给表添加一个易于理解的别名，然后选择销售信息表 tb 中的员工号和销售额，以及员工信息表 tb1 中的姓名进行显示。

先将表 tb 的列 empid 与表 tb1 的列 empid 相匹配的记录进行连接，然后显示表 tb 的列 empid、表 tb1 的列 name 和表 tb 的列 sales。但是，这些处理要在给表 tb 添加别名"x"和给表 tb1 添加别名"y"的前提下进行。

▶ **执行内容**

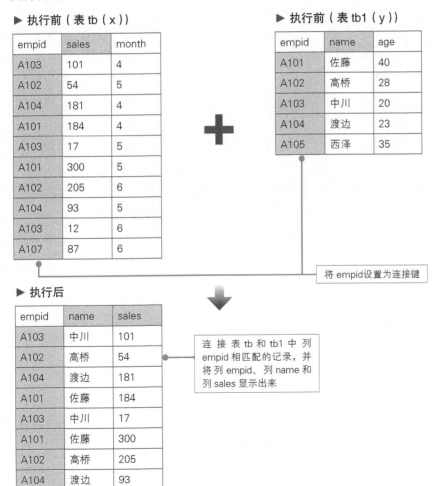

▶ 执行前（表 tb（x））

empid	sales	month
A103	101	4
A102	54	5
A104	181	4
A101	184	4
A103	17	5
A101	300	5
A102	205	6
A104	93	5
A103	12	6
A107	87	6

▶ 执行前（表 tb1（y））

empid	name	age
A101	佐藤	40
A102	高桥	28
A103	中川	20
A104	渡边	23
A105	西泽	35

将 empid 设置为连接键

▶ 执行后

empid	name	sales
A103	中川	101
A102	高桥	54
A104	渡边	181
A101	佐藤	184
A103	中川	17
A101	佐藤	300
A102	高桥	205
A104	渡边	93
A103	中川	12

连接表 tb 和 tb1 中列 empid 相匹配的记录，并将列 empid、列 name 和列 sales 显示出来

操作方法

执行下面的命令。

```
SELECT x.empid,y.name,x.sales
    FROM tb as x
JOIN tb1 as y
    ON x.empid=y.empid;
```

执行结果

```
mysql> SELECT x.empid,y.name,x.sales
    ->        FROM tb as x
    -> JOIN tb1 as y
    ->        ON x.empid=y.empid;
+-------+------+-------+
| empid | name | sales |
+-------+------+-------+
| A103  | 中川 |   101 |
| A102  | 高桥 |    54 |
| A104  | 渡边 |   181 |
| A101  | 佐藤 |   184 |
| A103  | 中川 |    17 |
| A101  | 佐藤 |   300 |
| A102  | 高桥 |   205 |
| A104  | 渡边 |    93 |
| A103  | 中川 |    12 |
+-------+------+-------+
9 rows in set (0.00 sec)
```

10.2.4　使用 USING 使 ON ~ 的部分更容易阅读

在前面的例子中，我们指定了 tb.empid ＝ tb1.empid 以便将表示员工号的列 empid 作为连接条件。在 10.2.3 节的示例中，作为连接键使用的列在两个表中都是 empid。

这里列名可以不用相同，只要内容相同即可。即使表 tb1 的列 empid 的列名是 empidou 也没有关系。在这种情况下，只要写成 ON tb.empid ＝ tb1.empidou 即可。

在前面的示例中，作为连接键的两个列恰好都是 empid 这个名字。在使用相同列名进行指定的情况下，我们可以使用 USING（作为连接键的列名）简单地进行记述。这时，10.2.3 节中的示例就可以写成下面这样，变得更容易阅读了。

```
SELECT tb.empid,tb1.name,tb.sales
    FROM tb
JOIN tb1
    USING(empid);
```

10.2.5 通过 WHERE 设置条件从连接表中提取记录

试着通过 WHERE 来设置条件，仅显示连接表中符合条件的记录。我们只要在最后加上 WHERE 条件即可。

但是，在对表执行连接的情况下，如果只写 "~ WHERE sales>=5"，MySQL 会不知道这是哪个表的 empid。因此，列名一定要按照 "表名 . 列名" 的方式进行书写。如果给表设置了别名（→ 10.2.3 节），也可以记述为 "别名 . 列名"。

以销售信息表 tb 中销售额大于等于 100 万元的优秀成绩为对象，将其与员工信息表 tb1 中的姓名进行合并然后显示出来，并给显示的项目加上别名。具体来说，就是将表 tb 和表 tb1 进行连接，显示表 tb 的列 sales 中值大于等于 100 的记录。显示列 empid、列 name 和列 sales，并给它们分别加上别名 "员工号""姓名" 和 "销售额"。

▶ **执行内容**

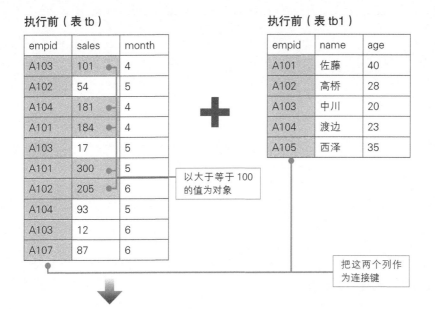

执行前（表 tb）

empid	sales	month
A103	101	4
A102	54	5
A104	181	4
A101	184	4
A103	17	5
A101	300	5
A102	205	6
A104	93	5
A103	12	6
A107	87	6

执行前（表 tb1）

empid	name	age
A101	佐藤	40
A102	高桥	28
A103	中川	20
A104	渡边	23
A105	西泽	35

以大于等于 100 的值为对象

把这两个列作为连接键

执行后

员工号	姓名	销售额
A103	中川	101
A104	渡边	181
A101	佐藤	184
A101	佐藤	300
A102	高桥	205

显示别名

将表 tb 和表 tb1 进行连接，显示列 sales 中值大于等于 100 的记录

操作方法

执行下面的命令。

```
SELECT tb.empid AS 员工号,tb1.name AS 姓名,tb.sales AS 销售额
    FROM tb
JOIN tb1
    USING(empid)
WHERE tb.sales>=100;
```

执行结果

```
mysql> SELECT tb.empid AS 员工号,tb1.name AS 姓名,tb.sales AS 销售额
    ->       FROM tb
    -> JOIN tb1
    ->       USING(empid)
    -> WHERE tb.sales>=100;
+--------+------+--------+
| 员工号 | 姓名 | 销售额 |
+--------+------+--------+
| A103   | 中川 |    101 |
| A104   | 渡边 |    181 |
| A101   | 佐藤 |    184 |
| A101   | 佐藤 |    300 |
| A102   | 高桥 |    205 |
+--------+------+--------+
5 rows in set (0.03 sec)
```

10.2.6　提取多个表中的记录

我们可以使用 JOIN 连接多个表。在 "SELECT … JOIN … ON …" 的基础上加上 "JOIN … ON …" 就可以对多个表进行连接。但是，在连接多个表的情况下，处理时间会相应地变长，记述

的内容也会变得难以让人理解。

对两个或两个以上的表进行内连接时需要使用如下语句。

格式 对多个表进行内连接

```
SELECT ~ FROM
表名 1
JOIN 表名 2 连接条件
JOIN 表名 3 连接条件
...
;
```

D 公司员工的"出生地"信息保存在表 tb3 中。如下所示，表 tb3 由表示员工号的列 empid 和表示出生地的列 region 构成。请大家提前准备好表 tb3。

▶ tb3（员工出生地信息表）

empid	region
A101	东京都
A102	埼玉县
A103	神奈川县
A104	北海道
A105	静冈县

列名	empid	region
数据类型	VARCHAR(10)	VARCHAR(10)

员工号为"A101"的"佐藤"，其出生地是"东京都"。

表 tb、表 tb1 和表 tb3 的列 empid 中存在共同的值。那么我们以列 empid 为连接键，试着连接销售信息表 tb、员工信息表 tb1 和员工出生地信息表 tb3，显示员工号（表 tb 的 empid）、销售额（表 tb 的 sales）、姓名（表 tb1 的 name）和出生地（表 tb3 的 region）这 4 个列。

▶ 执行内容

▶ 执行前（表 tb）

empid	sales	month
A103	101	4
A102	54	5
A104	181	4
A101	184	4
A103	17	5
A101	300	5
A102	205	6
A104	93	5
A103	12	6
A107	87	6

▶ 执行前（表 tb1）

empid	name	age
A101	佐藤	40
A102	高桥	28
A103	中川	20
A104	渡边	23
A105	西泽	35

▶ 执行前（表 tb3）

empid	region
A101	东京都
A102	埼玉县
A103	神奈川县
A104	北海道
A105	静冈县

▶ 执行后

empid	sales	name	region
A103	101	中川	神奈川县
A102	54	高桥	埼玉县
A104	181	渡边	北海道
A101	184	佐藤	东京都
A103	17	中川	神奈川县
A101	300	佐藤	东京都
A102	205	高桥	埼玉县
A104	93	渡边	北海道
A103	12	中川	神奈川县

连接表 tb、表 tb1 和表 tb3，显示列 empid、列 sales、列 name 和列 region

操作方法

执行下面的命令。

```
SELECT
    tb.empid,tb.sales,tb1.name,tb3.region
FROM
    tb
JOIN
    tb1
USING(empid)
JOIN
    tb3
USING(empid)
;
```

执行结果

```
mysql> SELECT
    ->        tb.empid,tb.sales,tb1.name,tb3.region
    -> FROM
    ->        tb
    -> JOIN
    ->        tb1
    -> USING(empid)
    -> JOIN
    ->        tb3
    -> USING(empid)
    -> ;
+-------+-------+------+----------+
| empid | sales | name | region   |
+-------+-------+------+----------+
| A103  |   101 | 中川 | 神奈川县 |
| A102  |    54 | 高桥 | 埼玉县   |
| A104  |   181 | 渡边 | 北海道   |
| A101  |   184 | 佐藤 | 东京都   |
| A103  |    17 | 中川 | 神奈川县 |
| A101  |   300 | 佐藤 | 东京都   |
| A102  |   205 | 高桥 | 埼玉县   |
| A104  |    93 | 渡边 | 北海道   |
| A103  |    12 | 中川 | 神奈川县 |
+-------+-------+------+----------+
9 rows in set (0.00 sec)
```

在连接条件部分，我们使用 3 个表共有的列 empid 执行了 USING(empid)。如果使用 ON 将 ON tb.empid=tb1.empid 和 ON tb.empid=tb3.empid 作为连接的条件，SQL 语句就需要写成下面这样。

```
SELECT
    tb.empid,tb.sales,tb1.name,tb3.region
FROM
    tb
JOIN
    tb1
ON tb.empid=tb1.empid
JOIN
    tb3
ON tb.empid=tb3.empid
;
```

10.3　显示多个表的所有记录（外连接）

10.3.1　什么是外连接

前面我们主要使用了表 tb 和表 tb1 对连接进行了说明。我们再来确认一下这些表的内容。

▶ 表 tb（销售信息表）

empid	sales	month
A103	101	4
A102	54	5
A104	181	4
A101	184	4
A103	17	5
A101	300	5
A102	205	6
A104	93	5
A103	12	6
A107	87	6

表 tb1中没有

▶ 表 tb1（员工信息表）

empid	name	age
A101	佐藤	40
A102	高桥	28
A103	中川	20
A104	渡边	23
A105	西泽	35

表 tb中没有

在 10.2.3 节和 10.2.5 节中，我们使用表示员工号的列 empid 作为连接键对这两个表进行了内连接。

当时留下了一个问题没有解决。实际上，表 tb 中有一个 empid=A107 的人，但这个人没有登记在表 tb1 的员工名单上。

10.2.3 节示例的执行结果如下所示，我们再来确认一下内容。

```
SELECT x.empid,y.name,x.sales
    FROM tb as x
JOIN tb1 as y
    ON x.empid=y.empid;
```

▶ 表 tb 和表 tb1 的内连接

empid	name	sales
A103	中川	101
A102	高桥	54
A104	渡边	181

（续）

empid	name	sales
A101	佐藤	184
A103	中川	17
A101	佐藤	300
A102	高桥	205
A104	渡边	93
A103	中川	12

事实上，因为 A107 是其他营业所的员工，所以表 tb1 中没有这个人的数据。虽然他贡献了一部分销售额，但使用 JOIN 连接表时不会显示这个人的记录。

另外，员工信息表 tb1 中虽然有 A105 西泽的信息，但销售信息表中没有他的相关信息。也就是说，虽然西泽被列进了员工名册中，但可能因为没有销售成绩，所以销售信息表中没有显示 A105 的记录。也就是说，

◎ 使用了 **JOIN**（或者 **INNER JOIN**）的 "内连接" 只会提取与连接键相匹配的记录

因此，只存在于表 tb 或者表 tb1 中的记录将被忽略。

但是，我们有时也会遇到必须显示这些记录的情况。在这种情况下，我们需要使用外连接。外连接具有以下特征。

◎ 即使与连接键不匹配，外连接也会提取另一个表中的所有记录

10.3.2　外连接的种类

根据连接时要提取的是哪个表的全部记录，外连接可分为以下两种类型。另外，本节用到的图是按照 "SELECT ... FROM 表 1 ... JOIN 表 2 ..." 的方式进行记述得出的。

▶ 左外连接（LEFT JOIN）

显示 "相匹配的记录" 和 "表 1（即左表）的全部记录"。（见图 10-3）

▶ 右外连接（RIGHT JOIN）

显示 "相匹配的记录" 和 "要连接的表 2（即右表）的全部记录"。（见图 10-4）

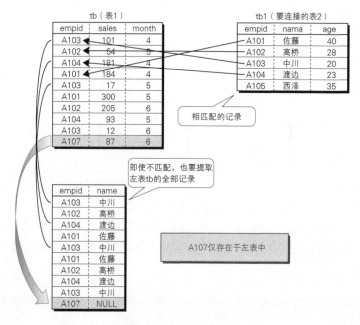

图 10-3　左外连接

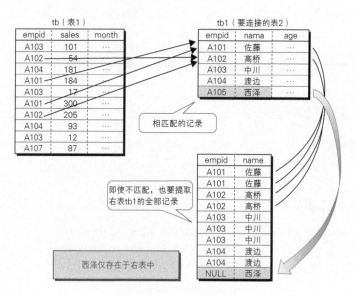

图 10-4　右外连接

10.3.3　使用左外连接

因为在销售信息表 tb（即左表）中有销售额这一项，所以我们试着让员工信息表 tb1 中不存在的"A107"的记录也显示出来。

当进行左外连接时，我们只需将内连接中使用的 JOIN 修改为 LEFT JOIN 即可。

> **格式** 左外连接

```
SELECT 列名
    FROM 表1
LEFT JOIN 要连接的表2
    ON 表1的列 = 表2的列;
```

试着将列 empid 作为连接键，使用左外连接显示表 tb 和表 tb1 相匹配的记录，以及表 tb 的所有记录。但是，仅显示表 tb 的列 empid 和表 tb1 的列 name。

▶ **执行内容**

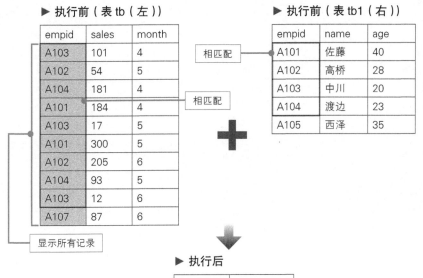

▶ 执行前（表 tb（左））

empid	sales	month
A103	101	4
A102	54	5
A104	181	4
A101	184	4
A103	17	5
A101	300	5
A102	205	6
A104	93	5
A103	12	6
A107	87	6

显示所有记录

相匹配

相匹配

▶ 执行前（表 tb1（右））

empid	name	age
A101	佐藤	40
A102	高桥	28
A103	中川	20
A104	渡边	23
A105	西泽	35

▶ 执行后

empid	name
A101	佐藤
A101	佐藤
A102	高桥
A102	高桥
A103	中川
A103	中川
A103	中川
A104	渡边
A104	渡边
A107	NULL

操作方法

执行下面的命令。

```
SELECT
    tb.empid,tb1.name
FROM
    tb
LEFT JOIN
    tb1
USING(empid)
;
```

执行结果

```
mysql> SELECT
    ->     tb.empid,tb1.name
    -> FROM
    ->     tb
    -> LEFT JOIN
    ->     tb1
    -> USING(empid)
    -> ;
+-------+------+
| empid | name |
+-------+------+
| A101  | 佐藤 |
| A101  | 佐藤 |
| A102  | 高桥 |
| A102  | 高桥 |
| A103  | 中川 |
| A103  | 中川 |
| A103  | 中川 |
| A104  | 渡边 |
| A104  | 渡边 |
| A107  | NULL |
+-------+------+
10 rows in set (0.00 sec)
```

执行结果中显示了表 tb 和表 tb1 相匹配的记录，以及左表 tb 的所有记录。

只存在于左表 tb 中的"A107"的记录也显示了出来。另外，只存在于右表 tb1 中的"A105"西泽的记录没有显示出来。

虽然"A107"的记录被显示了出来，但由于"A107"在表 tb1 中不存在相应的 name，所以 name 为 NULL。也就是说，虽然显示了员工"A107"的记录，但由于该员工没有被记录在员工名单上，所以没有显示姓名。

10.3.4 使用右外连接

这次我们试着通过右外连接显示"相匹配的记录"和"要连接的右表的所有记录"。只要将 LEFT JOIN 改成 RIGHT JOIN 就可以了。

格式 右外连接

```
SELECT 列名
    FROM 表 1
RIGHT JOIN 要连接的表 2
    ON 表 1 的列 = 表 2 的列 ;
```

有些记录在员工信息表 tb1 中有，但在销售信息表 tb 中没有，对于这种没有销售额的员工的记录，我们也将其全部显示出来。

试着以 empid 为连接键，使用右外连接显示表 tb 和表 tb1 相匹配的记录，以及表 tb1 的所有记录。但是，仅显示表 tb 的列 empid 和表 tb1 的列 name。

▶ **执行内容**

▶ **执行前（表 tb（左））**

empid	sales	month
A103	101	4
A102	54	5
A104	181	4
A101	184	4
A103	17	5
A101	300	5
A102	205	6
A104	93	5
A103	12	6
A107	87	6

相匹配

显示所有记录

相匹配

▶ **执行前（表 tb1（右））**

empid	name	age
A101	佐藤	40
A102	高桥	28
A103	中川	20
A104	渡边	23
A105	西泽	35

▶ **执行后**

empid	name
A101	佐藤
A101	佐藤
A102	高桥
A102	高桥
A103	中川
A103	中川
A103	中川
A104	渡边
A104	渡边
NULL	西泽

操作方法

执行下面的命令。

```
SELECT
    tb.empid,tb1.name
FROM
    tb
RIGHT JOIN
    tb1
USING(empid)
;
```

执行结果

```
mysql> SELECT
    ->     tb.empid,tb1.name
    -> FROM
    ->     tb
    -> RIGHT JOIN
    ->     tb1
    -> USING(empid)
    -> ;
+-------+------+
| empid | name |
+-------+------+
| A101  | 佐藤  |
| A101  | 佐藤  |
| A102  | 高桥  |
| A102  | 高桥  |
| A103  | 中川  |
| A103  | 中川  |
| A103  | 中川  |
| A104  | 渡边  |
| A104  | 渡边  |
| NULL  | 西泽  |
+-------+------+
10 rows in set (0.00 sec)
```

执行结果中显示了表 tb 和表 tb1 相匹配的记录，以及右表 tb 的所有记录。

只存在于右表 tb1 中的 "A105" 西泽的记录显示了出来。另外，只存在于左表 tb1 中的 "A107" 的记录没有显示出来。

虽然 "A105" 西泽的记录显示了出来，但由于 "A105" 在表 tb 中不存在相应的 empid，所以

empid 为 NULL。也就是说，虽然显示了存在于员工名单中的西泽的记录，但由于西泽没有销售额，所以没有显示销售信息表中的员工号。

大家需要弄清楚 RIGHT JOIN 和 LEFT JOIN 的区别。

10.3.5　避免混合使用左外连接和右外连接

当使用外连接时，有一些地方需要我们注意。在同一数据库中可以混合使用左外连接和右外连接。另外，我们也可以通过调换连接的表来实现左外连接和右外连接的转换。

但是，混合使用左外连接和右外连接可能会导致日后发生错误。作为数据库设计的一种技巧，大家要记住不要混合使用左外连接和右外连接。

> **专栏▶ 加上 OUTER 后的书写方法**
>
> LEFT JOIN 也可以写成 LEFT OUTER JOIN。同样，RIGHT JOIN 也可以写成 RIGHT OUTER JOIN。

10.4　自连接

10.4.1　什么是自连接

我们可以将表与其自身，也就是和同名的表进行连接。这种连接方式称为自连接。因为是两个同名的表进行连接，所以如果直接执行连接，就会显示出两个同名的列。这样就无法对列进行识别了（发生错误），因此连接时必须定义别名（→ 8.1.3 节）。

格式　自连接

```
SELECT 列名 FROM 表名 AS 别名 1 JOIN 表名 AS 别名 2;
```

我们可以给同一个表添加 2 个别名，即表是 1 个，但名字有 2 个。但是，这样执行的话，会产生一些麻烦。

试着对员工信息表 tbl 进行自连接，并把所有的列显示出来。

▶ 执行内容

▶ 执行前（表 tb1）

empid	name	age
A101	佐藤	40
A102	高桥	28
A103	中川	20
A104	渡边	23
A105	西泽	35

自连接

▶ 执行前（表 tb1）

empid	name	age
A101	佐藤	40
A102	高桥	28
A103	中川	20
A104	渡边	23
A105	西泽	35

▶ 执行后（表 tb1 的自连接结果）

empid	name	age	empid	name	age
A101	佐藤	40	A101	佐藤	40
A102	高桥	28	A101	佐藤	40
A103	中川	20	A101	佐藤	40
A104	渡边	23	A101	佐藤	40
A105	西泽	35	A101	佐藤	40
A101	佐藤	40	A102	高桥	28
A102	高桥	28	A102	高桥	28
A103	中川	20	A102	高桥	28
A104	渡边	23	A102	高桥	28
A105	西泽	35	A102	高桥	28
A101	佐藤	40	A103	中川	20
A102	高桥	28	A103	中川	20
A103	中川	20	A103	中川	20
A104	渡边	23	A103	中川	20
A105	西泽	35	A103	中川	20
A101	佐藤	40	A104	渡边	23
A102	高桥	28	A104	渡边	23
A103	中川	20	A104	渡边	23
A104	渡边	23	A104	渡边	23
A105	西泽	35	A104	渡边	23
A101	佐藤	40	A105	西泽	35
A102	高桥	28	A105	西泽	35
A103	中川	20	A105	西泽	35
A104	渡边	23	A105	西泽	35
A105	西泽	35	A105	西泽	35

所有的组合

操作方法

执行下面的命令。

```
SELECT *
    FROM tb1
AS a
    JOIN tb1
AS b;
```

执行结果

```
mysql> SELECT * FROM tb1 AS a JOIN tb1 AS b;
+-------+------+------+-------+------+------+
| empid | name | age  | empid | name | age  |
+-------+------+------+-------+------+------+
| A101  | 佐藤  |   40 | A101  | 佐藤  |   40 |
| A102  | 高桥  |   28 | A101  | 佐藤  |   40 |
| A103  | 中川  |   20 | A101  | 佐藤  |   40 |
| A104  | 渡边  |   23 | A101  | 佐藤  |   40 |
| A105  | 西泽  |   35 | A101  | 佐藤  |   40 |
| A101  | 佐藤  |   40 | A102  | 高桥  |   28 |
| A102  | 高桥  |   28 | A102  | 高桥  |   28 |
| A103  | 中川  |   20 | A102  | 高桥  |   28 |
| A104  | 渡边  |   23 | A102  | 高桥  |   28 |
| A105  | 西泽  |   35 | A102  | 高桥  |   28 |
| A101  | 佐藤  |   40 | A103  | 中川  |   20 |
| A102  | 高桥  |   28 | A103  | 中川  |   20 |
| A103  | 中川  |   20 | A103  | 中川  |   20 |
| A104  | 渡边  |   23 | A103  | 中川  |   20 |
| A105  | 西泽  |   35 | A103  | 中川  |   20 |
| A101  | 佐藤  |   40 | A104  | 渡边  |   23 |
| A102  | 高桥  |   28 | A104  | 渡边  |   23 |
| A103  | 中川  |   20 | A104  | 渡边  |   23 |
| A104  | 渡边  |   23 | A104  | 渡边  |   23 |
| A105  | 西泽  |   35 | A104  | 渡边  |   23 |
| A101  | 佐藤  |   40 | A105  | 西泽  |   35 |
| A102  | 高桥  |   28 | A105  | 西泽  |   35 |
| A103  | 中川  |   20 | A105  | 西泽  |   35 |
| A104  | 渡边  |   23 | A105  | 西泽  |   35 |
| A105  | 西泽  |   35 | A105  | 西泽  |   35 |
+-------+------+------+-------+------+------+
25 rows in set (0.01 sec)
```

由于表 tb1 是与不同名的自身进行了连接，所以自身拥有的所有记录将与自身拥有的所有记录进行连接。

"佐藤"的记录中会加上"佐藤""高桥""中川""渡边""西泽"的记录，"高桥"的记录中会加上"佐藤""高桥""中川""渡边""西泽"的记录，像这样记录数 × 记录数，连接的记录数就会变得非常庞大。这个示例中进行自连接的表有 5 条记录，结果共有 5×5＝25 条记录。如果表中的记录超过了 1000 条，那么使用自连接就不合适了。

其实在数据库领域，这种使用"蛮力"的方法，正在被理所当然地使用着。

10.4.2　排序的技巧 其一

将两个完全相同的表进行连接究竟能够实现什么？至少自连接的结果中会包含所有的组合。如果其中有你想要的组合，之后就可以通过设置条件来选出想要的内容了。

这里介绍一个使用自连接的典型示例——排序。如果你是数据库的初学者，可能会觉得排序很简单。但遗憾的是，数据库中没有像 Excel 的 RANK 这样的函数。

数据库中的排序其实很麻烦，必须通过组合使用 ORDER 和 GROUP 等关键字来完成处理。

▶ 自连接的验证

我们试着按照年龄从大到小的顺序对员工信息表 tb1 中的记录进行排名。

我们再来确认一下 10.4.1 节中自连接的结果。

▶ 表 tb1 的自连接结果（节选）

empid	name	age	empid	name	age
A101	佐藤	40	A101	佐藤	40
A102	高桥	28	A101	佐藤	40
A103	中川	20	A101	佐藤	40
A104	渡边	23	A101	佐藤	40
A105	西泽	35	A101	佐藤	40
A101	佐藤	40	A102	高桥	28
A102	高桥	28	A102	高桥	28
A103	中川	20	A102	高桥	28
A104	渡边	23	A102	高桥	28
A105	西泽	35	A102	高桥	28
A101	佐藤	40	A103	中川	20
……	……	……	……	……	……

只有这一个（第一）

大于等于 40

第一
第三

第二

大于等于 28

请看右侧为"佐藤 40"、左侧为"佐藤 40""高桥 28""中川 20""渡边 23""西泽 35"的 5 行记录。在这 5 行记录中，大于等于右侧"佐藤 40"中 40 这个数字的数据在左侧仅有 1 个，所以佐藤排名第一。

同样，请看右侧为"高桥 28"、左侧为"佐藤 40""高桥 28"……的 5 行记录。其中，大于等于右侧"高桥 28"中 28 这个数字的数据在左侧有 3 个，分别为 40、35、28，也就是说，高桥排在第三。

像这样，在右侧相同的 5 行记录的范围内，大于等于右侧 age 的值在左侧 age 中的个数就是排名。

换句话说，就是只需要进行自连接，并对每一组 empid 计算大于等于右侧 age 的值在左侧 age 中的个数即可。该数可以通过 COUNT(*) 计算。我们可以把它当成一个如何编写 SQL 语句的提示。

语句基本上就是 10.4.1 节中执行过的"SELECT * FROM tb1 AS a JOIN tb1 AS b;"。请大家认真思考之后再阅读后面的答案。

下面试着从表 tb1 中 age 较大的记录开始进行排名，并显示 name、age 和排名这 3 个列。

▶ **表的结构**

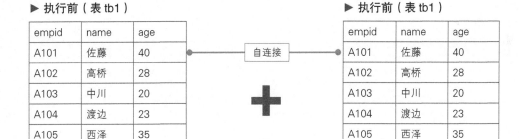

▶ 执行前（表 tb1）

empid	name	age
A101	佐藤	40
A102	高桥	28
A103	中川	20
A104	渡边	23
A105	西泽	35

自连接

▶ 执行前（表 tb1）

empid	name	age
A101	佐藤	40
A102	高桥	28
A103	中川	20
A104	渡边	23
A105	西泽	35

▶ 执行后

name	age	COUNT(*)
佐藤	40	1
高桥	28	3
中川	20	5
渡边	23	4
西泽	35	2

根据 age 显示的排名结果

操作方法

执行下面的命令。

```
SELECT a.name,a.age,COUNT(*)
    FROM tb1 AS a
JOIN tb1 AS b
    WHERE a.age<=b.age
GROUP BY a.empid;
```

执行结果

```
mysql> SELECT a.name,a.age,COUNT(*)
    ->     FROM tb1 AS a
    -> JOIN tb1 AS b
    ->     WHERE a.age<=b.age
    -> GROUP BY a.empid;
+------+------+----------+
| name | age  | COUNT(*) |
+------+------+----------+
| 佐藤 |   40 |        1 |
| 高桥 |   28 |        3 |
| 中川 |   20 |        5 |
| 渡边 |   23 |        4 |
| 西泽 |   35 |        2 |
+------+------+----------+
5 rows in set (0.05 sec)
```

首先，因为是自连接，所以使用的语句是"SELECT * FROM tb1 AS a JOIN tb1 AS b;"。对其设置 WHERE 条件 a.age <=b.age 之后，每组 a.empid 中大于等于 a.age 的 b.age 记录就会被提取出来，之后再用 COUNT(*) 计算记录个数就会得出排名。

10.5 从 SELECT 的记录中 SELECT（子查询）

10.5.1 什么是子查询

使用子查询可以完成两个阶段的处理：执行查询，然后使用检索到的记录进一步执行查询。例如，在第一阶段中进行"从销售信息表中提取销售额大于等于 200 万元的员工号"的处理，然后在第二阶段中进行"从提取出来的员工号中提取相对应的姓名"的处理（见图 10-5）。第一阶段的查询称为子查询。

第一阶段的子查询可以返回值、列和记录等。

许多使用了子查询的处理可以用其他方法取代，例如内连接。但是，子查询的处理方式更容易理解，处理效率也更高。

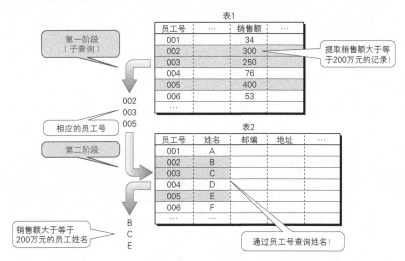

图 10-5　子查询

10.5.2　显示最大值（返回值的子查询 其一）

下面这种情况该如何处理呢？

◉ 显示表 tb 中列 sales 最大值的记录

换句话说，就是显示在销售信息表 tb 中销售额最高（sales 最大）的员工记录。列的最大值可以使用 MAX 函数计算。我们来看一下表 tb 的结构，思考一下如何处理。

▶ 表 tb

empid	sales	month
A103	101	4
A102	54	5
A104	181	4
A101	184	4
A103	17	5
A101	300	5
A102	205	6
A104	93	5
A103	12	6
A107	87	6

或许有人会想:"这还不简单,按照下面的方式处理不就可以了。"

```
SELECT * FROM tb WHERE sales=MAX(sales);
```

试着执行一下就知道了,结果会发生错误。

执行结果

```
mysql> SELECT * FROM tb WHERE sales=MAX(sales);
ERROR 1111 (HY000): Invalid use of group function
```

只写 MAX(sales) 是不会计算出列 sales 的最大值的。想要获取列 sales 中的最大值,就需要按照下面的方式进行查询。

```
SELECT MAX (sales) FROM tb;
```

当提取最大值相对应的记录时,需要先通过上面的操作获取最大值,然后从表 tb 中提取记录。

这里,子查询就起到了非常重要的作用。首先,在第一阶段的查询中取出 MAX(sales) 的值,然后在第二阶段选择(SELECT)包含了最大值的列 sales 的记录(见图 10-6)。

```
SELECT * FROM tb WHERE sales IN (第一阶段的处理结果)
```

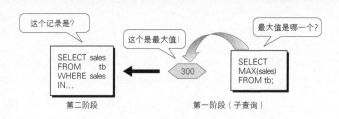

图 10-6 子查询的流程

表示条件"包含 ××"的"WHERE … IN"的使用方法请参考 8.3.3 节。相当于第一阶段处理的子查询需要使用 () 括起来。注意,忘记加 () 会发生错误。

我们来实际操作一下。试着显示表 tb 中列 sales 最大值的记录。

▶ 执行内容

▶ 执行前（表 tb）

empid	sales	month
A103	101	4
A102	54	5
A104	181	4
A101	184	4
A103	17	5
A101	300	5
A102	205	6
A104	93	5
A103	12	6
A107	87	6

此列中值最大的记录

▶ 执行后

empid	sales	month
A101	300	5

提取并显示

操作方法

执行下面的命令。

```
SELECT *
    FROM tb
WHERE sales
    IN (SELECT MAX(sales) FROM tb);
```

执行结果

```
mysql> SELECT *
    ->       FROM tb
    -> WHERE sales
    ->       IN (SELECT MAX(sales) FROM tb);
+-------+-------+-------+
| empid | sales | month |
+-------+-------+-------+
| A101  |   300 |     5 |
+-------+-------+-------+
1 row in set (0.28 sec)
```

MAX、AVG 和 SUM（→ 8.2.2 节）等聚合函数也称为 "GROUP BY 函数"，这类函数用于处理分组后的值。但是，在没有 "GROUP BY ..." 的情况下，这类函数会将整个表作为一个组进行处理。

10.5.3 提取大于等于平均值的记录（返回值的子查询 其二）

在上一节中，我们介绍了使用 MAX 函数的子查询。下面再来看一个使用函数的示例。试着计算员工信息表 tb1 中员工的平均年龄，并提取大于等于平均年龄的员工的记录。

在第一阶段，我们需要使用 AVG 函数计算表 tb1 中列 age 的平均值，然后在第二阶段提取大于等于这个平均值的员工的记录。

下面试着计算表 tb1 中列 age 的平均值，并显示年龄大于等于这个值的员工的记录。

▶ 执行内容

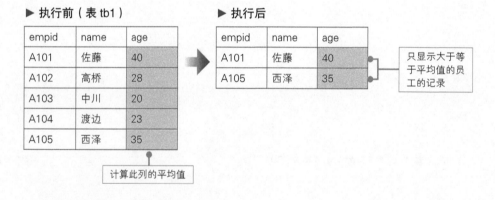

▶ 执行前（表 tb1）

empid	name	age
A101	佐藤	40
A102	高桥	28
A103	中川	20
A104	渡边	23
A105	西泽	35

计算此列的平均值

▶ 执行后

empid	name	age
A101	佐藤	40
A105	西泽	35

只显示大于等于平均值的员工的记录

操作方法

执行下面的命令。

```
SELECT *
    FROM tb1
WHERE age
    >=(SELECT AVG(age) FROM tb1);
```

执行结果

```
mysql> SELECT *
    ->      FROM tb1
    -> WHERE age
    ->      >=(SELECT AVG(age) FROM tb1);
+-------+------+------+
| empid | name | age  |
+-------+------+------+
| A101  | 佐藤 |   40 |
| A105  | 西泽 |   35 |
+-------+------+------+
2 rows in set (0.06 sec)
```

表 tb1 中员工的平均年龄是（40 + 28 + 20 + 23 + 35）÷ 5，即 29.2。因此，大于 29.2 的 40 岁的佐藤和 35 岁的西泽的信息显示了出来。

10.5.4　使用 IN（返回列的子查询）

下面是使用子查询返回列的示例。我们要在第一阶段的子查询中返回符合条件的列，然后在第二阶段中提取包含该列的记录。在这种情况下，我们需要像下面这样使用 IN。

格式　**子查询的语句**

> SELECT 显示的列 FROM 表名
>   WHERE 列名 IN（通过子查询 SELECT 语句提取的列）;

第一阶段的查询（子查询）必须使用（）括起来。先执行第一阶段的提取操作，然后以列中包含该值为条件（IN），执行第二阶段的提取操作。下面我们来处理以下内容。

◦ **显示销售额大于等于 200 万元的员工姓名**

具体的处理方法如下。

◦ **提取销售信息表 tb 中销售额（sales）大于等于 200 的 empid，然后显示员工信息表 tb1 中该员工的姓名（name）**

第一阶段子查询实现的内容是提取表 tb 中满足条件 sales>=200 的记录的 empid。具体执行的命令如下所示。

```
SELECT empid FROM tb WHERE sales>=200;
```

这个查询对我们来说并不陌生。执行该命令会提取出"A101"和"A102"的记录。然后在第二阶段，从表 tb1 中提取出第一阶段提取的 empid 相应的记录。

```
SELECT * FROM tb1 WHERE 条件
```

"条件"部分指的是包含第一阶段中提取的"A101"和"A102"的记录。我们需要使用"WHERE ... IN ..."。

试着使用子查询提取表 tb 中 sales 大于等于 200 的 empid，然后显示表 tb1 中相应的记录。

▶ 执行内容

▶ 执行前（表 tb）

empid	sales	month
A103	101	4
A102	54	5
A104	181	4
A101	184	4
A103	17	5
A101	300	5
A102	205	6
A104	93	5
A103	12	6
A107	87	6

提取值大于等于 200 的记录

▶ 执行前（表 tb1）

empid	name	age
A101	佐藤	40
A102	高桥	28
A103	中川	20
A104	渡边	23
A105	西泽	35

提取相应的记录

▶ 执行后

empid	name	age
A101	佐藤	40
A102	高桥	28

提取 sales 大于等于 200的 empid，并显示表 tb1中相应的记录

操作方法

执行下面的命令。

```
SELECT *
    FROM tb1
WHERE empid
    IN (SELECT empid FROM tb WHERE sales>=200);
```

执行结果

```
mysql> SELECT *
    ->      FROM tb1
    -> WHERE empid
    ->      IN (SELECT empid FROM tb WHERE sales>=200);
+-------+------+------+
| empid | name | age  |
+-------+------+------+
| A101  | 佐藤 |   40 |
| A102  | 高桥 |   28 |
+-------+------+------+
2 rows in set (0.01 sec)
```

和我们预想的一样，"A101"和"A102"显示了出来。

专栏▶　**子查询和内连接的提取结果的差异（虽然相似但不同！）**

　　子查询和内连接（→10.2 节）非常相似。我们来看一个例子。对于销售信息表 tb 中存在的员工号 empid，显示员工信息表 tb1 中相应的员工号 empid 和姓名 name。下面是分别用"子查询"和"内连接"实现上述内容的示例。

■子查询

```
SELECT empid,name
    FROM tb1
WHERE empid
    IN (SELECT empid FROM tb);
```

■内连接

```
SELECT tb1.empid,tb1.name
    FROM tb1
JOIN tb
    ON tb1.empid=tb.empid;
```

　　二者的执行结果是不同的。在使用子查询的情况下，会先提取表 tb 中存在的 empid，然后仅显示和表 tb1 相匹配的记录。而使用内连接的话，将显示表 tb 中所有的记录。

执行结果 子查询

```
mysql> SELECT empid,name
    ->       FROM tb1
    -> WHERE empid
    ->      IN (SELECT empid FROM tb);
+-------+------+
| empid | name |
+-------+------+
| A101  | 佐藤 |
| A102  | 高桥 |
| A103  | 中川 |
| A104  | 渡边 |
+-------+------+
4 rows in set (0.01 sec)
```

执行结果 内连接

```
mysql> SELECT tb1.empid,tb1.name
    ->       FROM tb1
    -> JOIN tb
    ->      ON tb1.empid=tb.empid;
+-------+------+
| empid | name |
+-------+------+
| A103  | 中川 |
| A102  | 高桥 |
| A104  | 渡边 |
| A101  | 佐藤 |
| A103  | 中川 |
| A101  | 佐藤 |
| A102  | 高桥 |
| A104  | 渡边 |
| A103  | 中川 |
+-------+------+
9 rows in set (0.00 sec)
```

但是，在内连接中，如果在 SELECT 之后加上 DISTINCT（→ 8.3.5 节），则会提取与子查询相同的记录。

10.5.5　使用 "=" 代替 IN 会报错吗

有人可能觉得在上一节的示例中可以像下面这样使用 "=" 来代替 IN。

```
SELECT *
    FROM tb1
WHERE empid = (SELECT empid FROM tb WHERE sales>=200);
```

很遗憾，执行此命令会出现 Subquery returns more than 1 row（子查询的返回结果多于一行！）的错误。如果满足"empid 与 ×× 恰好一致"的条件，使用"="也无妨。但是在这个示例中，多条记录在第一阶段被提取了出来，因此必须使用表示"……之一"的 IN。

当然，如果只有一条相对应的记录，那么即使使用"="也不会报错。例如，下面是使用 LIMIT 提取一条记录的示例。这么做至少可以避免报错。

```
SELECT *
    FROM tb1
WHERE empid
    = (SELECT empid FROM tb WHERE sales>=200 LIMIT 1);
```

但是这么一来，我们就无法得知提取的是"A101"还是"A102"了，所以 LIMIT 在这里并没有起到太大的作用。

我们可以降序排列表中记录，然后只让第一条记录显示出来。下面是使用 ORDER BY 以"销售额最高的员工"为条件提取记录的示例。在第一阶段，查询表 tb 中 sales 的最大值所对应的empid，然后在第二阶段从表 tb1 中提取相应的记录。

```
SELECT *
    FROM tb1
WHERE empid
    = (SELECT empid FROM tb ORDER BY sales DESC LIMIT 1);
```

执行结果

```
mysql> SELECT *
    ->     FROM tb1
    -> WHERE empid
    ->     =(SELECT empid FROM tb ORDER BY sales DESC LIMIT 1);
+-------+------+------+
| empid | name | age  |
+-------+------+------+
| A101  | 佐藤 |   40 |
+-------+------+------+
1 row in set (0.06 sec)
```

当使用 LIMIT 1 时仅能提取一条记录，所以使用"="也不会报错。

10.5.6 使用 EXISTS，仅以存在的记录为对象

我们在 10.5.4 节中学习的是"WHERE … IN(SELECT …)"这种类型的子查询。它用于返回符合第一阶段子查询结果的列的记录。例如，在 10.5.4 节的示例中返回了 A101 和 A102 所在的列的数据，之后又以包含其值的记录为对象进行了提取。

我们也可以使用 EXISTS，不返回指定的列而返回"第一阶段子查询中存在目标记录"这样的信息。

用语言描述不容易理解，我们来看一个实际的例子。员工信息表 tb1 中也包含了销售信息表 tb 中没有的员工号的记录，即"A105"的记录。

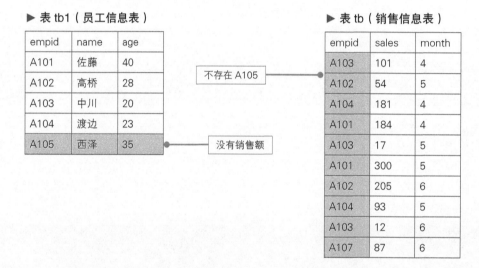

▶ 表 tb1（员工信息表）

empid	name	age
A101	佐藤	40
A102	高桥	28
A103	中川	20
A104	渡边	23
A105	西泽	35

不存在 A105

没有销售额

▶ 表 tb（销售信息表）

empid	sales	month
A103	101	4
A102	54	5
A104	181	4
A101	184	4
A103	17	5
A101	300	5
A102	205	6
A104	93	5
A103	12	6
A107	87	6

也就是说，"A105"的西泽没有销售额。

下面试着使用子查询显示"员工信息表上有销售额的员工的记录"。具体来说，就是进行如下处理。

● 从表 tb 中提取有销售额的员工的记录，然后从表 tb1 中提取相对应的记录显示出来

首先，因为要显示的是员工信息表 tb1 的记录，所以要执行如下命令。

```
SELECT * FROM tb1
```

其次，"有销售额的员工"是指该员工的 empid 在表 tb 和表 tb1 中都存在，所以需要添加如下条件。

```
WHERE tb.empid=tb1.empid
```

从表 tb 中选择符合上述条件的记录作为第一阶段的处理。

```
SELECT * FROM tb WHERE tb.empid=tb1.empid
```

这次提取的并不是指定的列，而是符合条件的记录。使用 EXISTS 从表 tb1 中提取相应的记录作为第二阶段的处理，最终结果如下所示。

操作方法

执行下面的命令。

```
SELECT *
    FROM tb1
WHERE EXISTS
    (SELECT * FROM tb WHERE tb.empid=tb1.empid);
```

执行结果

```
mysql> SELECT *
    ->     FROM tb1
    ->  WHERE EXISTS
    ->     (SELECT * FROM tb WHERE tb.empid=tb1.empid);
+-------+------+------+
| empid | name | age  |
+-------+------+------+
| A101  | 佐藤 |   40 |
| A102  | 高桥 |   28 |
| A103  | 中川 |   20 |
| A104  | 渡边 |   23 |
+-------+------+------+
4 rows in set (0.00 sec)
```

A105 在表 tb 中不存在相应的 empid，所以没有显示出来。从中我们可以知道，A105 的西泽没有销售额。

10.5.7　NOT EXISTS

相反，NOT EXISTS 以子查询不提取的记录为对象进行处理。那么我们来试着使用子查询显示"没有销售额的员工"的记录。

这里只是将 EXISTS 改成了 NOT EXISTS。试着使用 NOT EXISTS 提取表 tb 中不存在的 empid，并显示表 tb1 中相应的记录。

▶ 执行内容

▶ 执行前（表 tb1）

empid	name	age
A101	佐藤	40
A102	高桥	28
A103	中川	20
A104	渡边	23
A105	西泽	35

▶ 执行前（表 tb）

empid	sales	month
A103	101	4
A102	54	5
A104	181	4
A101	184	4
A103	17	5
A101	300	5
A102	205	6
A104	93	5
A103	12	6
A107	87	6

不在此处

▶ 执行后

empid	name	age
A105	西泽	35

从表 tb1 中提取表 tb 中不存在的记录并显示

操作方法

执行下面的命令。

```
SELECT *
    FROM tb1
WHERE NOT EXISTS
    (SELECT * FROM tb WHERE tb.empid=tb1.empid);
```

执行结果

```
mysql> SELECT *
    ->     FROM tb1
    -> WHERE NOT EXISTS
    ->     (SELECT * FROM tb WHERE tb.empid=tb1.empid);
+-------+------+------+
| empid | name | age  |
+-------+------+------+
| A105  | 西泽 |   35 |
+-------+------+------+
1 row in set (0.00 sec)
```

从中我们可以知道，没有销售额的员工是 35 岁的 A105 西泽。

10.5.8 排序的技巧 其二

对电子表格软件（Excel）来说，排序是一件很简单的事。但是在 RDBMS 中，排序却是一个非常麻烦的处理。这一点我们在 10.4.2 节的自连接中也介绍过。

不过，在使用子查询的情况下，我们可以用各种各样的方法进行排序，而且这些方法比自连接的方法更容易理解。这里来介绍其中一种方法。

试着对销售信息表 tb 的销售额进行排名。这次我们要准备其他的表，并试着把排名输入到列中。内容有些复杂，我们需要静下心来一步一步地操作，具体的处理思路如下所示。

向具有自动连续编号功能的表中插入按照 sales 由高到低的顺序排列的记录

自动输入的连续编号就是排名

具体来说，就是按照下面的步骤进行处理。

创建和表 tb 结构相同的表 tb_rank

向表 tb_rank 中添加具有自动连续编号功能的列 c_rank

对表 tb 执行按列 sales 由高到低排序的 SELECT 子查询

将子查询的结果 INSERT 到表 tb_rank 中

向表 tb_rank 的列 c_rank 中输入排名。

那么，用于输入排名的查询语句具体应该怎么写呢？请大家思考一下自动连续编号功能和子查询的使用方法。

表 tb 是由 empid、sales 和 month 这 3 个列组成的。我们在此基础上添加列 c_rank 创建表 tb_rank，并复制表 tb 的记录到该表中。然后试着向列 c_rank 中输入 sales 的排名。

▶ 执行内容

▶ 执行前（表 tb）

列	empid	sales	month
数据类型	VARCHAR(10)	INT	INT

▶ 复制表 tb，创建表 tb_rank

列	empid	sales	month
数据类型	VARCHAR(10)	INT	INT

复制列结构

▶ 向表 tb_rank 中添加具有自动连续编号功能的列 c_rank

列	empid	sales	month	c_rank
数据类型	VARCHAR(10)	INT	INT	INT AUTO_INCREMENT PRIMARY KEY

添加具有自动连续编号功能的列

▶ 对表 tb 执行按列 sales 由高到低排序的 SELECT 子查询

empid	sales	month
A103	101	4
A102	54	5
A104	181	4
A101	184	4
A103	17	5
A101	300	5
A102	205	6
A104	93	5
A103	12	6
A107	87	6

▶ 向表 tb_rank 的列 c_rank 中输入排名

empid	sales	month	c_rank
A101	300	5	1
A102	205	6	2
A101	184	4	3
A104	181	4	4
A103	101	4	5
A104	93	5	6
A107	87	6	7
A102	54	5	8
A103	17	5	9
A103	12	6	10

操作方法

① 执行下面的命令。

```
CREATE TABLE tb_rank LIKE tb;
```

② 执行下面的命令。

```
ALTER TABLE tb_rank ADD c_rank INT AUTO_INCREMENT PRIMARY KEY;
```

③ 执行下面的命令。

```
INSERT INTO tb_rank
    (empid,sales,month)
(SELECT
    empid,sales,month
FROM tb
    ORDER BY sales DESC);
```

我们一个一个地来看上面的操作方法。上述操作方法中的 ① ~ ③ 分别进行了如下处理。

① 仅复制表 tb 的列结构，创建表 tb_rank（→ 7.3 节）
② 向表 tb_rank 中添加具有自动连续编号功能的列 c_rank（→ 6.3 节、6.8 节）
③ 使用子查询，按 sales 由高到低的顺序对表 tb 进行排序，并将列 empid、列 sales 和列 month 的记录插入到表 tb_rank 中

在步骤③中，列 c_rank 中自动输入了连续编号，这个连续编号就是排名。

执行结果

```
mysql> SELECT * FROM tb_rank;
+-------+-------+-------+--------+
| empid | sales | month | c_rank |
+-------+-------+-------+--------+
| A101  |   300 |     5 |      1 |
| A102  |   205 |     6 |      2 |
| A101  |   184 |     4 |      3 |
| A104  |   181 |     4 |      4 |
| A103  |   101 |     4 |      5 |
| A104  |    93 |     5 |      6 |
| A107  |    87 |     6 |      7 |
| A102  |    54 |     5 |      8 |
```

```
| A103  |    17 |    5 |       9 |
| A103  |    12 |    6 |      10 |
+-------+-------+-------+--------+
10 rows in set (0.00 sec)
```

10.6　总结

本章介绍了以下内容。

- 合并显示多个表的方法
- 通过内连接显示多个表的方法
- 内连接和外连接的区别
- 自连接的方法和排序的方法
- 通过子查询实现两个阶段的提取

在实际使用的数据库中，信息大多分布在多个表内。如何将多个表连接在一起，就得发挥个人的技术能力了。

▶ 自我检查

下面检查一下本章学习的内容是否全部理解并掌握了。

- ☐ 能够使用 UNION 对多个 SELECT 的记录进行合并
- ☐ 能够指定连接键进行内连接，从多个表中 SELECT
- ☐ 能够使用左外连接和右外连接，从多个表中 SELECT 必要的数据
- ☐ 能够理解子查询的含义
- ☐ 能够以子查询获得的值为条件，进一步提取记录

▶ 练习题

问题 1

在表 tb 中，按照 sales 由低到高的顺序排名，并从第一名开始显示员工号、销售额和排名。

 参考 10.4.2 节中介绍的排序方法。按照"由低到高"的顺序排名。

问题2

针对下面的表 tb1 和表 tb，只从表 tb 中提取表 tb1 中存在的记录。

▶ 表 tb

员工号	销售额	月份
empid	sales	month
A103	101	4
A102	54	5
A104	181	4
A101	184	4
A103	17	5
A101	300	5
A102	205	6
A104	93	5
A103	12	6
A107	87	6

▶ 表 tb1

员工号	姓名	年龄
empid	name	age
A101	佐藤	40
A102	高桥	28
A103	中川	20
A104	渡边	23
A105	西泽	35

只提取该
表中存在
的记录

从该表中提
取记录

HINT 想一下 EXISTS 的使用方法。

参考答案

问题1

执行下面的命令。

```
SELECT a.empid,a.sales,COUNT(*)
    FROM tb AS a
JOIN tb AS b
    WHERE a.sales>=b.sales
GROUP BY a.sales;
```

执行结果

```
mysql> SELECT a.empid,a.sales,COUNT(*)
    ->        FROM tb AS a
    -> JOIN tb AS b
    ->        WHERE a.sales>=b.sales
```

```
    -> GROUP BY a.sales;
+-------+-------+----------+
| empid | sales | COUNT(*) |
+-------+-------+----------+
| A103  |    12 |        1 |
| A103  |    17 |        2 |
| A102  |    54 |        3 |
| A107  |    87 |        4 |
| A104  |    93 |        5 |
| A103  |   101 |        6 |
| A104  |   181 |        7 |
| A101  |   184 |        8 |
| A102  |   205 |        9 |
| A101  |   300 |       10 |
+-------+-------+----------+
10 rows in set (0.05 sec)
```

问题2

执行下面的命令。

```
SELECT *
    FROM tb
WHERE EXISTS
    (SELECT * FROM tb1 WHERE tb.empid=tb1.empid);
```

执行结果

```
mysql> SELECT *
    ->      FROM tb
    -> WHERE EXISTS
    ->      (SELECT * FROM tb1 WHERE tb.empid=tb1.empid);
+-------+-------+-------+
| empid | sales | month |
+-------+-------+-------+
| A103  |   101 |     4 |
| A102  |    54 |     5 |
| A104  |   181 |     4 |
| A101  |   184 |     4 |
| A103  |    17 |     5 |
| A101  |   300 |     5 |
| A102  |   205 |     6 |
| A104  |    93 |     5 |
| A103  |    12 |     6 |
+-------+-------+-------+
9 rows in set (0.05 sec)
```

另外，因为表 tb1 中不存在 "A107"，所以没有显示 "A107"。

第11章 熟练使用视图

视图是一种非常方便的功能。该功能可以隐藏一些重要的数据，按照我们想要的条件收集需要的记录。

11.1 什么是视图

11.1.1 视图的真面目

那么，视图到底是什么呢？前面我们学习了多种使用 SELECT 提取记录的方法。将 SELECT 的结果像表一样保留下来的虚表就是视图。

视图不是表。因此，视图中并没有保存记录或者列中的数据。也就是说，视图是一种信息，用于查询记录，比如在 ×× 条件下收集 ×× 表的 ×× 列和 ××。

11.1.2 视图的用途

视图虽然看起来像表，但它没有实体，只是一种信息。视图的便利之处在于，用户可以按照想要的条件收集某表中某列的数据（见图 11-1）。

之前那种通过设置条件从表中提取记录的做法非常麻烦。如果相同的提取操作以视图的方式执行，就可以将视图作为符合用户个人喜好的表来使用。

从用户的角度来看，视图和表在使用上并没有什么区别。和表一样，视图也可以进行 SELECT 和 UPDATE。如果更新视图的记录，基表的记录也会更新。

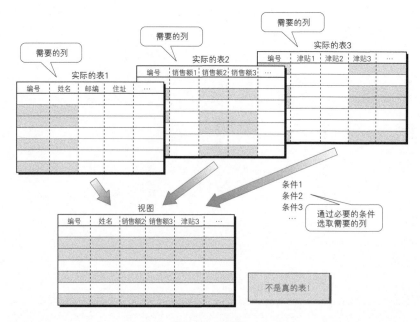

图 11-1　视图

　　另外，对于一些不能被修改的重要数据，我们可以只让管理员等具有特殊权限的人来操作相关的表，同时再准备一个收集了无关紧要部分的视图，这样就很安全了。

　　此外，数据库高级用户可以为初学者创建容易理解的视图来代替不易理解的表，这也是视图的用途之一。

专栏　视图和 MySQL 的版本

　　与安装 MAMP 的方法无关，实际上视图只能在 MySQL 5 或更高的版本中使用。工作中我们会用到各种版本的 MySQL，因此建议在编写 SQL 语句之前检查一下 MySQL 的版本。

　　MySQL 监视器会在启动的时候显示版本。另外，我们也可以使用 8.2.3 节中介绍的 VERSION 函数来查看版本。

```
c:\Users>mysql -u root -proot
Warning: Using a password on the command line interface can be insecure.
Welcome to the MySQL monitor.  Commands end with ; or \g.
Your MySQL connection id is 15
Server version: 5.6.34-log MySQL Community Server (GPL)

Copyright (c) 2000, 2016, Oracle and/or its affiliates. All rights
reserved.

...
```

显示版本

11.2　使用视图

11.2.1　创建视图

我们来试着创建视图吧。虽说是"创建",但因为视图没有实体,所以说成"定义视图"可能更为准确。

> **格式** 创建视图
>
> CREATE VIEW　视图名 AS SELECT 列名 FROM 表名 WHERE 条件；

上面的语句表示"对 SELECT 的记录 CREATE VIEW(视图)"。不要忘记在 SELECT 的前面添加 AS。

上述语句中的"WHERE　条件",实际上也可以换成 ORDER BY、LIMIT 和 JOIN 等。总之,要在某些条件下选择列,创建虚拟的表。也就是将前面执行的许多 SELECT 结果通过 CREATE VIEW ... AS 创建为视图。

下面我们试着创建一个简单的视图。员工信息表 tb1 由员工号(empid)、姓名(name)和年龄(age)组成。试着创建没有员工号、只包含姓名和年龄这两个列的视图 v1。

为了避免更新表 tb1 中的内容,这里我们使用与员工信息表 tb1 内容相同的表 tb1J。具体来说,就是创建由表 tb1J 的姓名(name)与年龄(age)两个列构成的视图 v1,并显示视图 v1 的内容。

▶ **执行内容**

▶ 执行前(表 tb1)

empid	name	age
A101	佐藤	40
A102	高桥	28
A103	中川	20
A104	渡边	23
A105	西泽	35

只包含这两列

▶ 执行后(创建视图 v1)

name	age
佐藤	40
高桥	28
中川	20
渡边	23
西泽	35

操作方法

① 执行下面的命令。

```
CREATE VIEW v1
    AS
SELECT name,age
    FROM tb1J;
```

② 执行下面的命令。

```
SELECT * FROM V1;
```

执行结果

```
mysql> SELECT * FROM V1;
+------+------+
| name | age  |
+------+------+
| 佐藤 |   40 |
| 高桥 |   28 |
| 中川 |   20 |
| 渡边 |   23 |
| 西泽 |   35 |
+------+------+
5 rows in set (0.03 sec)
```

使用 SELECT 显示视图记录的方法，和以表为操作对象时使用的方法完全相同。这次我们只从一个表中提取了列，实际上也可以使用多个表，通过设置条件来提取想要的内容。

11.2.2 通过视图更新列的值

视图只显示了基表的一部分。因此，如果更新了基表的值，收集并显示基表值的视图的值也会更新。

那么，如果更新了视图的值，基表的值又会怎样呢？实际上，视图不仅是基表的一部分，它也是指向基表数据的窗口。因此，如果更新视图的值，基表的值也会随之更新。

我们来试着更新一下视图 v1 的记录，看看视图的记录更新是否反映到了基表中。将视图 v1 中 A101 "佐藤" 的姓名更新为 "主任·佐藤"。与更新表时使用的方法一样，我们需要使用 UPDATE … SET 来更新视图的值。

▶ **执行内容**

▶ 执行前（视图 v1）			▶ 执行后	

把该记录更新为"主任·佐藤"

▶ 执行前（视图 v1）

name	age
佐藤	40
高桥	28
中川	20
渡边	23
西泽	35

▶ 执行后

name	age
主任·佐藤	40
高桥	28
中川	20
渡边	23
西泽	35

操作方法

执行下面的命令。

```
UPDATE v1 SET name='主任·佐藤' WHERE name='佐藤';
```

首先，我们来确认一下视图 v1 是否被正确更新了。
请执行下面的 SELECT 语句。

```
SELECT * FROM v1;
```

执行结果

```
mysql> SELECT * FROM v1;
+------------+------+
| name       | age  |
+------------+------+
| 主任·佐藤  |   40 |
| 高桥       |   28 |
| 中川       |   20 |
| 渡边       |   23 |
| 西泽       |   35 |
+------------+------+
5 rows in set (0.00 sec)
```

视图 v1 已经被顺利更新了。那么，视图 v1 的基表 tb1J 又怎样呢？

```
SELECT * FROM tb1J;
```

执行结果

```
mysql> SELECT * FROM tb1J;
+-------+------------+------+
| empid | name       | age  |
+-------+------------+------+
| A101  | 主任·佐藤   |   40 |
| A102  | 高桥        |   28 |
| A103  | 中川        |   20 |
| A104  | 渡边        |   23 |
| A105  | 西泽        |   35 |
+-------+------------+------+
5 rows in set (0.00 sec)
```

看来基表 tb1J 的值也更新了。由此我们可以得知，如果更新视图的值，其基表的记录也会随之更新。

11.3　设置条件创建视图

11.3.1　设置条件创建视图

在 11.2.1 节中，我们只从一个表中收集了任意的两个列来创建视图。这次，我们将从两个表中提取记录并通过 WHERE 设置条件来创建视图。

首先，在销售信息表 tb 中提取销售额大于等于 100 万元的优秀记录，然后连接员工信息表 tb1J 显示该员工的姓名。内连接 JOIN 的使用方法请参考 10.2.1 节。

连接表 tb1J 与表 tb，提取销售额（sales）大于等于 100 万元的记录，创建由表 tb 的员工号（empid）和销售额（sales），以及表 tb1J 的姓名（name）构成的视图 v2，然后显示视图 v2 的所有记录。

▶ **执行内容**

▶ **执行前（表 tb）**

empid	sales	month
A103	101	4
A102	54	5
A104	181	4
A101	184	4
A103	17	5
A101	300	5
A102	205	6
A104	93	5
A103	12	6
A107	87	6

提取 sales 大于等于 100 的记录

使用 empid 连接

▶ **执行前（连接表 tb1）**

empid	name	age
A101	主任・佐藤	40
A102	高桥	28
A103	中川	20
A104	渡边	23
A105	西泽	35

▶ **执行后（视图 v2）**

empid	name	sales
A103	中川	101
A104	渡边	181
A101	主任・佐藤	184
A101	主任・佐藤	300
A102	高桥	205

操作方法

① 执行下面的命令。

```
CREATE VIEW v2
    AS
SELECT tb.empid,tb1J.name,tb.sales
    FROM tb
JOIN tb1J
    USING(empid)
WHERE tb.sales>=100;
```

② 执行下面的命令。

```
SELECT * FROM V2;
```

执行结果

```
mysql> CREATE VIEW v2
    ->      AS
    -> SELECT tb.empid,tb1J.name,tb.sales
    ->      FROM tb
    -> JOIN tb1J
    ->      USING(empid)
    -> WHERE tb.sales>=100;
Query OK, 0 rows affected (0.01 sec)

mysql> SELECT * FROM V2;
+-------+-----------+-------+
| empid | name      | sales |
+-------+-----------+-------+
| A103  | 中川       |   101 |
| A104  | 渡边       |   181 |
| A101  | 主任·佐藤   |   184 |
| A101  | 主任·佐藤   |   300 |
| A102  | 高桥       |   205 |
+-------+-----------+-------+
5 rows in set (0.19 sec)
```

视图 v2 被创建了出来,并且显示了 sales 值大于等于 100 的 5 条记录。

11.3.2 当更新基表时,视图会发生什么变化

前一节我们创建了视图 v2,提取了 sales 大于等于 100 的记录。表 tb 中从上往下数排在第 2 位的员工 "A102" 的销售额小于 100,所以不会显示在视图 v2 中。

▶ 表 tb

empid	sales	month
A103	101	4
A102	54	5
A104	181	4
A101	184	4
A103	17	5
A101	300	5
A102	205	6
A104	93	5
A103	12	6
A107	87	6

那么，如果将这个值修改成大于等于 100 的数字，也就是在创建好视图后满足了提取条件，视图会发生什么变化呢？

我们来实际操作一下。对于表 tb 中 empid 为 "A102"、sales 为 "54" 的记录，将 sales 的值修改为 "777"，然后显示 11.3.1 节中创建的视图 v2。

▶ 执行内容

▶ 执行前（表 tb）

empid	sales	month
A103	101	4
A102	54	5
A104	181	4
A101	184	4
A103	17	5
A101	300	5
A102	205	6
A104	93	5
A103	12	6
A107	87	6

▶ 执行后

empid	sales	month
A103	101	4
A102	777	5
A104	181	4
A101	184	4
A103	17	5
A101	300	5
A102	205	6
A104	93	5
A103	12	6
A107	87	6

将 "54" 修改为 "777" 后，就满足了大于等于 100 这个条件

▶ 执行后（视图 v2）

empid	name	sales
A103	中川	101
A102	高桥	777
A104	渡边	181
A101	主任·佐藤	184
A101	主任·佐藤	300
A102	高桥	205

会插入到 v2 中吗?

操作方法

① 执行下面的命令。

```
UPDATE tb SET sales=777 WHERE sales=54;
```

② 执行下面的命令。

```
SELECT * FROM V2;
```

执行结果

```
mysql> UPDATE tb SET sales=777 WHERE sales=54;
Query OK, 1 row affected (0.01 sec)
Rows matched: 1  Changed: 1  Warnings: 0

mysql> SELECT * FROM v2;
+-------+-----------+-------+
| empid | name      | sales |
+-------+-----------+-------+
| A103  | 中川      |   101 |
| A102  | 高桥      |   777 |
| A104  | 渡边      |   181 |
| A101  | 主任·佐藤 |   184 |
| A101  | 主任·佐藤 |   300 |
| A102  | 高桥      |   205 |
+-------+-----------+-------+
6 rows in set (0.00 sec)
```

可以看到视图 v2 的值也更新了。也就是说，在符合视图设置条件的情况下，如果基表更新，视图中的记录也会随之更新。设置了条件的视图始终会显示与条件相匹配的记录。

sales = 777 看起来有些奇怪，所以请执行下面的语句将值恢复成原来的 "54"。

```
UPDATE tb SET sales=54 WHERE sales=777;
```

11.3.3　确认视图

下面我们来学习一下确认视图是否存在的方法和确认视图结构的方法。表和视图的处理基本上是相同的。

我们需要通过 "SHOW TABLES;" 来确认存在哪些视图。

格式　确认视图

```
SHOW TABLES;
```

视图会与表交织在一起显示出来。

执行结果

```
mysql> SHOW TABLES;
+------------------+
| Tables_in_db1    |
+------------------+
| tb               |
| tb1              |
| tb1b             |
| tb1c             |
| tb1d             |
...
| tb_rank          |
| v1               |
| v2               |
+------------------+
XX rows in set (0.03 sec)
```

和表一样，列结构可以通过 DESC 显示出来。

格式 显示视图的列结构

```
DESC 视图名;
```

执行结果

```
mysql> DESC v2;
+-------+-------------+------+-----+---------+-------+
| Field | Type        | Null | Key | Default | Extra |
+-------+-------------+------+-----+---------+-------+
| empid | varchar(20) | YES  |     | NULL    |       |
| name  | varchar(10) | YES  |     | NULL    |       |
| sales | int(11)     | YES  |     | NULL    |       |
+-------+-------------+------+-----+---------+-------+
3 rows in set (0.33 sec)
```

与表相同，视图的详细信息也可以通过以下方法显示（→ 13.2.1 节）。

格式 显示视图的详细信息

```
SHOW CREATE VIEW 视图名;
```

11.4 限制通过视图写入

11.4.1 对视图执行 INSERT 操作会出现什么样的结果

在 11.2.2 节中，我们通过视图更新了基表的记录。这次，我们试着通过视图来 INSERT 记录。视图没有实体，它只是一个虚拟表。如果将记录插入到这个虚拟视图中，会出现什么样的结果呢？

视图是用户从基表上随意收集的列。换句话说，作为视图可见的部分大多是基表中的一部分内容。对视图执行 INSERT 操作，就意味着只能向表的其中一部分内容中插入数据。

前面介绍得有点啰唆，用一句话概括就是对视图执行 INSERT 操作是有限制的。例如，在使用了 UNION、JOIN、子查询的视图中，不能执行 INSERT 和 UPDATE。但如果像 11.2.1 节中创建的视图一样，只是从一个表中提取了列，那么执行 INSERT 和 UPDATE 是没有任何问题的。

在 11.2.1 节中创建的视图 v1 仅包含两个列，即表 tb1J 的列 name 和列 age。试着向列 name 和列 age 中插入数据。

插入方法和向表中插入数据的方法相同。试着向视图 v1 中插入 name=' 临时工·石田 '、age=18 的记录。

▶ **执行内容**

▶ **执行前（视图 v1）**

name	age
主任·佐藤	40
高桥	28
中川	20
渡边	23
西泽	35

▶ **执行后**

name	age
主任·佐藤	40
高桥	28
中川	20
渡边	23
西泽	35
临时工·石田	18

插入这个记录后基表 tb1J 会变成什么样？

操作方法

执行下面的命令。

```
INSERT INTO v1 VALUES('临时工·石田',18);
```

执行结果

```
mysql> INSERT INTO v1 VALUES('临时工·石田',18);
Query OK, 1 row affected (0.03 sec)
```

首先我们来确认一下插入数据后视图 v1 的内容。

```
SELECT * FROM v1;
```

执行结果

```
mysql> SELECT * FROM v1;
+-------------+------+
| name        | age  |
+-------------+------+
| 主任·佐藤    |   40 |
| 高桥        |   28 |
| 中川        |   20 |
| 渡边        |   23 |
| 西泽        |   35 |
| 临时工·石田  |   18 |
+-------------+------+
6 rows in set (0.00 sec)
```

姓名和年龄被完整地插入到了视图 v1 中。那么，视图 v1 的基表 tb1J 会变成什么样呢？

```
SELECT * FROM tb1J;
```

执行结果

```
mysql> SELECT * FROM tb1J;
+-------+-------------+------+
| empid | name        | age  |
+-------+-------------+------+
| A101  | 主任·佐藤    |   40 |
| A102  | 高桥        |   28 |
| A103  | 中川        |   20 |
| A104  | 渡边        |   23 |
| A105  | 西泽        |   35 |
| NULL  | 临时工·石田  |   18 |
+-------+-------------+------+
6 rows in set (0.00 sec)
```

看来"临时工·石田"和"18"这两个数据都 INSERT 成功了。另外，对于在视图 v1 中没有被定义的列 empid，因为没有插入数据，所以输入了 NULL。

11.4.2　设置了条件的基表中会发生什么变化

如果在设置了条件的视图中插入违反条件的数据，基表会发生什么变化呢？我们来试试看吧。

首先，以"销售额大于等于 100 万元"为条件，创建仅包括销售信息表 tb 的列 empid 和列 sales 的基础视图。

具体来说，就是以 `sales>=100` 为条件，创建仅包括表 tb 的列 empid 和列 sales 的视图 v3，然后显示视图 v3 的所有记录。

▶ **执行内容**

▶ 执行前（表 tb）

empid	sales	month
A103	101	4
A102	54	5
A104	181	4
A101	184	4
A103	17	5
A101	300	5
A102	205	6
A104	93	5
A103	12	6
A107	87	6

提取列值大于等于 100 的记录

▶ 执行后（视图 v3）

empid	sales
A103	101
A104	181
A101	184
A101	300
A102	205

创建仅包含列 empid 和列 sales的视图 v3

操作方法

① 执行下面的命令。

```
CREATE VIEW v3
    AS
SELECT empid,sales
    FROM tb
WHERE sales>=100;
```

② 执行下面的命令。

```
SELECT * FROM V3;
```

执行结果

```
mysql> CREATE VIEW v3
    ->        AS
    -> SELECT empid,sales
    ->        FROM tb
    -> WHERE sales>=100;
Query OK, 0 rows affected (0.01 sec)

mysql> SELECT * FROM v3;
+-------+-------+
| empid | sales |
+-------+-------+
| A103  |   101 |
| A104  |   181 |
| A101  |   184 |
| A101  |   300 |
| A102  |   205 |
+-------+-------+
5 rows in set (0.06 sec)
```

可以看到，视图 v3 以销售额大于等于 100 万元的记录为对象，显示了列 empid 和列 sales。这里再重复一遍，视图 v3 仅包含 sales 大于等于 100 的记录。

▶ 插入不符合视图条件的记录

这里，我们向无法显示销售额小于 100 万元的记录的视图 v3 中插入小于 100 的值。那么，视图 v3 会出现什么样的情况呢？下面的命令用于向列 sales 中 INSERT 数值 "50"。

```
INSERT INTO v3 VALUES('恶意刁难',50);
```

执行结果

```
mysql> INSERT INTO v3 VALUES('恶意刁难',50);
Query OK, 1 row affected (0.08 sec)
```

轻松输入进去了。那么，视图 v3 会如何显示呢？因为小于 100 的值无法显示，所以执行 "SELECT * FROM v3;" 应该看不到刚才插入的值。

执行结果

```
mysql> SELECT * FROM v3;
+-------+-------+
| empid | sales |
+-------+-------+
| A103  |   101 |
| A104  |   181 |
```

```
| A101  |   184 |
| A101  |   300 |
| A102  |   205 |
+-------+-------+
5 rows in set (0.02 sec)
```

那么基表 tb 会变成什么样呢？

```
SELECT empid,sales FROM tb;
```

执行结果

```
mysql> SELECT empid,sales FROM tb;
+----------+-------+
| empid    | sales |
+----------+-------+
| A103     |   101 |
| A102     |   777 |
| A104     |   181 |
| A101     |   184 |
| A103     |    17 |
| A101     |   300 |
| A102     |   205 |
| A104     |    93 |
| A103     |    12 |
| A107     |    87 |
| 恶意刁难  |    50 |
+----------+-------+
11 rows in set (0.00 sec)
```

基表 tb 中竟然插入了这个值！在默认情况下，WHERE 条件会被忽略，数据会 INSERT 到基表中。
在某些情况下，没有插入数据的列中会输入 NULL。另外，表 tb 中插入的"恶意刁难"的记录
会在以后带来麻烦，所以请参考 9.3.2 节的内容进行删除。

11.4.3　当与视图的条件不匹配时报错

当通过视图 INSERT 记录时，即使与 WHERE 的条件不匹配，数据也会直接输入到基表中。这
是否就意味着总是可以输入与 WHERE 条件不符的记录呢？

但是，对于有条件限制的视图，无视条件输入记录有时会带来一定的麻烦。另外，从视图中输
入的记录无法在该视图中确认也是一件很麻烦的事。

为了应对这些情况，我们可以将视图设置成"不接受与条件不匹配的记录"。为了防止输入与
WHERE 条件不匹配的记录，我们可以在使用 CREATE VIEW 创建视图时，加上 WITH CHECK
OPTION。

下面是加上 WITH CHECK OPTION 来创建视图 v4 的示例。

```
CREATE VIEW v4
    AS
SELECT empid,sales
    FROM tb
WHERE sales>100
    WITH CHECK OPTION;
```

像上面这样加上 WITH CHECK OPTION 后，如果执行

```
INSERT INTO v4 VALUES('恶意刁难',50);
```

试图插入不符合条件的记录，就会发生错误。

執行結果

```
mysql> INSERT INTO v4 VALUES('恶意刁难',50);
ERROR 1369 (HY000): CHECK OPTION failed 'db1.v4'
```

这样就无法输入不符合条件的记录了。

11.5 替换、修改和删除视图

下面介绍编辑视图的方法。

11.5.1 替换视图

当存在同名的视图时，如何对其进行替换呢？下面就来介绍具体的方法。

当执行 CREATE VIEW 时，如果已经有同名的视图存在，该命令会报错。在这种情况下，可以像 "CREATE OR REPLACE VIEW ..." 这样，加上 OR REPLACE 替换视图。也就是说，删除已经存在的同名的视图，创建新的视图。

例如，在视图 v1 已经存在的情况下执行以下命令。

```
CREATE OR REPLACE VIEW v1
    AS
SELECT NOW();
```

执行结果

```
mysql> CREATE VIEW v1
    ->      AS
    -> SELECT NOW();
ERROR 1050 (42S01): Table 'v1' already exists
mysql> CREATE OR REPLACE VIEW v1
    ->      AS
    -> SELECT NOW();
Query OK, 0 rows affected (0.09 sec)

mysql> SELECT * FROM v1;
+---------------------+
| NOW()               |
+---------------------+
| 2018-07-02 10:21:35 |
+---------------------+
1 row in set (0.05 sec)
```

视图应该被顺利替换了。视图 v1 被删除，并替换为始终显示当前日期和时间的视图 "v1"。（下一节会对视图 v1 进行恢复。）

这是在不知道是否有同名视图存在的状态下创建视图的方法。在批量执行 SQL 语句（→ 14.2.1 节）的情况下，不管同名的视图是否存在，该命令都能够创建视图，非常方便。

11.5.2　修改视图结构

当修改视图结构时，我们需要使用 ALTER VIEW。

格式　修改视图结构

```
ALTER VIEW 视图名 AS SELECT 列名 FROM 表名 ;
```

与使用 "CREATE VIEW … AS SELECT" 创建视图的方法基本相同。在上一节中，我们让视图 v1 仅显示 NOW() 的内容，这里来把视图 v1 恢复成原来的样子。

通过下面的操作，可以让当前的视图 v1 中包含表 tb1 的列 name 和列 age。

```
ALTER VIEW v1
    AS
SELECT name,age
    FROM tb1;
```

执行结果

```
mysql> ALTER VIEW v1
    ->      AS
    -> SELECT name,age
    ->      FROM tb1;
Query OK, 0 rows affected (0.33 sec)

mysql> SELECT * FROM v1;
+------+------+
| name | age  |
+------+------+
| 佐藤  |   40 |
| 高桥  |   28 |
| 中川  |   20 |
| 渡边  |   23 |
| 西泽  |   35 |
+------+------+
5 rows in set (0.08 sec)
```

按照下面介绍的方法先删除视图，然后执行"CREATE VIEW ..."，也会得到相同的结果。

11.5.3 删除视图

在 MySQL 中删除某个对象时，需要使用 DROP 命令。删除视图也需要使用 DROP 命令。删除视图需要用到的命令与删除数据库和表时一样。

格式 删除视图

```
DROP VIEW 视图名 ;
```

但是，如果删除的视图不存在，该命令就会报错。

如果像下面这样加上 IF EXISTS，那么即使目标视图不存在也不会报错，只是不执行删除操作而已。

```
DROP VIEW IF EXISTS v1;
```

专栏▶ 什么是复制

　　复制（replication）这项技术作为提高数据库处理效率和进行备份的手段，在实际工作中不可或缺。虽然本书不会介绍复制的具体操作方法，但是作为知识储备，我们最好了解一下复制的基本内容。

●什么是复制

　　replica 指的是复制品。历史雕像和奖牌的仿制品、高级手表的仿造品、假币等都是复制品。复制是指制作此类复制品，也就是制作副本。

数据库中的复制是指创建原始数据库的副本（复制品），通过灵活使用原始数据库和数据库副本来有效进行处理的技术。例如，复制原始数据库，将内容完全相同的数据库存储在另一台服务器上。因为每个服务器上的数据库都是相同的，所以能够通过分布式处理来加快整体的处理速度。

原始数据库称为主库（master），通过复制创建的副本称为从库（slave）。

还有一种配置多个主服务器的"多主"的方式。虽然 MySQL 中也可以配置"多主"类型的复制，但这里我们要介绍的是 1 个主库对应 1 个或多个从库的"主从"类型的复制。

● 作为备份使用

从库的内容基本上和主库一样，所以可以作为备份使用。在主库发生故障的情况下，如果切换到从库执行所有的处理，就能够在短时间内重新启动系统。

● MySQL 复制的特征

通过复制来创建数据库的副本可以提高处理效率，因为可以进行分布式工作。

以 MySQL 为例，分布式处理是在主库进行 UPDATE 和 INSERT 等写入处理，在从库进行 SELECT 等读取处理。以这样的方式进行处理，每个服务器都能充分发挥作用，从而提高效率。

要想构建复制的架构，主库和从库的数据必须相同。MySQL 基本上是通过把主库的二进制日志发送到从库来使主库和从库的内容相同的（见图 11-2）。所谓二进制日志，简单来说就是通过处理的记录来描述"更新 ×× 的表为 ××"这样的内容。以这个记录为基础，如果从库能够如实地重现该处理，就可以使主库和从库的内容相同。

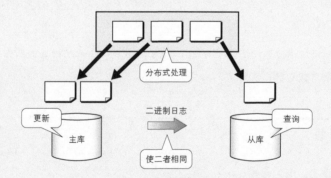

图 11-2　复制的架构

这里，在什么时间点将主库的数据复制到从库是一个问题。如果在使用从库进行查询的时候主库上发生了更新，那么严格来说，从库上的查询结果是不正确的。

实际上，复制分同步模式和异步模式两种类型。在同步模式中，主库和从库保持着联系，采取"停止工作（等待）直到彼此的内容完全相同"的策略。所以，主库和从库的数据总是相同的，但是整体处理也会因此而延迟很多。

另一方面，在异步模式中，主库和从库不会保持这样的联系，所以主库和从库的内容也不一定相同。MySQL 采用的是异步模式，二进制日志会单方面从主库发送到从库。大家要记住在 MySQL 中"主库和从库的内容有时可能不同"这一点。

● 半同步复制

MySQL 的复制是异步的，但是 MySQL 5.5 以及更高的版本可以实现一部分过程的同步。虽然 MySQL 的异步复制可以将主库上的处理重现在从库上，但其实主库只是简单地把二进制日志传送给了从库。至于是否正确地传送给了从库，则没有进行确认。

而在半同步复制的情况下，二进制日志传送给从库后，从库会向主库发送响应消息。图 11-3 显示了半同步复制的过程。

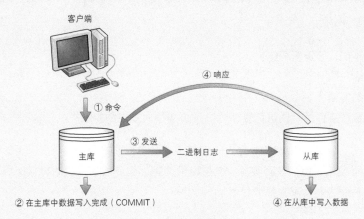

图 11-3　半同步复制

为了向主库发送响应消息，在主库发送信息到从库之前主库和从库需要同步。但是，从库中数据的写入操作是异步的，因此称为半同步。半同步复制与异步复制相比，数据可靠性较强，但是整体处理时间也变长了。

● 无损半同步复制

MySQL 5.7 中增加了许多与复制相关的功能，其中之一就是无损半同步复制。

上面介绍的半同步复制是将数据完全写入主库并发送二进制日志，然后从库进行响应。而从版本 5.7 开始 MySQL 使用的无损半同步复制则是发送二进制日志，收到从库的响应后才在主库上完成数据的写入（见图 11-4）。

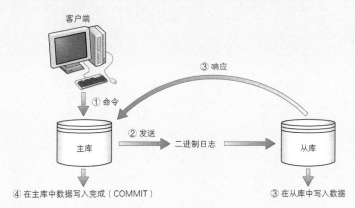

图 11-4　无损半同步复制

主库在收到从库的响应后才写入数据，这就保证了主库中写入的信息一定发送给了从库。

11.6 总结

本章介绍了以下内容。

- 视图与表不同，它没有实体
- 视图的优点
- 创建视图的方法
- 如何对设置了条件的视图进行更新，以及该操作对基表的影响

使用 CREATE TABLE 创建的表称为实表。实表是将数据实际写入硬盘等存储设备的表。虽然视图可以像表一样使用，但它没有实体。数据库管理是不允许出现错误的。从保护基表的意义上来说，视图的灵活使用也是一项重要的技术。

▶ 自我检查

下面检查一下本章学习的内容是否全部理解并掌握了。

□ 能够理解视图到底是什么
□ 能够使用 CREATE VIEW 创建视图
□ 能够创建设置了条件的视图
□ 掌握允许插入不符合条件的记录的方法，以及禁止插入这类记录的方法

▶ 练习题

问题 1

针对下面的表 tb，创建视图 v_sales。视图 v_sales 以列 sales 大于等于 50 的记录为对象，按照 empid 分组，并降序显示各组 sales 平均值大于等于 120 的记录。

▶（执行前）表 tb

empid	sales	month
A103	101	4
A102	54	5
A104	181	4
A101	184	4
A103	17	5
A101	300	5
A102	205	6
A104	93	5
A103	12	6
A107	87	6

以大于等于 50 的记录为对象，按照 empid 分组，并降序显示各组 sales 的平均值大于等于 120 的记录

HINT 将 8.9.2 节的问题 2 转换为视图即可。

► **参考答案**

问题 1

执行下面的语句。

```
CREATE VIEW v_sales
    AS SELECT
empid,AVG(sales)
    FROM tb
WHERE sales>=50
    GROUP BY empid
HAVING AVG(sales)>=120
    ORDER BY AVG(sales) DESC;
```

执行结果

```
mysql> CREATE VIEW v_sales
    ->     AS SELECT
    -> empid,AVG(sales)
    ->     FROM tb
    -> WHERE sales>=50
    ->     GROUP BY empid
    ->   HAVING AVG(sales)>=120
    ->     ORDER BY AVG(sales) DESC;
Query OK, 0 rows affected (0.08 sec)

mysql> SELECT * FROM v_sales;
+-------+------------+
| empid | AVG(sales) |
+-------+------------+
| A101  |   242.0000 |
| A104  |   137.0000 |
| A102  |   129.5000 |
+-------+------------+
3 rows in set (0.00 sec)
```

第12章　熟练使用存储过程

使用存储过程后就可以记录一系列操作并批量运行它们了。"每次都要重复相同的操作""统一记录一系列的操作，以免忘记"等情况非常适合使用存储过程处理。

如果需要多次执行相同的 SQL 命令，就可以事先把这个处理定义为存储过程。只要使用命令"CALL ××"，就可以立即执行定义的处理。

12.1　什么是存储过程

12.1.1　可用的版本

在学习存储过程之前，请先确认 MySQL 的版本（→ 11.1.2 节）。事先说明一下，存储过程只能在 5.0 或更高的版本中使用。

12.1.2　什么是存储过程

将多个 SQL 语句组合成一个只需要使用命令"CALL ××"就能执行的集合，该集合就称为存储过程（stored procedure）。"存储"（stored）表示保存，"过程"（procedure）表示步骤。也就是说，存储过程是将一系列步骤归纳并存储起来的集合（见图 12-1）。

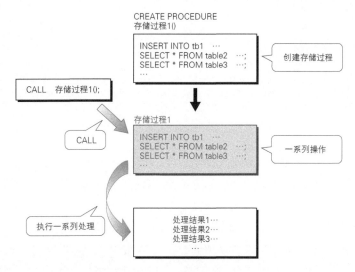

图 12-1　存储过程

　　由于可以自动执行许多事先准备好的命令，所以处理效率很高。但是，在存储了重要数据的数据库中，执行没有经过充分验证的存储过程是非常危险的，这一点需要我们牢记。

　　存储过程乍一看让人觉得有些难以理解，但只要学会了它的使用方法，用起来就会非常方便。笔者就经常使用 CALL 来代替执行多次 SELECT。

　　下面是作为示例创建的存储过程的主体。

```
SELECT * FROM tb;
SELECT * FROM tb1;
```

　　上面的示例中只列出了两个很普通的 SQL 语句。当然，我们也可以根据需要编写任意数量的 SQL 语句，还可以执行编程语言中常见的处理，比如使用变量、使用 IF 和 CASE 作为条件分支，以及使用 WHILE 和 REPEAT 反复处理等。

12.2　使用存储过程

12.2.1　创建存储过程

　　当创建存储过程时，我们需要像下面这样执行 CREATE PROCEDURE 命令。

格式　创建存储过程

```
CREATE PROCEDURE 存储过程名 ()
BEGIN
    SQL 语句 1

    SQL 语句 2
END
```

从 BEGIN 到 END 为止的内容是存储过程的主体。

在开头加上 BEGIN，在结尾加上 END，这么做可以明确表示"从这里到这里是存储过程的命令"。

因为存储过程的内容是"普通的 SQL 语句"，所以需要在命令的末尾添加分隔符"；"。也就是说，当创建前一节介绍的存储过程时，主体部分需要像下面这样描述。

```
BEGIN
SELECT * FROM tb;
SELECT * FROM tb1;
END
```

可是这样一来，在创建存储过程的时候就会输入分隔符"；"。在这种情况下，CREATE PROCEDURE 命令就会在存储过程不完整的状态下执行。因为在 MySQL 监视器中一旦输入了分隔符，不管是什么内容，都会先执行分隔符之前的部分。

▶ 修改分隔符的设置

在存储过程不完整的状态下执行命令会带来一些麻烦，因此我们需要改变环境设置，在输入了最后的 END 之后再执行 CREATE PROCEDURE 命令。

因此，在创建存储过程时，需要事先将分隔符从"；"修改为其他符号，一般使用"//"。我们可以使用 delimiter 命令将分隔符修改为"//"。

格式　将分隔符修改为"//"

```
delimiter //
```

如果将分隔符设置为"//"，那么即使在创建存储过程的途中输入了"；"也不会发生任何问题。在 END 之后输入"//"，这时就会执行 CREATE PROCEDURE 命令。存储过程创建结束后，使用"delimiter ;"将分隔符恢复为原始设置。

下面我们来实际操作一下。创建一个执行"SELECT * FROM tb;"和"SELECT * FROM tb1;"的存储过程 pr1。

▶ 执行内容

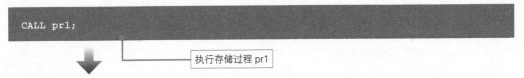

```
CALL pr1;
```

执行存储过程 pr1

▶ 显示表 tb

empid	sales	month
A103	101	4
A102	54	5
A104	181	4
A101	184	4
A103	17	5
A101	300	5
A102	205	6
A104	93	5
A103	12	6
A107	87	6

表 tb 和……

▶ 接着显示表 tb1

empid	name	age
A101	佐藤	40
A102	高桥	28
A103	中川	20
A104	渡边	23
A105	西泽	35

表 tb1 显示了出来

操作方法

执行下面的命令。

```
delimiter //
CREATE PROCEDURE pr1()
BEGIN
SELECT * FROM tb;
SELECT * FROM tb1;
END
//
delimiter ;
```

执行结果

```
mysql> delimiter //
mysql> CREATE PROCEDURE pr1()
    -> BEGIN
    -> SELECT * FROM tb;
    -> SELECT * FROM tb1;
    -> END
    -> //
Query OK, 0 rows affected (0.53 sec)

mysql> delimiter ;
```

最后的"delimiter；"是把分隔符恢复为"；"的命令。不要忘记恢复分隔符。

另外，一定要在存储过程名的后面加上（）。之后会介绍将值作为参数放在存储过程中的示例（→下一节），但即使不输入值也必须加上（）。

12.2.2　执行存储过程

这样就创建好了存储过程 pr1。下面我们来试着使用这个存储过程。执行存储过程需要使用 CALL 命令。

格式 执行存储过程

```
CALL 存储过程名；
```

调用上一节创建的 pr1。

```
CALL pr1;
```

执行结果

```
mysql> CALL pr1;
+-------+-------+-------+
| empid | sales | month |
+-------+-------+-------+
| A103  |   101 |     4 |
| A102  |    54 |     5 |
| A104  |   181 |     4 |
| A101  |   184 |     4 |
| A103  |    17 |     5 |
| A101  |   300 |     5 |
| A102  |   205 |     6 |
```

```
| A104   |    93 |     5 |
| A103   |    12 |     6 |
| A107   |    87 |     6 |
+--------+-------+-------+
10 rows in set (0.16 sec)


+--------+------+------+
| empid  | name | age  |
+--------+------+------+
| A101   | 佐藤 |   40 |
| A102   | 高桥 |   28 |
| A103   | 中川 |   20 |
| A104   | 渡边 |   23 |
| A105   | 西泽 |   35 |
+--------+------+------+
5 rows in set (0.20 sec)

Query OK, 0 rows affected (0.20 sec)
```

成功地连续执行了"SELECT * FROM tb;"和"SELECT * FROM tb1;"这两条命令。

12.2.3　创建只显示大于等于指定值的记录的存储过程

接下来试着创建带参数（→ 8.2.2 节）的存储过程。将需要处理的数据指定为（）中的参数，并执行存储过程。

在存储过程中，我们可以像下面这样编写参数。

格式 存储过程中参数的编写

```
CREATE PROCEDURE 存储过程名（参数名 数据类型）;
```

这里，我们来创建一个"显示销售额大于等于指定值的记录"的基本存储过程。

例如，当向存储过程 pr 中指定整数类型参数 d 时，存储过程就可以编写为 PROCEDURE pr (d INT)。参数 d 在 SQL 语句中的编写方式与普通数值相同。

例如，当处理下面这种情况时，

◗ **显示表 tb 中 sales 大于等于参数 d 的记录**

SQL 语句可以编写成如下形式。

```
SELECT * FROM tb WHERE sales>=d;
```

下面试着创建存储过程 pr2。如果指定整数类型的参数 d 的值执行该存储过程，表 tb 中销售额大于等于 d 的记录就会显示出来。

▶ **执行内容**

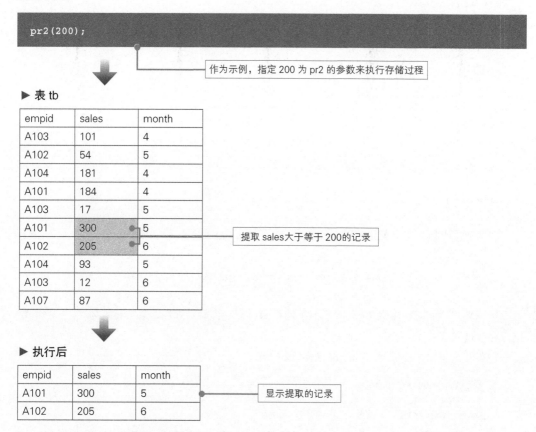

```
pr2(200);
```

作为示例，指定 200 为 pr2 的参数来执行存储过程

▶ **表 tb**

empid	sales	month
A103	101	4
A102	54	5
A104	181	4
A101	184	4
A103	17	5
A101	300	5
A102	205	6
A104	93	5
A103	12	6
A107	87	6

提取 sales 大于等于 200 的记录

▶ **执行后**

empid	sales	month
A101	300	5
A102	205	6

显示提取的记录

操作方法

执行下面的命令。

```
delimiter //
CREATE PROCEDURE pr2(d INT)
BEGIN
SELECT * FROM tb WHERE sales>=d;
END
//
delimiter ;
```

执行结果

```
mysql> delimiter //
mysql> CREATE PROCEDURE pr2(d INT)
    -> BEGIN
    -> SELECT * FROM tb WHERE sales>=d;
    -> END
    -> //
Query OK, 0 rows affected (0.02 sec)

mysql> delimiter ;
```

下面我们试着把数值 200 指定为参数来执行存储过程 pr2。在 ( ) 中输入 200 并执行 CALL。

```
CALL pr2(200);
```

执行结果

```
mysql> CALL pr2(200);
+-------+-------+-------+
| empid | sales | month |
+-------+-------+-------+
| A101  |   300 |     5 |
| A102  |   205 |     6 |
+-------+-------+-------+
2 rows in set (0.09 sec)

Query OK, 0 rows affected (0.11 sec)
```

于是，销售额大于等于 200 万元的记录显示了出来。

专栏▶ 在参数中加上 IN 的例子

如果按照上述操作方法使用参数，在参数的前面加上 IN 也会得到相同的结果（IN d INT）。相反，如果想将处理结果传给参数，则需要加上 OUT。

```
delimiter //
CREATE PROCEDURE pr2(IN d INT)
BEGIN
SELECT * FROM tb WHERE sales>=d;
END
//
delimiter ;
```

12.3　显示、删除存储过程

下面来介绍存储过程的显示方法和删除方法。

12.3.1　显示存储过程的内容

我们可以使用下面的命令来显示存储过程的内容。

格式 显示存储过程的内容

```
SHOW CREATE PROCEDURE 存储过程名 ;
```

例如，下面显示了存储过程 pr1 的内容。

执行结果（显示存储过程 pr1 的内容）

```
mysql> SHOW CREATE PROCEDURE pr1;
+-----------+-------------------------------------------------------------------+--
-----------------------------------------------------------------------------------
------------------+-------------------------+---------------+
| Procedure | sql_mode | Create Procedure
| character_set_client | collation_connection | Database Colla tion |
+-----------+-------------------------------------------------------------------+--
-----------------------------------------------------------------------------------
------------------+-------------------------+---------------+
| pr1       | STRICT_TRANS_TABLES,NO_AUTO_CREATE_USER,NO_ENGINE_SUBSTITUTION |
CREATE DEFINER=`root`@`localhost` PROCEDURE `pr1`()
BEGIN
SELECT * FROM tb;
SELECT * FROM tb1;
END | gbk                       | gbk_chinese_ci       | utf8_general_ci      |
+-----------+-------------------------------------------------------------------+--
-----------------------------------------------------------------------------------
------------------+-------------------------+---------------+
1 row in set (0.00 sec)
```

12.3.2　删除存储过程

和删除数据库、表格、视图一样，我们可以使用 DROP 命令删除存储过程。

格式　删除存储过程

```
DROP PROCEDURE 存储过程名 ;
```

下面的执行结果表示删除了存储过程 pr1。

执行结果　（删除存储过程pr1）

```
mysql> DROP PROCEDURE pr1;
Query OK, 0 rows affected (0.03 sec)
```

12.4　什么是存储函数

12.4.1　可用版本

事先说明一下，存储函数也只能在 MySQL 5.0 或更高的版本中使用。

12.4.2　什么是存储函数

如图 12-2 所示，存储函数（stored function）的思考方式和操作方法与存储过程基本相同。与存储过程唯一不同的一点是，存储函数在执行后会返回一个值。

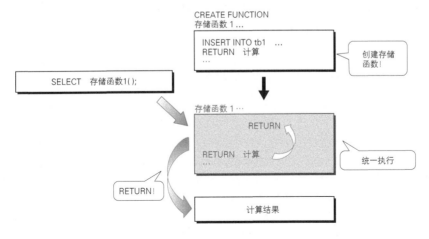

图 12-2　存储函数

正如它的名字所表达的那样，存储函数可以作为函数工作。虽然 8.2.2 节提到了 MySQL 中有许多函数，但使用存储函数可以创建自定义的函数。所以存储函数也称为用户自定义函数。

存储函数返回的值可以在 SELECT 和 UPDATE 等命令中和普通函数一样使用。

我们可以使用以下语句创建存储函数。

格式 创建存储函数

```
CREATE FUNCTION 存储函数名（参数 数据类型）RETURNS 返回值的数据类型
BEGIN
    SQL 语句 ...
    RETURN 返回值·表达式
END
```

和存储过程一样，我们可以在 () 内指定参数。即使没有指定参数，也必须加上 ()。例如，当创建了名为 fu 的存储函数时，fu() 本身将返回存储函数中 RETURN×× 的 ×× 部分。

12.5　使用存储函数

12.5.1　使用存储函数之前

如果在本书介绍的环境中 ① 使用存储函数，在使用之前需要修改一处设置。

存储函数有可能对复制（→ 11.5.3 节）和数据的恢复产生影响。因此，参数 log_bin_trust_function_creators 的初始值被设置为 0，这样就不能使用存储函数了 ②。要想使用存储函数，就需要执行下面的操作修改此设置。当然，在本书介绍的范围内修改这个设置不会产生任何问题，请大家放心。

---

① 这里指开启了二进制日志功能的环境。我们可以通过 "show variables like 'log_bin';" 命令确认是否开启了该功能。——译者注

② 在开启二进制日志功能的情况下，log_bin_trust_function_creators 参数用于控制是否可以信任存储函数创建者，防止创建写入二进制日志引起不安全事件的存储函数。默认值为 0（OFF）表示用户不能创建或修改存储函数，除非强制使用 DETERMINISTIC、READS SQL DATA 或 NO SQL 特性来声明函数，明确告知 MySQL 服务器这个函数不会修改数据。——译者注

操作方法

① 启动 MySQL 监视器，执行下面的命令。

```
SET GLOBAL log_bin_trust_function_creators=1;
```

② 确认设置是否已正确修改，执行下面的命令。

```
SHOW VARIABLES LIKE 'log_bin_trust_function_creators';
```

执行结果

```
mysql> SET GLOBAL log_bin_trust_function_creators=1;
Query OK, 0 rows affected (0.00 sec)

mysql> SHOW VARIABLES LIKE 'log_bin_trust_function_creators';
+---------------------------------+-------+
| Variable_name                   | Value |
+---------------------------------+-------+
| log_bin_trust_function_creators | ON    |
+---------------------------------+-------+
1 row in set (0.00 sec)
```

如果 log_bin_trust_function_creators 被设置成了 ON，就可以使用存储函数了。

另外，如果重新启动 MySQL，log_bin_trust_function_creators 的值将变回 OFF。如果想使用存储函数，就需要再次执行上述操作。当然，也可以通过在 MySQL 的配置文件中或者在启动 MySQL 时指定相应的内容，让 log_bin_trust_function_creators 的值始终为 ON。慎重起见，本书没有修改初期设置，而是通过修改 log_bin_trust_function_creators 的值进行了设置。

另外，使用存储函数还需要相应的权限。大家使用的 root 用户中已经包含了这个权限（Super 权限），但是普通用户就需要额外添加权限了。

12.5.2　使用存储函数计算标准体重

光看文字介绍可能不太容易理解存储函数。虽然和数据库这个主题不太相符，不过这里作为练习，我们来试着计算一下自己的标准体重。

如果 BMI=22 为标准体重，则有如下等式。

● 标准体重 = 身高（cm）× 身高（cm）× 22 /10000

　　我们试着使用这个等式来创建存储函数 ful。

　　这里我们把以厘米为单位的身高值作为参数，并指定参数名为 height，类型为整数类型。我们需要使用下面的命令在存储函数 ful 中指定 INT 类型的参数。

```
CREATE FUNCTION ful(height INT)
```

　　存储函数自身会返回值。因此，必须对存储函数自身返回的值的数据类型进行指定。存储函数 ful 返回的是包含小数的标准体重，所以我们将存储函数 ful 返回的值的数据类型指定为可以处理小数部分的 DOUBLE 类型（→ 5.2 节）。具体命令如下所示。

```
CREATE FUNCTION ful(height INT) RETURNS DOUBLE
```

　　接着在存储函数中，对输入的 height 值取平方，再乘以 22，然后除以 10000，最后通过 RETURN 返回计算出来的值。这部分内容需要用到如下命令。

```
RETURN height * height *22/10000;
```

　　下面试着创建一个自定义的标准体重处理函数。创建把以厘米为单位的身高值指定给参数 height 后，就能返回标准体重的存储函数 ful。

▶ 执行内容

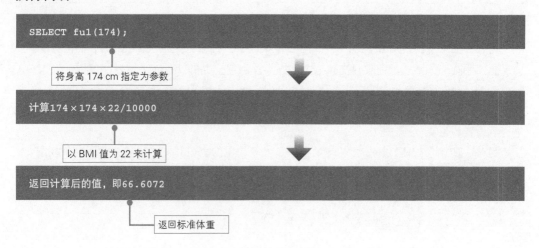

操作方法

执行下面的命令。

```
delimiter //
CREATE FUNCTION fu1(height INT) RETURNS DOUBLE
BEGIN
RETURN height * height *22/10000;
END
//
delimiter ;
```

执行结果

```
mysql> delimiter //
mysql> CREATE FUNCTION fu1(height INT) RETURNS DOUBLE
    -> BEGIN
    -> RETURN height * height *22/10000;
    -> END
    -> //
Query OK, 0 rows affected (0.00 sec)

mysql> delimiter ;
```

下面我们试着按身高 174 cm（笔者的身高）来计算一下标准体重。这次让 fu1 作为函数来返回值。因此我们不使用 CALL，而是使用 SELECT 命令来显示 fu1() 的值。() 内输入的参数值为174。

```
SELECT fu1(174);
```

执行结果

```
mysql> SELECT fu1(174);
+----------+
| fu1(174) |
+----------+
|  66.6072 |
+----------+
1 row in set (0.00 sec)
```

以笔者的身高为例，标准体重应为 66.6 kg。

12.5.3 返回记录平均值的存储函数

试着创建一个存储函数来返回某列中数据的平均值。事先创建好这样的函数，使用的时候就会非常方便。以下内容用于创建存储函数 fu2 来返回表 tb 中列 sales 的平均值。

```
CREATE FUNCTION fu2() RETURNS DOUBLE -------------------1
BEGIN
DECLARE r DOUBLE;-----------------------------------2
SELECT AVG(sales) INTO r FROM tb;------------------3
RETURN r;-------------------------------------------4
END
```

编程经验少的人可能不太明白变量的相关处理，这里我们先创建好这个存储函数。变量的含义将在后面进行介绍。

■1 的部分与前一节一样，它用于定义存储函数 fu2 的返回值为 DOUBLE 类型。

```
CREATE FUNCTION fu2() RETURNS DOUBLE
```

平均值需要通过 SELECT AVG() 来计算。这个值必须赋给变量。我们可以把变量理解为"保管值的箱子"。要想使用变量，就需要事先通过 DECLARE 定义变量。

格式 通过 DECLARE 定义变量

```
DECLARE 变量名 数据类型 ;
```

这里我们把变量名设置成了 r。平均值会输入到变量 r 中。为了能够处理小数部分，我们将数据类型指定为 DOUBLE 类型。将变量 r 定义为 DOUBLE 类型的命令为 ■2 所指的部分，即

```
DECLARE r DOUBLE;
```

下面的 SQL 语句用于从表 tb 中提取列 sales 的平均值（→ 8.2.2 节）。

```
SELECT AVG(sales) FROM tb;
```

把 AVG(sales) 赋给 DECLARE 中定义的变量 r 时需要使用 INTO。于是，SQL 语句就变成了 ■3 所指的部分，即

```
SELECT AVG(sales) INTO r FROM tb;
```

这样，平均值就输入到了变量 r 中。我们可以使用 ■4 的 RETURN 让这个平均值作为存储函数的值返回。

```
RETURN r;
```

我们来实际操作一下。试着创建存储函数 fu2，将表 tb 中列 sales 的平均值作为 DOUBLE 类型的值返回。

▶ **执行内容**

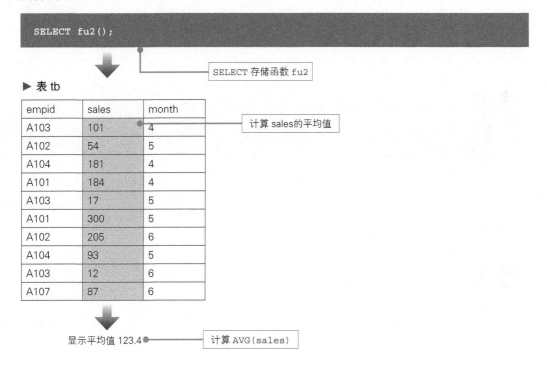

```
SELECT fu2();
```

SELECT 存储函数 fu2

▶ 表 tb

empid	sales	month
A103	101	4
A102	54	5
A104	181	4
A101	184	4
A103	17	5
A101	300	5
A102	205	6
A104	93	5
A103	12	6
A107	87	6

计算 sales的平均值

显示平均值 123.4 ● ── 计算 AVG(sales)

操作方法

执行下面的命令。

```
delimiter //
CREATE FUNCTION fu2() RETURNS DOUBLE
BEGIN
DECLARE r DOUBLE;
SELECT AVG(sales) INTO r FROM tb;
RETURN r;
END
//
delimiter ;
```

执行结果

```
mysql> delimiter //
mysql> CREATE FUNCTION fu2() RETURNS DOUBLE
    -> BEGIN
    -> DECLARE r DOUBLE;
    -> SELECT AVG(sales) INTO r FROM tb;
    -> RETURN r;
    -> END
    -> //
Query OK, 0 rows affected (0.05 sec)

mysql> delimiter ;
```

创建好存储函数 fu2 后，试着使用 SELECT 命令显示平均值。

```
SELECT fu2();
```

执行结果

```
mysql> SELECT fu2();
+-------+
| fu2() |
+-------+
| 123.4 |
+-------+
1 row in set (0.06 sec)
```

平均值 123.4 显示了出来。

12.5.4 显示和删除存储函数

存储函数的显示方法和删除方法与存储过程相同（→ 12.3 节）。

格式 删除存储函数

```
DROP FUNCTION 存储函数名 ;
```

格式 显示存储函数的内容

```
SHOW CREATE FUNCTION 存储函数名 ;
```

执行结果

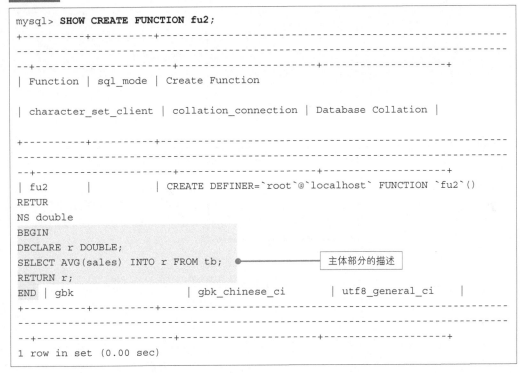

```
mysql> SHOW CREATE FUNCTION fu2;
+----------+----------+-----------------------------------------------
-----------------------------------------------------------------------
--+--------------------+----------------------+-------------------+
| Function | sql_mode | Create Function

| character_set_client | collation_connection | Database Collation |

+----------+----------+-----------------------------------------------
-----------------------------------------------------------------------
--+--------------------+----------------------+-------------------+
| fu2      |          | CREATE DEFINER=`root`@`localhost` FUNCTION `fu2`()
RETUR
NS double
BEGIN
DECLARE r DOUBLE;
SELECT AVG(sales) INTO r FROM tb;      ●─────────── 主体部分的描述
RETURN r;
END | gbk                   | gbk_chinese_ci        | utf8_general_ci   |
+----------+----------+-----------------------------------------------
-----------------------------------------------------------------------
--+--------------------+----------------------+-------------------+
1 row in set (0.00 sec)
```

12.6 什么是触发器

12.6.1 什么是触发器

触发器（trigger）是一种对表执行某操作后会触发执行其他命令的机制。

当执行 INSERT、UPDATE 和 DELETE 等命令时，作为触发器提前设置好的操作也会被执行。例如，创建一个触发器，当某表的记录发生更新时，就以此为契机将更新的内容记录到另一个表中（见图 12-3）。

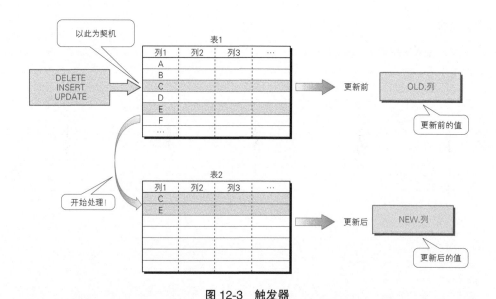

图 12-3　触发器

触发器也常作为处理的记录或者处理失败时的备份使用。

触发器是一个非常强大的功能，只通过文字介绍很难了解到这个功能有哪些优点。我们先创建一个触发器来体验一下。

这里我们来创建一个"如果删除了表中的记录，被删除的记录就会复制到其他表中"的触发器。也就是说，如果对表 tb1 执行 "DELETE FROM tb1 ...;" 命令，被删除的记录就会全部插入到表 tb1_from 中。这样一来，我们就可以随时恢复已删除的记录了。

请事先创建一个空表 tb1_from 用于插入表 tb1 中删除的记录。我们可以通过复制表 tb1 的列结构来创建这个表（→ 7.3.1 节）。

```
CREATE TABLE tb1_from LIKE tb1;
```

12.7　创建触发器

触发器会在对表执行 INSERT、UPDATE 和 DELETE 等命令之前（BEFORE）或之后（AFTER）被调用和执行。

12.7.1　触发器被触发的时机

触发器被触发的时机包括以下两种。

▶ **触发器被触发的时机**

BEFORE	在对表进行处理之前触发
AFTER	在对表进行处理之后触发

另外，对表进行处理之前的列值和对表进行处理之后的列值，可以像下面这样通过 "OLD.列名" "NEW.列名" 获得。

▶ **列值**

OLD.列名	对表进行处理之前的列值
NEW.列名	对表进行处理之后的列值

也就是说，执行 INSERT、UPDATE 和 DELETE 命令之前的列值可以通过 "OLD.列名" 获得，执行这些命令之后的列值可以通过 "NEW.列名" 获得。

但是，根据命令的不同，有的列值可以取出来，有的列值不能取出来。在表 12-1 中，○表示可以取出来的列值。

表 12-1 触发器执行前后，列值是否可以取出来

命令	执行前（OLD.列名）※ 使用 BEFORE	执行后（NEW.列名）※ 使用 AFTER
INSERT	×	○
DELETE	○	×
UPDATE	○	○

12.7.2 创建触发器

实际操作一下会更容易理解。创建触发器的具体命令如下所示。

格式 创建触发器

```
CREATE TRIGGER 触发器名 BEFORE（或者 AFTER）DELETE 等命令
ON 表名 FOR EACH ROW
BEGIN
    使用更新前（OLD.列名）或者更新后（NEW.列名）的处理
END
```

在触发器主体的描述中，各个命令的末尾需要加上 ";"。与创建存储过程时相同，我们需要事先将分隔符改为 "//" 等（→ 12.2.1 节）。

下面来创建将表 tb1 中删除的记录插入到表 tb1_from 中的触发器。

▶ 执行内容

创建将表 tb1 中删除的记录插入到表 tb1_from 中的触发器

▶ 表 tb1

empid	name	age
A101	佐藤	40
A102	高桥	28
A103	中川	20
A104	渡边	23
A105	西泽	35

删除表 tb1 的记录

▶ 执行删除操作后的表 tb1

empid	name	age
A101	佐藤	40
A102	高桥	28
A103	中川	20

删除的记录

▶ （执行后）将删除的记录插入到表 tb_from 中

empid	name	age
A104	渡边	23
A105	西泽	35

任何时候都可以恢复！

操作方法

执行下面的命令。

```
delimiter //
CREATE TRIGGER tr1 BEFORE DELETE ON tb1 FOR EACH ROW
BEGIN
INSERT INTO tb1_from VALUES(OLD.empid,OLD.name,OLD.age);
END
//
delimiter ;
```

执行结果

```
mysql> delimiter //
mysql> CREATE TRIGGER tr1 BEFORE DELETE ON tb1 FOR EACH ROW
    -> BEGIN
    -> INSERT INTO tb1_from VALUES(OLD.empid,OLD.name,OLD.age);
    -> END
    -> //
Query OK, 0 rows affected (0.08 sec)

mysql> delimiter ;
```

触发器创建成功了。具体内容将在 12.7.3 节进行介绍。我们先来体验一下触发器的效果。

现在，表 tb1 中删除的记录应该能够插入到表 tb1_from 中了。不管是 1 条记录还是 2 条记录，触发器都会进行处理，所以我们干脆把所有记录都删掉。

```
DELETE FROM tb1;
```

首先试着使用"SELECT * FROM tb1;"命令确认记录是否真的被删除了。

执行结果

```
mysql> DELETE FROM tb1;
Query OK, 5 rows affected (0.14 sec)

mysql> SELECT * FROM tb1;
Empty set (0.00 sec)
```

执行结果中显示了 Empty set，没有显示任何记录。表 tb1 中已经没有记录了。那么，设置的触发器是否正常工作了呢？下面，我们来看一下表 tb1_from 中的内容。

```
SELECT * FROM tb1_from;
```

执行结果

```
mysql> SELECT * FROM tb1_from;
+-------+------+------+
| empid | name | age  |
+-------+------+------+
| A101  | 佐藤  |   40 |
| A102  | 高桥  |   28 |
| A103  | 中川  |   20 |
| A104  | 渡边  |   23 |
| A105  | 西泽  |   35 |
+-------+------+------+
5 rows in set (0.05 sec)
```

和我们预想的一样，删除的记录插入到了表 tb1_from 中。（SELECT 显示的顺序可能会发生改变。）由此可见，触发器正常工作了。在没有正常工作的情况下，请确认一下输入历史。大多是编写错误所致。如 12.8.1 节所示，我们可以使用 SHOW 命令来确认触发器的内容。如果发现触发器 tr1 的内容有问题，请使用"DROP TRIGGER tr1;"予以删除（→ 12.8.2 节），然后重新创建触发器。

下面将插入到表 tb1_from 中的记录恢复到原来的表 tb1 中。我们可以使用下面的命令进行复制（→ 7.5 节）。

```
INSERT INTO tb1 SELECT * FROM tb1_from;
```

12.7.3　触发器的内容

下面看一下触发器的内容。

```
CREATE TRIGGER tr1 BEFORE DELETE ON tb1 FOR EACH ROW
BEGIN
INSERT INTO tb1_from VALUES(OLD.empid,OLD.name,OLD.age);
END
//
```

首先为表 tb1 的 DELETE 命令设置触发器 tr1。因为要对删除之前（BEFORE）的值进行 INSERT，所以 CREATE TRIGGER 的部分需要编写成下面这样。

```
CREATE TRIGGER tr1 BEFORE DELETE ON tb1 FOR EACH ROW
```

提取删除记录前（BEFORE）的列值（OLD. 列名），并将其插入表 tb1_from 中。表 tb1_from 由列 empid、列 name 和列 age 组成，所以删除记录前的列值分别为 OLD.empid、OLD.name 和 OLD.age。

因为要使用 INSERT 命令将这些列值插入到表 tb1_from 中，所以触发器需要描述成下面这样。

```
INSERT INTO tb1_from VALUES(OLD.empid,OLD.name,OLD.age);
```

该触发器的主体部分用 BEGIN 和 END 括了起来。

12.8 确认和删除触发器

12.8.1 确认设置的触发器

触发器是自动启动的。为了避免无意间执行相关处理，我们需要在管理上多加注意。必须对当前设置的触发器及其内容有充分的了解。

我们可以使用 SHOW TRIGGERS 命令确认当前设置的触发器。

格式 确认触发器

```
SHOW TRIGGERS;
```

执行结果

```
mysql> SHOW TRIGGERS;
-> ;
+---------+--------+-------+------------------------------------------
------------------+--------+--------+------------------------------------
-------------------+-------------+--------------------+---------------------
---+-------------------+
| Trigger | Event  | Table | Statement
| Timing  | Created | sql_mode
| Definer       | character_set_client | collation_connecti
on | Database Collation |
+---------+--------+-------+------------------------------------------
------------------+--------+--------+------------------------------------
-------------------+-------------+--------------------+---------------------
---+-------------------+
| tr1     | DELETE | tb1   | BEGIN
INSERT INTO tb1_from VALUES(OLD.empid,OLD.name,OLD.age);
END | BEFORE | NULL   | STRICT_TRANS_TABLES,NO_AUTO_CREATE_USER,NO_ENGINE_
SUBST
ITUTION | root@localhost | gbk              | gbk_chinese_ci      | utf8_ge
neral_ci    |
+---------+--------+-------+------------------------------------------
------------------+--------+--------+------------------------------------
-------------------+-------------+--------------------+---------------------
---+-------------------+
1 row in set (0.14 sec)
```

触发器 tr1

触发器 tr1的主体

12.8.2 删除触发器

为了防止意外执行处理，我们需要删除不需要的触发器。

格式 删除触发器

```
DROP TRIGGER 触发器名 ;
```

试着删除触发器 tr1。请执行以下操作。

```
DROP TRIGGER tr1;
```

执行结果

```
mysql> DROP TRIGGER tr1;
Query OK, 0 rows affected (0.05 sec)
```

这样，触发器 tr1 就被删除了。试着通过"SHOW TRIGGERS；"命令进行确认。

执行结果

```
mysql> SHOW TRIGGERS;
Empty set (0.05 sec)
```

12.9 总结

本章介绍了以下内容。

● 存储过程的含义和创建方法
● 存储函数的含义和创建方法
● 存储过程和存储函数中参数的处理方法
● 触发器的含义和创建方法
● 触发器能够提取的列的数据种类和触发时机

我们知道了存储过程是将多个处理统一执行的集合。如果利用存储过程统一执行服务器上的处理，就可以减少客户端和服务器之间的通信。也就是说，存储过程可以提高整个处理过程的效率。此外，事先将处理汇总到一起能够有效防止执行顺序发生错误。

▶ **自我检查**

下面检查一下本章学习的内容是否全部理解并掌握了。

☐ 能够使用 **CREATE PROCEDURE** 创建存储过程并使用 **CALL** 来执行
☐ 能够自由地更改分隔符
☐ 能够创建带参数存储过程
☐ 能够创建存储函数
☐ 能够创建返回 **SELECT** 的值的存储函数
☐ 能够使用 **CREATE TRIGGER** 创建触发器
☐ 能够通过 **BEFORE**、**AFTER** 提取执行前和执行后的列值

▶ **练习题**

问题 1

请使用下面的表 tb，创建如果指定 4 ~ 6 月任意一个月（month）的数值给参数 t（INT 类型），就返回该月销售额（sales）总和（INT 类型）的存储函数 f_sales。

▶ **表 tb**

empid	sales	month
A103	101	4
A102	54	5
A104	181	4
A101	184	4
A103	17	5
A101	300	5
A102	205	6
A104	93	5
A103	12	6
A107	87	6

 这是一个实用的存储函数。试着回想一下参数和内部处理中使用的变量的设置方法，以及使用 RETURN 返回值的方法。

▶ **参考答案**

问题 1

执行下面的命令。

```
delimiter //
CREATE FUNCTION f_sales(t INT) RETURNS INT
BEGIN
DECLARE u INT;
SELECT SUM(sales) INTO u FROM tb WHERE month=t;
RETURN u;
END
//
delimiter ;
```

执行结果

```
mysql> delimiter //
mysql> CREATE FUNCTION f_sales(t INT) RETURNS INT
    -> BEGIN
    -> DECLARE u INT;
    -> SELECT SUM(sales) INTO u FROM tb WHERE month=t;
    -> RETURN u;
    -> END
    -> //
Query OK, 0 rows affected (0.05 sec)

mysql> delimiter ;
mysql> SELECT  f_sales(4);
+------------+
| f_sales(4) |
+------------+
|        466 |
+------------+
1 row in set (0.02 sec)
```

如果无法执行命令，请确认变量 log_bin_trust_function_creators 的值是否设置成了 1（→ 12.5.1 节）。

第13章 熟练使用事务

将一系列操作作为单个逻辑工作单元处理的事务，是数据库运用过程中不可或缺的功能。本章将结合 MySQL 独有的存储引擎的设置对事务进行介绍。

13.1 什么是存储引擎

13.1.1 什么是存储引擎

在学习事务之前，我们需要了解一下 MySQL 中的存储引擎（storage engine）。

MySQL 的功能大致分为两种。

一个是连接客户端和提前检查 SQL 语句内容的功能，即数据库处理的"前台"部分。另一个是根据前台部分的指示，完成查询和文件操作等工作的功能，即"后台"部分。这个后台部分称为存储引擎（见图 13-1）。

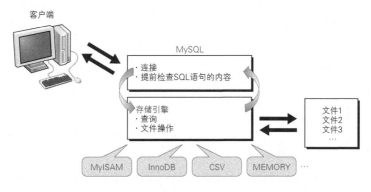

图 13-1 存储引擎

13.1.2 存储引擎的种类

MySQL 中预置了多个存储引擎，用户可以根据使用目的和个人喜好进行选择。另外，每个表都可以单独指定存储引擎，比如"A 表是○○存储引擎，B 表 × × 存储引擎"。

存储引擎相互独立且允许用户自主进行选择，正是 MySQL 的特征。

目前 MySQL 中可以使用的存储引擎主要有以下几种（见表 13-1）。

表 13-1 MySQL 中可以使用的主要存储引擎

存储引擎	特征
MyISAM	以前版本中的默认存储引擎。虽然能够高速运行，但不支持事务和外键
InnoDB	MySQL 5.5 或更高版本的默认存储引擎。是唯一一个支持事务的存储引擎。本书使用的就是这个存储引擎
BLACKHOLE	写入的任何数据都会消失，查询始终返回空结果。主要用于复制
MERGE	将多个 MyISAM 表作为一个表进行处理。也称为 MRG_MyISAM
CSV	将数据的实体保存为 CSV（逗号分隔）格式的文本文件。该文件可以直接通过 Excel 等打开
MEMORY	因为数据全部存储在了内存中，所以处理速度非常快。主要作为从临时工作区和其他表中提取的数据的读取专用缓存使用。不支持事务
ARCHIVE	虽然可以通过压缩来存储大量数据，但是仅支持 INSERT 和 SELECT

本书使用了默认存储引擎 InnoDB。事实上，到 MySQL 5.4 为止的版本中，默认存储引擎都是 MyISAM。虽然 MyISAM 比当时的 InnoDB 的处理速度快，但遗憾的是它不支持事务。因此，当时也出现了"不使用事务的话就选 MyISAM，使用事务的话就选 InnoDB"这样的使用方式。但现在 InnoDB 的处理速度也变得很快了，所以我们不需要考虑使用 MyISAM。

如果使用方法比较复杂，就需要对每一个存储引擎进行更为细致的调优，同时还要研究新的存储引擎。但本书以夯实基本功为目标，所以现阶段使用 InnoDB 即可。

不过，存储引擎的功能正在迅速发展。从使用 MySQL 的角度来看，我们需要选择最适合的存储引擎。所以我们要掌握更改存储引擎的方法以备将来使用。

13.2 设置存储引擎

本书使用的是默认设置的存储引擎 InnoDB。如果使用了 MySQL 5.4 或 5.4 之前的版本，或者使用了其他存储引擎，就需要修改设置。在这种情况下，可以参考操作手册等修改 my.ini 的设置，使 InnoDB 变得可用。

13.2.1 确认存储引擎

下面试着确认一下我们用过的表的存储引擎。显示表的详细信息需要使用 SHOW CREATE TABLE 命令。

```
SHOW CREATE TABLE tb;
```

执行结果

```
mysql> SHOW CREATE TABLE tb;
+-------+----------------------------------------
------------------------------------------------
------+
| Table | Create Table

|
+-------+----------------------------------------
------------------------------------------------
------+
| tb    | CREATE TABLE `tb` (
`empid` varchar(20) DEFAULT NULL,
`sales` int(11) DEFAULT NULL,
`month` int(11) DEFAULT NULL
) ENGINE=InnoDB DEFAULT CHARSET=utf8 |
+-------+----------------------------------------
------------------------------------------------
------+
1 row in set (0.25 sec)
```

我们可以在 ENGINE=×× 的部分确认存储引擎。通过执行结果可知，在上面的示例中，表 tb
使用了 InnoDB。当创建表时，尤其在未指定存储引擎的情况下，将会选择默认的 InnoDB。

专栏▶ 使用 "\G" 代替 ";"

像 "SHOW CREATE TABLE tb;" 这样的命令，1 行中会显示很多数据，所以易读性较差。这时可以在命
令的末尾使用 "\G" 代替 ";"。"G" 一定要大写。

使用 "\G" 之后，显示出来的结果就能像下面这样按列纵向显示，更易于阅读。

```
mysql> SHOW CREATE TABLE tb \G
*************************** 1. row ***************************
       Table: tb
Create Table: CREATE TABLE `tb` (
  `empid` varchar(20) DEFAULT NULL,
  `sales` int(11) DEFAULT NULL,
  `month` int(11) DEFAULT NULL
  KEY `my_ind` (`empid`)
) ENGINE=InnoDB DEFAULT CHARSET=utf8
1 row in set (0.00 sec)
```

在 SELECT 等命令中，当列的数量较多或者显示的项目较长时，这个技巧就会发挥出很大的作用。请大家
务必记住这个技巧。

13.2.2 修改存储引擎

表的存储引擎可以修改。作为示例，我们试着将表 tb1B 的存储引擎由 InnoDB 修改为 MyISAM。

我们可以使用 ALTER TABLE 命令修改存储引擎。

格式 将存储引擎修改为 MyISAM

```
ALTER TABLE 表名 ENGINE=MyISAM;
```

试着执行一下。

执行结果

```
mysql> ALTER TABLE tb1B ENGINE=MyISAM;
Query OK, 9 rows affected (0.91 sec)
Records: 9  Duplicates: 0  Warnings: 0
```

即使显示了 Query OK，存储引擎也可能没有被修改。所以一定要执行 "SHOW CREATE TABLE tb1B;" 来确认存储引擎已被成功修改为 MyISAM。

执行结果

```
mysql> SHOW CREATE TABLE tb1B;
+-------+-------------------------------------------
-------------------------------------------
---------+
| Table | Create Table

         |
+-------+-------------------------------------------
-------------------------------------------
---------+
| tb1B  | CREATE TABLE `tb1b` (
  `empid` varchar(10) DEFAULT NULL,
  `name` varchar(10) DEFAULT NULL,
  `age` int(11) DEFAULT NULL
) ENGINE=MyISAM DEFAULT CHARSET=utf8 |
+-------+-------------------------------------------
-------------------------------------------
---------+
1 row in set (0.03 sec)
```

13.3 什么是事务

在介绍事务的时候经常会提到的一个例子就是存取款处理。

假设 hoge 先生想把账户上的 10 万元转到 piyo 先生的账户上。这时就需要从 hoge 先生的账户余额中扣除 10 万元，给 piyo 先生的账户余额加上 10 万元。

如果从 hoge 先生的账户余额中扣除 10 万元时发生了错误，会出现什么样的情况？结果就是在没有将 10 万元转给 piyo 先生的状态下，hoge 先生账户中的 10 万元不翼而飞（见图 13-2）。这种情况绝对不能在存取款处理中出现。

因此，"扣除 10 万元"和"增加 10 万元"的操作应该作为一个不可分割的整体来处理。如果"增加 10 万元"的操作失败，那么"扣除 10 万元"的操作也应该取消掉（见图 13-3）。这样至少可以避免 10 万元凭空消失的情况发生。

如上所述，将多个操作作为单个逻辑工作单元处理的功能称为事务（transaction）。将事务开始之后的处理结果反映到数据库中的操作称为提交（commit），不反映到数据库中而是恢复为原来状态的操作称为回滚（rollback）。

习惯了个人计算机的处理之后，经常会觉得只要按下 Ctrl+Z，就能恢复原状（UNDO）。但是在数据库的世界中，除非开启了事务处理，否则数据修改之后是无法恢复原状的。

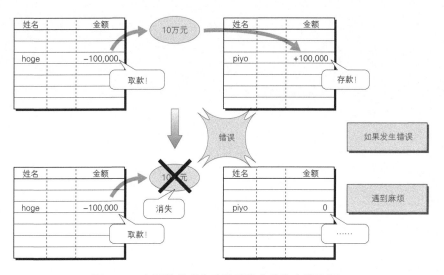

图 13-2　存取款处理失败导致资金消失会很麻烦！

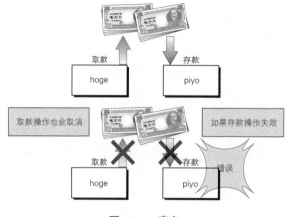

图 13-3 事务

13.4　使用事务

下面试着体验一下事务的功能。这里，我们删除销售信息表 tb 中的所有记录，然后试着执行回滚处理。

13.4.1　执行前的注意事项

删除重要的数据后如果无法复原就麻烦了，所以在做事务的相关练习时，一定要使用无关紧要的数据。此外，DROP 等命令是不能执行回滚操作的（无法复原），这一点需要大家注意（→ 13.5.3 节）。

另外，存储引擎为 MyISAM 的表无法使用事务功能。确认表 tb 的存储引擎是默认的 InnoDB 之后再使用事务（→ 13.2.2 节）。

13.4.2　开启事务

首先，试着显示表 tb 中的数据。

执行结果

```
mysql> SELECT * FROM tb;
+-------+-------+-------+
| empid | sales | month |
+-------+-------+-------+
| A103  |   101 |     4 |
```

```
| A102   |    54 |     5 |
| A104   |   181 |     4 |
| A101   |   184 |     4 |
| A103   |    17 |     5 |
| A101   |   300 |     5 |
| A102   |   205 |     6 |
| A104   |    93 |     5 |
| A103   |    12 |     6 |
| A107   |    87 |     6 |
+-------+-------+-------+
10 rows in set (0.13 sec)
```

所有的数据都在。

下面开启事务。开启事务时使用 START TRANSACTION。试着执行该命令。

格式 开启事务

```
START TRANSACTION;
```

或者可以输入 BEGIN 或 BEGIN WORK。请确认执行结果中是否像下面这样显示了 Query OK 消息。

执行结果

```
mysql> START TRANSACTION;
Query OK, 0 rows affected (0.07 sec)
```

如果未显示 Query OK，则表示事务未启动，操作不会撤销。

下面试着删除表 tb 中所有的记录。

```
DELETE FROM tb;
```

执行结果

```
mysql> DELETE FROM tb;
Query OK, 10 rows affected (0.13 sec)
```

因为没有加上 WHERE 等条件，所以表 tb 中的所有记录都会被删除。

此时表的一部分功能会加锁（lock）。因此，在其他会话中不能对该表执行 INSERT 等操作。假设这时我们再启动一个命令提示符，并在 MySQL 监视器上对表 tb 执行 INSERT。在这种情况下，只有在开启了事务的 MySQL 监视器中执行了 "COMMIT;" 或 "ROLLBACK;"，才能进行其他的会话处理。

13.4.3 确认表的内容

现在表 tb 中应该没有记录了。我们来确认一下。请在开启了事务的 MySQL 监视器中对表的内容进行确认。(此时如果在其他命令提示符下使用 MySQL 监视器执行 SELECT，就会看到记录还在表中。)

```
SELECT * FROM tb;
```

执行结果

```
mysql> SELECT * FROM tb;
Empty set (0.00 sec)
```

执行结果中显示了 Empty Set，它表示没有记录。那么删除的记录真的能够复原吗？真是令人紧张。

▶ **回滚复原**

下面来复原记录。这时需要使用 ROLLBACK 命令。

格式 回滚（复原）

```
ROLLBACK;
```

执行结果

```
mysql> ROLLBACK;
Query OK, 0 rows affected (0.05 sec)
```

这样，DELETE 命令的结果应该就不会反映到数据库中了。试着用 SELECT 命令确认一下结果。

执行结果

```
mysql> SELECT * FROM tb;
+-------+-------+-------+
| empid | sales | month |
+-------+-------+-------+
| A103  |   101 |     4 |
| A102  |    54 |     5 |
| A104  |   181 |     4 |
| A101  |   184 |     4 |
| A103  |    17 |     5 |
| A101  |   300 |     5 |
| A102  |   205 |     6 |
| A104  |    93 |     5 |
| A103  |    12 |     6 |
| A107  |    87 |     6 |
+-------+-------+-------+
10 rows in set (0.00 sec)
```

可以看到，记录被顺利复原了。终于可以放心了。

当执行"ROLLBACK;"时，事务会被关闭。下次再练习时，务必使用"START TRANSACTION;"开启事务。

在上面的示例中如果执行"COMMIT;"代替"ROLLBACK;"，删除记录的结果就会提交（反映）到数据库中，所有的记录都会被永久删除。

格式 提交（反映）

```
COMMIT;
```

13.5 自动提交功能

在 MySQL 中执行命令，处理通常会直接提交。也就是说，所有命令都会自动 COMMIT。特别是在 MySQL 5.5 之前默认使用的 MyISAM 中，由于没有事务这项功能，所有的命令都会被提交。

这种自动进行提交的功能，称为自动提交功能（auto commit）（见图 13-4）。

在默认状态下，自动提交功能处于开启状态。但是，当存储引擎为 InnoDB 时，如果执行了 START TRANSACTION（或 BEGIN），在执行 COMMIT 命令之前就不会提交。多亏了这个功能，回滚操作（ROLLBACK）才得以执行。

用户也可以强制将自动提交功能设置为关闭。如果关闭了自动提交功能，即使执行 SQL 语句也不会自动提交，必须通过 COMMIT 进行提交，或者通过 ROLLBACK 进行复原。

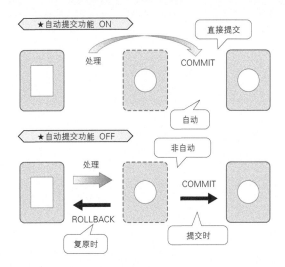

图 13-4　自动提交功能

13.5.1 关闭自动提交功能

下面试着关闭自动提交功能。

我们需要执行下面的"SET AUTOCOMMIT=0;"命令来关闭自动提交功能。

格式 关闭自动提交功能

```
SET AUTOCOMMIT=0;
```

执行结果

```
mysql> SET AUTOCOMMIT=0;
Query OK, 0 rows affected (0.09 sec)
```

这样就关闭了自动提交功能。但是，DELETE 命令总让人感到有些不安，所以这里我们执行一下 INSERT 命令，选用适当的值即可。

```
INSERT INTO tb VALUES('test',555,555);
```

执行结果

```
mysql> INSERT INTO tb VALUES('test',555,555);
Query OK, 1 row affected (0.02 sec)
```

试着确认一下内容。执行"SELECT * FROM tb;"命令就能显示出 INSERT 的记录了。

执行结果

```
mysql> SELECT * FROM tb;
+-------+-------+-------+
| empid | sales | month |
+-------+-------+-------+
| A103  |   101 |     4 |
| A102  |    54 |     5 |
| A104  |   181 |     4 |
| A101  |   184 |     4 |
| A103  |    17 |     5 |
| A101  |   300 |     5 |
| A102  |   205 |     6 |
| A104  |    93 |     5 |
| A103  |    12 |     6 |
| A107  |    87 |     6 |
| test  |   555 |   555 |
+-------+-------+-------+
11 rows in set (0.04 sec)
```

那么，回滚操作能否执行成功呢？

```
ROLLBACK;
```

这时如果执行"SELECT * FROM tb;"，INSERT 的记录就不会显示出来。

执行结果

```
mysql> SELECT * FROM tb;
+-------+-------+-------+
| empid | sales | month |
+-------+-------+-------+
| A103  |   101 |     4 |
| A102  |    54 |     5 |
| A104  |   181 |     4 |
| A101  |   184 |     4 |
| A103  |    17 |     5 |
| A101  |   300 |     5 |
| A102  |   205 |     6 |
| A104  |    93 |     5 |
| A103  |    12 |     6 |
| A107  |    87 |     6 |
+-------+-------+-------+
10 rows in set (0.00 sec)
```

可以看到数据没有自动提交。要想提交实际修改的数据，必须执行"COMMIT;"。

有些人可能认为如果总是将自动提交功能设置成关闭状态就可以随时执行回滚操作了。需要注意的是，在自动提交功能关闭的状态下，如果没有进行 COMMIT 就退出 MySQL，工作内容就不会反映到数据库中。

13.5.2　启动已关闭的自动提交功能

下面将介绍如何启动已关闭的自动提交功能。请大家按照以下操作将自动提交功能恢复为原来的启动状态。

```
SET AUTOCOMMIT=1;
```

执行结果

```
mysql> SET AUTOCOMMIT=1;
Query OK, 0 rows affected (0.00 sec)
```

我们可以通过 SELECT @@AUTOCOMMIT 确认当前自动提交功能的模式。如果是开启状态，则显示为 "1"，如果是关闭状态，则显示为 "0"。

13.5.3　事务的使用范围

启用事务之后，并不是所有操作都可以通过回滚复原。例如，下面这些命令就会被自动提交。

- DROP DATABASE
- DROP TABLE
- DROP VIEW
- ALTER TABLE

即使开启了事务也有不能复原的情况，这一点需要注意。

13.6　总结

本章介绍了以下内容。

- 什么是存储引擎，都有哪些存储引擎
- 什么是事务
- 开启事务的方法
- 提交和回滚的方法
- 什么是自动提交功能

能够自由选择存储引擎也是 MySQL 的魅力之一。我们可以使用 SHOW ENGINES \G 显示当前可用的存储引擎。由此至少可以知道，在本书使用的环境中支持事务的存储引擎只有 InnoDB。

▶ 自我检查

下面检查一下本章学习的内容是否全部理解并掌握了。

- □ 理解了存储引擎的相关内容
- □ 能够开启事务
- □ 能够显式地进行提交或者回滚

☐ 了解了自动提交功能并能够对其进行设置
☐ 知道哪些命令无法回滚

 练习题

问题 1

存储引擎为 InnoDB 的表 t_tran 如下所示。开启事务并执行 "UPDATE t_tran SET a=777;" 后，在没有提交的情况下直接退出 MySQL 监视器。之后，再次启动 MySQL 监视器，确认数据的变化情况。

▶ 表 t_tran

列名	a
列的数据类型	INT
列的内容	100

> **HINT** 这只是一个实验而已。确认表 t_tran 的存储引擎为 InnoDB 后再执行相关操作（→ 13.2.1 节）。

参考答案

问题 1

执行下面的命令。

① 确认表 t_tran 的内容（a 为 100）。

```
mysql> SELECT * FROM t_tran;
+------+
| a    |
+------+
|  100 |
+------+
1 row in set (0.00 sec)
```

② 开启事务。

```
mysql> START TRANSACTION;
Query OK, 0 rows affected (0.00 sec)
```

③ 执行 UPDATE 并确认执行后的数据（a 被修改为 777）。

```
mysql> UPDATE t_tran SET a=777;
Query OK, 1 row affected (0.06 sec)
Rows matched: 1   Changed: 1   Warnings: 0

mysql> SELECT * FROM t_tran;
+------+
| a    |
+------+
|  777 |
+------+
1 row in set (0.00 sec)
```

④ 通过 exit 命令退出 MySQL 监视器。

⑤ 启动 MySQL 监视器并确认表 t_tran 的内容（a 恢复为原来的 100。把 a 修改为 777 的处理作废）。

```
mysql> SELECT * FROM t_tran;
+------+
| a    |
+------+
|  100 |
+------+
1 row in set (0.00 sec)
```

如果没有提交事务就退出 MySQL 监视器，修改的内容就会作废。也就是说，如果在未提交事务的情况下关闭连接，事务将自动回滚。

第14章 使用文件进行交互

在 MySQL 监视器这种基于 CUI（仅限于字符）的环境中执行复杂的 SQL 语句，或者插入所有数据是有一定局限性的。

本章就来总结一下使用文件处理数据的方法。

14.1 从文本文件中读取数据（导入）

当把大量数据输入到表中时，如果打开 MySQL 监视器用键盘手动输入所有数据，就会耗费非常多的时间和精力。

在需要输入成千上万条数据的情况下，我们可以使用 CSV（Comma Separated Values，逗号分隔值）格式的文本文件进行输入，这种读取文件的方式称为导入（import）。

14.1.1 CSV 文件

正如逗号分隔值这个名字所表达的那样，在 CSV 文件中，数据是用逗号隔开的，文件内容仅包含文本（见图 14-1）。

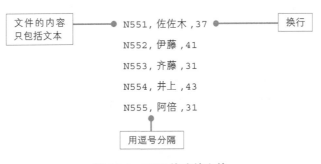

图 14-1　CSV 格式的文件

每条记录都通过换行符用单独的一行表示（见图 14-2）。

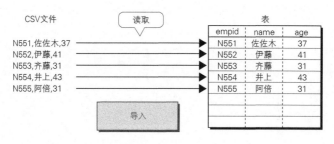

图 14-2　导入

14.1.2　导入和导出的准备

如果没有根据 MySQL 的版本更新配置文件，就无法导入或导出文件。MAMP 3.3.1 中包含的
MySQL 也需要更新。当然，如果在没有拥有相应权限的情况下对服务器上的文件进行读取和写入，
就可能会出现安全方面的问题。

本书作为一本入门书，没有对 MySQL 的用户权限进行说明，所以我们选择用最简单的方法导
入和导出文件。请按照 2.4.2 节所述，从 C:\MAMP\conf\mysql 这个路径打开 MySQL 的设置文件
my.ini。然后在第 41 行附近添加下面的红字部分。

代码清单 14-1　修改 my.ini

```
...
# The MySQL server
[mysqld]
port  = 3306
socket  = mysql
skip-external-locking
key_buffer_size = 16M
max_allowed_packet = 1M
table_open_cache = 64
sort_buffer_size = 512K
net_buffer_length = 8K
read_buffer_size = 256K
read_rnd_buffer_size = 512K
myisam_sort_buffer_size = 8M
basedir = C:/MAMP/bin/mysql/
datadir = C:/MAMP/db/mysql/
character-set-server=utf8
secure-file-priv = ""
...
```

保存文件后，请在 MAMP 的启动画面中重新启动服务器。然后，启动 MySQL 监视器，执行下面的命令。如果列上没有显示任何内容，则表示成功。

执行结果

```
mysql> SELECT @@global.secure_file_priv;
+---------------------------+
| @@global.secure_file_priv |
+---------------------------+
|                           |
+---------------------------+
1 row in set (0.00 sec)
```

@@global 是用于引用 MySQL 系统全局变量的关键字。连接到这个 MySQL 服务器的所有客户端都会引用系统全局变量的值，secure_file_priv 用于指定允许导入、导出文件的路径。如果指定为空字符串 ""，那么任何路径都可以导入或导出文件。如果指定为 NULL，则不能导入或导出文件。

14.1.3 导入文件

我们可以使用 LOAD DATA INFILE 命令从文件导入数据，具体语句如下所示。

格式 从文件中读取数据

```
LOAD DATA INFILE ' 文件名 ' INTO TABLE 表名 选项的描述 ;
```

除了 CSV 格式的文件以外，不用逗号分隔的文本文件也能被读取。我们可以指定读取的数据的格式，比如指定数据之间的分隔符、换行符，以及从第几行开始读取等。

在这种情况下，"选项的描述"部分需要按照下面的格式编写。

格式 LOAD DATA INFILE 命令中指定数据格式的选项

```
FIELDS TERMINATED BY 分隔符（默认是 '\t'：Tab）
LINES TERMINATED BY 换行符（默认是 '\n'：换行）
IGNORE 最开始跳过的行 LINES（默认是 0）
```

前一节介绍的文件（代码清单 14-2）和表 tb1 的结构相同。这次，我们试着将这个文件命名为 t.csv，并将其导入到结构与表 tb1 相同的表 tb1K 中。

代码清单 14-2　t.csv

```
N551, 佐佐木 ,37
N552, 伊藤 ,41
N553, 齐藤 ,31
N554, 井上 ,43
N555, 阿倍 ,31
```

▶ 使用 **LOAD DATA INFILE** 插入的文本的字符编码

在本书中，MySQL 监视器客户端的字符编码为 GBK，服务器端的字符编码为 UTF-8。那么，使用 LOAD DATA INFILE 命令插入的文本的字符编码，应该是 GBK 还是 UTF-8 呢？

实际上，在单纯使用 LOAD DATA INFILE 命令输入数据的情况下，一般会使用数据库的字符编码。也就是说，此次读取的文本文件 t.csv 需要使用字符编码 UTF-8。

因为下载的数据样本 t.csv 的字符编码是 UTF-8，所以可以直接导入该样本。另外，MySQL 也可以读取字符编码为 GBK 或 GBK 的子集 GB 2312 的 CSV 文件。相关的操作方法会在后面进行介绍。

▶ 导入文件

CSV 文件 t.csv 使用的分隔符是 "，"，所以我们只要通过 FIELDS TERMINATED BY ',' 进行指定即可。另外，当指定保存 CSV 文件的文件夹路径时，即使在 Windows 的情况下也不要使用 "\"，而要使用 "/"。（例如：C:\data\t.csv → C:/data/t.csv）

下面来实际操作一下吧。假设上述 CSV 文件 t.csv 放在了 C:\data 文件夹中，我们试着将文件导入到和表 tb1 内容相同的表 tb1K 中。（t.csv 放在了下载文件的 MySQL_Book\chapter\CHAPTER14 文件夹中。）

▶ CSV 文件 t.csv

```
N551, 佐佐木 ,37
N552, 伊藤 ,41
N553, 齐藤 ,31
N554, 井上 ,43
N555, 阿倍 ,31
```

导入该文件

▶ 执行前（执行导入的表 tb1K）

empid	name	age
A101	佐藤	40
A102	高桥	28
A103	中川	20
A104	渡边	23
A105	西泽	35

读入到该表

▶ 执行后

empid	name	age
A101	佐藤	40
A102	高桥	28
A103	中川	20
A104	渡边	23
A105	西泽	35
N551	佐佐木	37
N552	伊藤	41
N553	齐藤	31
N554	井上	43
N555	阿倍	31

导入完成

操作方法

执行下面的命令。

```
LOAD DATA INFILE 'c:/data/t.csv' INTO TABLE tb1K FIELDS
TERMINATED BY ',';
```

执行结果

```
mysql> LOAD DATA INFILE 'c:/data/t.csv' INTO TABLE tb1K FIELDS TERMINATED BY ',';
Query OK, 5 rows affected (0.09 sec)
Records: 5  Deleted: 0  Skipped: 0  Warnings: 0
```

请使用"SELECT * FROM tb1K;"命令确认表 tb1K 的内容。可以看到新添加了 5 条记录。

执行结果

```
mysql> SELECT * FROM tb1K;
+-------+--------+------+
| empid | name   | age  |
+-------+--------+------+
| A101  | 佐藤   |   40 |
| A102  | 高桥   |   28 |
| A103  | 中川   |   20 |
| A104  | 渡边   |   23 |
```

```
| A105   | 西泽     |    35 |
| N551   | 佐佐木   |    37 |
| N552   | 伊藤     |    41 |
| N553   | 齐藤     |    31 |
| N554   | 井上     |    43 |
| N555   | 阿倍     |    31 |
+--------+----------+-------+
10 rows in set (0.00 sec)
```

即使数据库的种类不同，只要文件是 CSV 格式就可以执行导入。可以说这是操作数据库必不可少的一项技术。

> **专栏▶** **导入 GB 2312 的文本文件**
>
> 　　使用 LOAD DATA INFILE 命令将数据输入到表中时使用的是数据库端的字符编码。因为本书以数据库端的字符编码是 UTF-8 为前提进行介绍，所以这次我们导入了字符编码为 UTF-8 的 CSV 文件 t.csv。
>
> 　　如果要导入简体中文 GB 2312 的 CSV 文件，就需要在 LOAD DATA INFILE 的选项中加上 CHARACTER SET GB2312 来执行。下面的命令用于导入字符编码为简体中文 GB 2312 的 CSV 文件 t2.csv。
>
> ```
> LOAD DATA INFILE 'c:/data/t2.csv' INTO TABLE tb1K CHARACTER
> SET GB2312 FIELDS TERMINATED BY ',' ;
> ```

14.1.4　将数据写入文本文件（导出）

与导入相反，我们可以将表中的数据提取到 CSV 文件等文本文件中（见图 14-3）。这种把数据提取到文件中的操作称为导出（export）。

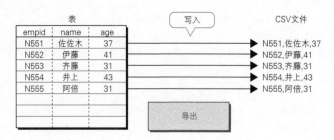

图 14-3　导出

导出的文件可以在其他的数据库和系统中使用，也可以在紧急情况下作为备份使用。

我们可以通过如下命令执行导出操作。

> **格式** 将数据写入到文本文件

```
SELECT * INTO OUTFILE '文件名' 选项的描述 FROM 表名；
```

参数"选项的描述"用于指定导出的文本文件的格式。具体的描述方法与导入时完全相同，大家可以参考 14.1.3 节的内容。

14.1.5 导出文件

下面来试着导出文件。在 C:\data 文件夹中，创建 CSV 格式的文本文件 out.csv 用于导出表 tb1 中的数据。

▶ 执行内容

▶ 执行前（表 tb1）

empid	name	age
A101	佐藤	40
A102	高桥	28
A103	中川	20
A104	渡边	23
A105	西泽	35

导出该表的数据

▶ 执行后（CSV 文件 out.csv）

A101，佐藤，40
A102，高桥，28
A103，中川，20
A104，渡边，23
A105，西泽，35

导出的 CSV 数据

> **操作方法**
>
> 执行下面的命令。

```
SELECT * INTO OUTFILE 'C:/data/out.csv' FIELDS TERMINATED
BY ',' FROM tb1;
```

执行结果

```
mysql> SELECT * INTO OUTFILE 'C:/data/out.csv' FIELDS TERMINATED BY ',' FROM tb1;
Query OK, 5 rows affected (0.06 sec)
```

于是，一个名为 out.csv 的 CSV 文件就在 C:\data 文件夹中创建完成了。我们可以在文本编辑器中确认导出文件的内容（见图 14-4）。

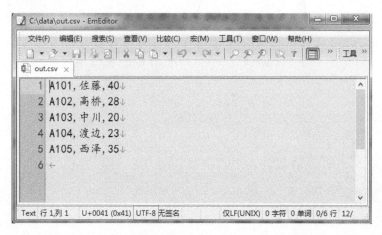

图 14-4　导出的文件

这里需要注意的是导出的 CSV 文件的字符编码。因为 CSV 文件是通过 MySQL 的默认字符编码导出的，所以在本书环境下 CSV 文件的字符编码是 UTF-8。

文件 out.csv 的数据可以通过 14.1.3 节的 LOAD DATA INFILE 命令导入。

14.2　从文件中读取并执行 SQL 命令

14.2.1　通过 MySQL 监视器执行编写在文件中的 SQL 语句

当执行复杂且冗长的 SQL 语句时，如果每次都在 MySQL 监视器上编写就会很麻烦。在执行复杂的 SQL 语句的情况下，我们可以将其创建为文本文件，然后执行保存的文件（见图 14-5）。这种方法可以进一步提高工作效率，还可以显示创建成文本文件的 SQL 语句，并将其复制、粘贴到 MySQL 监视器上执行。

如果将 SQL 语句保存为文本文件，就可以反复使用它，还可以轻松对其进行改善。

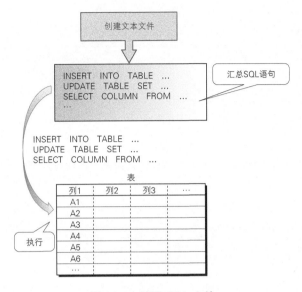

图 14-5 读取 SQL 文件

在记事本等文本编辑器中事先准备好 SQL 语句，然后在 MySQL 监视器上执行 SOURCE 命令。

格式 执行包含 SQL 语句的文本文件

```
SOURCE  文本文件名
```

如果执行的 SQL 语句中包含中文，就需要注意作为参数的文本文件的字符编码了。使用 SOURCE 命令执行 SQL 语句的方式与在 MySQL 监视器上执行的方式相同，因此在本书使用的环境中文本文件的字符编码必须保存为 GBK 或 GBK 的子集 GB 2312。

下面来实际操作一下。试着在 C:\data 文件夹中创建包含"use db1""SELECT * FROM tb;"和"SELECT * FROM tb1;"这 3 行语句的文本文件 sql.txt，读取并执行该文本文件。

▶ 执行内容

▶（执行前）文本文件 sql.txt

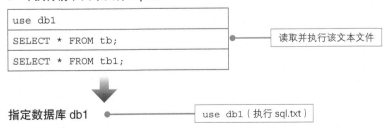

▶（执行后）显示表 tb

empid	sales	month
A103	101	4
A102	54	5
A104	181	4
A101	184	4
A103	17	5
A101	300	5
A102	205	6
A104	93	5
A103	12	6
A107	87	6

```
SELECT * FROM tb;
```

▶（执行后）显示表 tb1

empid	name	age
A101	佐藤	40
A102	高桥	28
A103	中川	20
A104	渡边	23
A105	西泽	35

```
SELECT * FROM tb1;
```

操作方法

① 创建代码清单 14-3 的文本文件 sql.txt。

② 执行下面的命令。

```
SOURCE C:/data/sql.txt
```

代码清单 14-3　sql.txt

```
use db1
SELECT * FROM tb;
SELECT * FROM tb1;
```

执行结果

```
mysql> SOURCE C:/data/sql.txt
Database changed
+-------+-------+-------+
| empid | sales | month |
+-------+-------+-------+
| A103  |   101 |     4 |
| A102  |    54 |     5 |
| A104  |   181 |     4 |
| A101  |   184 |     4 |
| A103  |    17 |     5 |
| A101  |   300 |     5 |
| A102  |   205 |     6 |
| A104  |    93 |     5 |
| A103  |    12 |     6 |
| A107  |    87 |     6 |
+-------+-------+-------+
10 rows in set (0.09 sec)


+-------+------+------+
| empid | name | age  |
+-------+------+------+
| A101  | 佐藤 |   40 |
| A102  | 高桥 |   28 |
| A103  | 中川 |   20 |
| A104  | 渡边 |   23 |
| A105  | 西泽 |   35 |
+-------+------+------+
5 rows in set (0.02 sec)
```

因为 SOURCE 不是 SQL 命令，所以不需要在行的最后添加分隔符 ";"。

专栏▶ **将常用表的内容保存到文件中**

使用 MySQL 监视器创建 "需要多次创建的表" 或者 "复杂的表" 效率会很低。在这种情况下，建议在文本中编写处理步骤，然后执行 SOURCE 命令来创建表。

创建好文本文件后，就可以根据需要反复地使用它，并且可以不断地对其进行改善。最重要的是，与直接执行不同，我们可以静下心来编写，由此也可以减少输入方面的错误。

例如，代码清单 14-4 是创建 2.5.2 节员工信息表 tb1 的 SQL 语句。

代码清单 14-4　tb1_make.txt

```
DROP TABLE IF EXISTS tb1;
CREATE TABLE tb1 (empid VARCHAR(10),name VARCHAR(10),age INT);
INSERT INTO tb1 VALUES("A101"," 佐藤 ",40);
INSERT INTO tb1 VALUES("A102"," 高桥 ",28);
INSERT INTO tb1 VALUES("A103"," 中川 ",20);
INSERT INTO tb1 VALUES("A104"," 渡边 ",23);
INSERT INTO tb1 VALUES("A105"," 西泽 ",35);
```

使用文本编辑器创建好文件后,将其保存在 data 文件夹中。在本书使用的环境下,注意不要忘记将文件的字符编码改为 GB 2312。启动 MySQL 监视器选择数据库,然后执行下面的脚本,就可以随时创建相同的表了,非常方便。

```
SOURCE C:/data/tb1_make.txt
```

另外,因为 tb1_make.txt 的第 1 行是 IF EXISTS,所以在有表的情况下会执行 DROP 命令,在没有表的情况下则不执行 DROP 命令。

14.2.2　通过命令提示符执行编写在文件中的 SQL 命令

之前执行 SQL 命令的时候会先启动 MySQL 监视器并在 mysql> 之后输入 SQL 语句执行。实际上,我们也可以不启动 MySQL 监视器,直接通过命令提示符来执行 SQL 语句。

也就是说,即使不启动 MySQL 监视器,也可以执行包含 SQL 语句的文本文件。这里我们试着使用 SOURCE 命令执行代码清单 14-3。

```
use db1
SELECT * FROM tb;
SELECT * FROM tb1;
```

通过命令提示符执行 SQL 语句时需要使用如下命令。

格式　通过命令提示符执行 SQL 语句

```
mysql 数据库名 -u 用户名 -p 密码 -e "MySQL 监视器的命令 "
```

添加 -e 选项,然后将后面的命令用 "" 括起来。注意要用 ""(双引号)将命令括起来,而不是用 ' '(单引号)。另外,请在 -p 密码、-e 和 "MySQL 监视器的命令 " 之间加上半角空格。

如果不需要指定数据库名,则可以省略"数据库名"部分。因为在 sql.txt 中有 use db1 的描述，所以可以省略"数据库名"。

我们来实际操作一下。文本文件 sql.txt 中编写了数据库 db1 相关的 SQL 语句，试着通过 mysql 命令执行保存在 C:\data 文件夹中的该文本文件。

操作方法

通过命令提示符执行下面的命令。

```
mysql db1 -u root -proot -e "SOURCE C:/data/sql.txt"
```

执行结果

```
C:\Users\nisizawa>mysql db1 -u root -proot -e "SOURCE C:/data/sql.txt"
Warning: Using a password on the command line interface can be insecure.
+-------+-------+-------+
| empid | sales | month |
+-------+-------+-------+
| A103  |   101 |     4 |
| A102  |    54 |     5 |
| A104  |   181 |     4 |
| A101  |   184 |     4 |
| A103  |    17 |     5 |
| A101  |   300 |     5 |
| A102  |   205 |     6 |
| A104  |    93 |     5 |
| A103  |    12 |     6 |
| A107  |    87 |     6 |
+-------+-------+-------+
+-------+-------+------+
| empid | name  | age  |
+-------+-------+------+
| A101  | 佐藤  |   40 |
| A102  | 高桥  |   28 |
| A103  | 中川  |   20 |
| A104  | 渡边  |   23 |
| A105  | 西泽  |   35 |
+-------+-------+------+
```

即使不启动 MySQL 监视器，也可以通过命令提示符直接执行文本文件中编写的 SQL 命令。

专栏▶ **在批处理文件中记录 SQL 命令**

如果将可以通过命令提示符执行的命令汇总为文本文件，编写在一个扩展名为 ".bat" 的批处理文件中，使用起来就会非常方便。如果提前设置好 MySQL 的路径（→ 2.3 节），就可以从任何地方对 MySQL 进行操作。

举例来说，如果将 14.1.5 节中记述的文件操作作为批处理文件保存在桌面上，就可以随时从桌面上导出表。将数据库 db1 的表 tb1 写入 C:\data\out2.csv（CSV 文件）的批处理文件 out_file.bat 如下所示。

● out_file.bat 的内容（必须用一行描述）

```
mysql db1 -u root -proot -e "SELECT * INTO OUTFILE 'C:/data/out2.csv'
FIELDS TERMINATED BY ',' FROM tb1"
```

14.3　将 SQL 的执行结果保存到文件中

在 MySQL 监视器上输入的命令会显示在屏幕上，执行结果也会显示在屏幕上。用户可以通过查看屏幕上显示的执行结果来获取信息，也可以将这些执行结果作为数据使用。

那么，如何将 SQL 的执行结果保存到文件中呢？这里我们将介绍"在 MySQL 监视器上执行 tee 命令"和"使用重定向将结果输出到标准输出"这两种方法。

14.3.1　通过重定向将 SQL 语句的执行结果输出到文本文件中

我们可以在计算机上输入一些数据并让计算机输出处理结果。这时通常会使用键盘进行"输入"，然后把结果"输出"到显示器上。像键盘这种一开始就配备好的输入设备称为"标准输入"，像显示器这种一开始就配备好的输出设备称为"标准输出"。

"标准输入"和"标准输出"可以更改。这个更改操作称为重定向（redirect）。Windows 和 Linux 等操作系统都具有这项功能。当进行重定向操作，也就是更改输入、输出目标时，需要使用 ">" 等符号。

▶ **通过命令提示符进行重定向**

例如，在 Windows 命令提示符下输入 dir（如果是 Linux 终端则输入 ls），将会显示文件和文件夹的信息。

执行结果 显示的内容会根据环境发生改变

```
C:\Users\nisizawa>dir
驱动器 C 中的卷是 System
卷的序列号是 38E8-F275


C:\Users\nisizawa 的目录

2018/06/24  11:17    <DIR>            .
2018/06/24  11:17    <DIR>            ..
2017/08/14  14:45    <DIR>            .cisco
2017/09/16  16:16    <DIR>            .oracle_jre_usage
2018/04/11  20:22    <DIR>            .VirtualBox
......

2018/02/12  09:47    <DIR>            Saved Games
2018/02/12  09:47    <DIR>            Searches
2018/02/12  09:47    <DIR>            Videos
2018/04/11  20:22    <DIR>            VirtualBox VMs
3 个文件          1,071 字节
18 个目录 80,300,621,824 可用字节
```

也就是说，dir 的结果输出到了显示器这个标准输出中。试着使用重定向将这个执行结果保存在非标准输出的 abc.txt 文件中。请按照以下步骤进行操作。(在 Linux 的情况下是 ls > abc.txt。)

执行结果

```
C:\Users\nisizawa>dir > abc.txt
```

这样一来，dir 的执行结果就写入了文本文件 abc.txt 中。之所以会写入文本文件 abc.txt 中，是因为加上了 > abc.txt。

保存了输出结果的文件 abc.txt 会保存在执行 dir 命令的当前路径中。拿上面的示例来说，就是保存在 C 盘的 \Users\nisizawa 文件夹 (目录) 中。请在文本编辑器或命令提示符下执行 type abc.txt 来确认文件内容。应该和执行 dir 的时候显示的内容相同。

▶ 通过 mysql 命令使用重定向

下面试着在 MySQL 中使用重定向功能。假设在启动 MySQL 监视器的时候执行了以下命令。

```
mysql -u root -proot
```

试着使用重定向把提取结果输入到文件中。请按照下面的方式启动 MySQL 监视器。刚开始会显示 "Warning: Using a password..." 的警告，大家不必在意。

```
mysql -u root -proot > log.txt
```

如果按照这种方式启动 MySQL 监视器，SQL 语句的执行结果将不会显示在屏幕上，而是会输出到重定向指定的 log.txt 中。注意，不要因为没有显示任何结果而胡乱操作。

下面让我们静下心来慢慢操作。先指定要使用的数据库，然后使用 SELECT 命令显示表 tb1 的内容，最后通过 exit 退出 MySQL 监视器。执行结果同样不会显示出来。

```
use db1
SELECT * FROM tb1;
exit
```

执行结果

```
C:\Users\nisizawa>mysql -u root -proot > log.txt
Warning: Using a password on the command line interface can be insecure.
use db1
SELECT * FROM tb1;
exit
```

回到原来的命令提示符界面了吗？屏幕上没有显示任何内容，确实有点不方便。

那么我们就来确认一下 log.txt 的内容。log.txt 应该保存在执行命令的当前路径中（本例为 C:\Users\nisizawa ）。使用记事本等文本编辑器打开 log.txt，或者在命令提示符下输入 type log. txt。你会发现，以前显示在 MySQL 监视器上的内容变成了文本文件。

执行结果 执行结果 log.txt的内容

```
C:\Users\nisizawa>type log.txt
empid    name    age
A101     佐藤     40
A102     高桥     28
A103     中川     20
A104     渡边     23
A105     西泽     35
```

这样，"SELECT * FROM tb1;"的结果应该就能显示出来了。该文件只是一个文本文件，因此可以在其他系统和应用软件中自由使用。

如果需要让结果显示在屏幕上，则可以结合 14.2.2 节中介绍的方法使用。从命令提示符上执行 SQL 语句文本文件 sql.txt，然后使用重定向将结果直接写入文本文件 log.txt 中。

```
mysql -u root -proot -e "SOURCE c:/data/sql.txt" >log.txt
```

sql.txt 是在 14.2.1 节创建的包含以下内容的文本文件。

sql.txt 的内容

```
use db1
SELECT * FROM tb;
SELECT * FROM tb1;
```

专栏▶ 使用重定向输入 SQL 语句，并通过重定向将结果输出到文件

下面介绍使用重定向进行输入、输出的示例。

使用重定向输入文件时需要使用 "<"。这样就可以使用重定向输入并执行文本文件的 SQL 语句（sql.txt），
然后再通过重定向将结果输出到文本文件（log2.txt）。

```
mysql -u root -proot < C:\ata\sql.txt > C: \data\log2.txt
```

即使看不到过程也没有问题。但是，在使用这种方法的情况下，就算 SQL 语句报错，我们也只能通过查看
输出的文本文件得知。

14.3.2 使用 tee 命令将 SQL 语句的执行结果保存到文件中

在 MySQL 监视器上使用 tee 命令，可以与上一节的重定向一样将结果写入文件。如果在
MySQL 监视器上按照如下方式执行 tee 命令，执行结果就会保存在指定的文件中。

格式 将执行结果保存到文件中

```
tee 输出文件的名称
```

▶ 将执行结果保存到文件中

当把执行结果导出到文件 log3.txt 时，假设在 MySQL 监视器的状态下执行了如下操作。

```
tee log3.txt
```

执行结果

```
mysql> tee log3.txt
Logging to file 'log3.txt'
```

这样就创建出一个空的文本文件 log3.txt，以后输出结果不仅会显示在屏幕上，还会写入 log3.
txt 中。另外，log3.txt 会保存在执行命令的当前路径中。拿上一节的示例来说，就是 C 盘的
C:\Users\nisizawa 文件夹中。

执行 tee 命令后，执行如下命令。

```
use db1
SELECT * FROM tb;
SELECT * FROM tb1;
```

执行结果会像往常一样显示出来，内容会写入 log3.txt 中。

▶ **停止向文件中输出执行结果**

我们可以使用 notee 命令停止向文件中输出执行结果。

```
notee
```

执行结果

```
mysql> use db1
Database changed
mysql> SELECT * FROM tb;
+-------+-------+-------+
| empid | sales | month |
+-------+-------+-------+
| A103  |   101 |     4 |
| A102  |    54 |     5 |
| A104  |   181 |     4 |
| A101  |   184 |     4 |
| A103  |    17 |     5 |
| A101  |   300 |     5 |
| A102  |   205 |     6 |
| A104  |    93 |     5 |
| A103  |    12 |     6 |
| A107  |    87 |     6 |
+-------+-------+-------+
10 rows in set (0.01 sec)

mysql> SELECT * FROM tb1;
+-------+------+------+
| empid | name | age  |
+-------+------+------+
| A101  | 佐藤 |   40 |
| A102  | 高桥 |   28 |
| A103  | 中川 |   20 |
| A104  | 渡边 |   23 |
| A105  | 西泽 |   35 |
+-------+------+------+
5 rows in set (0.00 sec)

mysql> notee
Outfile disabled.
```

请用 exit 等命令退出 MySQL 监视器。使用文本编辑器或 type 命令确认 log3.txt 的内容。

MySQL 中显示的内容变为文本写入了 log3.txt 中。对于导出的文本文件，可以选择需要的部分通过"复制"→"粘贴"等菜单操作，在其他系统或应用软件上使用。

如上所述，tee 和 notee 都是非常方便的功能。

14.4 备份和恢复数据库

14.4.1 备份和恢复的方法

我们可以将数据库的设置、表和列的定义、数据等数据库的所有信息作为文件导出。

▶ 转储

对数据库的所有内容执行导出的操作称为转储（dump）（见图 14-6）。如果使用转储文件，就可以在其他服务器上创建内容相同的数据库，也可以备份以应对紧急情况的发生。

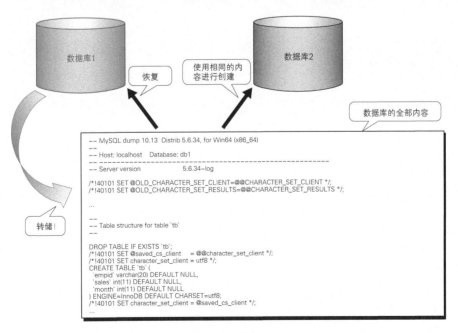

图 14-6 转储

我们可以在命令提示符上执行 mysqldump 命令来转储 MySQL 数据库。

　　`mysqldump` 命令会将数据库的配置和数据本身作为 SQL 语句写出来，也就是通过"CREATE TABLE ..."创建表，然后写出"INSERT INTO ..."这样的 SQL 语句。

　　通过转储导出的信息是由 SQL 语句生成的文本。通过这些文本，我们可以读取数据库的所有信息，可以说"转储输出就是数据库本身"。从安全方面考虑，我们需要谨慎对待这些信息。

▶ 恢复

　　把通过 `mysqldump` 命令导出的数据还原到数据库中的操作称为恢复（restore）。恢复意味着从头创建数据库，其实就是将包含 SQL 语句集合的文本文件用 MySQL 命令进行重定向。

14.4.2　使用 mysqldump 导出

　　试着使用 `mysqldump` 命令对前面创建的数据库 db1 的所有信息进行转储，并通过重定向将 `mysqldump` 命令的执行结果写入文件中。

> **格式** **转储数据库**
>
> `mysqldump -u 用户名 -p 密码 数据库名 > 输出文件的名称`

下面来实际操作一下。将数据库 db1 的信息转储到名为 db1_out.txt 的文件中。

▶ 执行内容

　　▶（执行前）数据库 db1

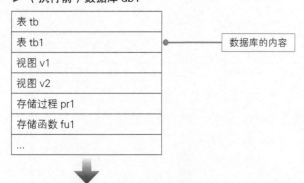

```
-- MySQL dump 10.13  Distrib 5.6.34, for Win64 (x86_64)
--
-- Host: localhost    Database: db1
-- ------------------------------------------------------
-- Server version    5.6.34-log

/*!40101 SET @OLD_CHARACTER_SET_CLIENT=@@CHARACTER_SET_CLIENT */;
/*!40101 SET @OLD_CHARACTER_SET_RESULTS=@@CHARACTER_SET_RESULTS */;
```

```
/*!40101 SET @OLD_COLLATION_CONNECTION=@@COLLATION_CONNECTION */;
/*!40101 SET NAMES utf8 */;
/*!40103 SET @OLD_TIME_ZONE=@@TIME_ZONE */;
/*!40103 SET TIME_ZONE='+00:00' */;
/*!40014 SET @OLD_UNIQUE_CHECKS=@@UNIQUE_CHECKS, UNIQUE_CHECKS=0 */;
/*!40014 SET @OLD_FOREIGN_KEY_CHECKS=@@FOREIGN_KEY_CHECKS, FOREIGN_KEY_CHECKS=0 */;
/*!40101 SET @OLD_SQL_MODE=@@SQL_MODE, SQL_MODE='NO_AUTO_VALUE_ON_ZERO' */;
/*!40111 SET @OLD_SQL_NOTES=@@SQL_NOTES, SQL_NOTES=0 */;


......


--
-- Table structure for table `tb`
--


DROP TABLE IF EXISTS `tb`;
/*!40101 SET @saved_cs_client     = @@character_set_client */;
/*!40101 SET character_set_client = utf8 */;
CREATE TABLE `tb` (
`empid` varchar(20) DEFAULT NULL,
`sales` int(11) DEFAULT NULL,
`month` int(11) DEFAULT NULL
) ENGINE=InnoDB DEFAULT CHARSET=utf8;
/*!40101 SET character_set_client = @saved_cs_client */;
...

-- Dump completed on 2018-08-04 15:54:51
```

转储（文本文件 db1_out.txt）

操作方法

在命令提示符上执行下面的命令。

```
mysqldump -u root -proot db1>db1_out.txt
```

执行结果

```
C:\Users\keglu>mysqldump -u root -proot db1>db1_out.txt
```

需要花一点时间才能完成。由于输出的是一个文本文件，所以我们可以使用编辑器确认一下它的内容。另外，因为 mysqldump 的执行结果是用 MySQL 服务器的默认字符编码输出的，所以在本书的环境中字符编码为 UTF-8。因此，如果使用 type 命令确认 db1_out.txt 的内容，中文部分会乱码，这一点需要注意。

执行结果 db1_out.txt的部分内容

```
-- MySQL dump 10.13  Distrib 5.6.34, for Win64 (x86_64)
--
-- Host: localhost     Database: db1
-- ------------------------------------------------------
-- Server version        5.6.34-log

/*!40101 SET @OLD_CHARACTER_SET_CLIENT=@@CHARACTER_SET_CLIENT */;
/*!40101 SET @OLD_CHARACTER_SET_RESULTS=@@CHARACTER_SET_RESULTS */;
/*!40101 SET @OLD_COLLATION_CONNECTION=@@COLLATION_CONNECTION */;
/*!40101 SET NAMES utf8 */;
/*!40103 SET @OLD_TIME_ZONE=@@TIME_ZONE */;
/*!40103 SET TIME_ZONE='+00:00' */;
/*!40014 SET @OLD_UNIQUE_CHECKS=@@UNIQUE_CHECKS, UNIQUE_CHECKS=0 */;
/*!40014 SET @OLD_FOREIGN_KEY_CHECKS=@@FOREIGN_KEY_CHECKS, FOREIGN_KEY_CHECKS=0 */;
/*!40101 SET @OLD_SQL_MODE=@@SQL_MODE, SQL_MODE='NO_AUTO_VALUE_ON_ZERO' */;
/*!40111 SET @OLD_SQL_NOTES=@@SQL_NOTES, SQL_NOTES=0 */;


......


--
-- Table structure for table `tb`
--

DROP TABLE IF EXISTS `tb`;
/*!40101 SET @saved_cs_client     = @@character_set_client */;
/*!40101 SET character_set_client = utf8 */;
CREATE TABLE `tb` (
`empid` varchar(20) DEFAULT NULL,
`sales` int(11) DEFAULT NULL,
`month` int(11) DEFAULT NULL
) ENGINE=InnoDB DEFAULT CHARSET=utf8;
/*!40101 SET character_set_client = @saved_cs_client */;
...

-- Dump completed on 2018-08-04 15:54:51
```

　　行的开头是"--"的部分是注释，用"/*"和"*/"括起来的部分也是注释（→ 15.8.3 节），注释不是命令而是单纯的"说明"。上面的执行结果中有命令"CREATE TABLE ..."，它用于创建表。

专栏▶ **恢复作业失败的情况**

　　如果在之后的操作中恢复作业失败了，试着在转储时加上 --default-character-set=utf8 之类的字符编码的选项，执行 mysqldump -u root -proot db1 > db1_out.txt --default-character-set=utf8。具体内容请参考 3.4.3 节。

14.4.3 恢复转储文件

接下来恢复转储文件。在命令提示符上使用重定向将文件还原到数据库。

这次是在同一台计算机上对数据库进行复制，当然我们也可以将数据库恢复到其他的 MySQL 环境。当恢复数据库时，我们必须提前准备一个用于填充的数据库。如果没有数据库，就需要提前创建一个[①]。

下面来恢复转储文件。创建数据库 db2，然后将转储文件 db1_out.txt 恢复到该数据库中。

▶ **执行内容**

　　▶ **创建数据库 db2**

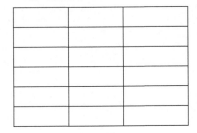

将该文本文件恢复到数据库 db2 中

　　▶ **文本文件 db1_out.txt**

```
-- MySQL dump 10.13  Distrib 5.6.34, for Win64 (x86_64)
--
-- Host: localhost    Database: db1
-- ------------------------------------------------------
-- Server version    5.6.34-log

/*!40101 SET @OLD_CHARACTER_SET_CLIENT=@@CHARACTER_SET_CLIENT */;
/*!40101 SET @OLD_CHARACTER_SET_RESULTS=@@CHARACTER_SET_RESULTS */;
/*!40101 SET @OLD_COLLATION_CONNECTION=@@COLLATION_CONNECTION */;
/*!40101 SET NAMES utf8 */;
/*!40103 SET @OLD_TIME_ZONE=@@TIME_ZONE */;
/*!40103 SET TIME_ZONE='+00:00' */;
/*!40014 SET @OLD_UNIQUE_CHECKS=@@UNIQUE_CHECKS, UNIQUE_CHECKS=0 */;
/*!40014 SET @OLD_FOREIGN_KEY_CHECKS=@@FOREIGN_KEY_CHECKS, FOREIGN_KEY_
CHECKS=0 */;
/*!40101 SET @OLD_SQL_MODE=@@SQL_MODE, SQL_MODE='NO_AUTO_VALUE_ON_ZERO'
*/;
/*!40111 SET @OLD_SQL_NOTES=@@SQL_NOTES, SQL_NOTES=0 */;
```

① 在没有数据库的情况下会报错。——译者注

```
...


--
-- Table structure for table `tb`
--

DROP TABLE IF EXISTS `tb`;
/*!40101 SET @saved_cs_client     = @@character_set_client */;
/*!40101 SET character_set_client = utf8 */;
CREATE TABLE `tb` (
`empid` varchar(20) DEFAULT NULL,
`sales` int(11) DEFAULT NULL,
`month` int(11) DEFAULT NULL
) ENGINE=InnoDB DEFAULT CHARSET=utf8;
/*!40101 SET character_set_client = @saved_cs_client */;
...
```

▶（执行后）创建数据库 db2

表 tb
表 tb1
视图 v1
视图 v2
存储过程 pr1
存储函数 fu1
...

操作方法

① 在命令提示符上执行下面的命令。于是创建出数据库 db2（ → 7.9 节）。

```
mysqladmin -u root -proot CREATE db2
```

② 在命令提示符上执行下面的命令。

```
mysql -u root -proot db2 < db1_out.txt
```

　　一般情况下，按照上述方法操作就能成功复制数据库 db2。发生错误的话，可以在字符编码上找找原因。这时可以按照接下来介绍的方法指定字符编码进行转储和恢复。

14.4.4 字符编码问题

在大部分情况下，以上操作能顺利执行。不过，在使用 MySQL 的过程中，我们经常会受到字符编码问题的困扰。

如果单纯进行"转储→恢复"，像汉字这种需要占用两个字节的字符可能就会出现问题。这是因为在进行转储和恢复的时候，如果不指定字符编码，就会使用默认的字符编码输入和输出文件。

如果发生错误从而无法顺利进行"转储→恢复"，这时就可以尝试指定字符编码进行转储和恢复。指定字符编码的选项如下所示。

```
--default-character-set=字符编码
```

例如，在指定表示 UTF-8 的 utf8 的情况下，要加上 --default-character-set=utf8 选项。下面的示例使用了该选项将字符编码指定为 UTF-8 进行转储和恢复。将数据库转储到 db3_out.txt，并恢复到数据库 db3 中。

```
mysqldump -u root -proot db1>db3_out.txt --default-character-set=utf8
```

```
mysql -u root -proot db3<db3_out.txt --default-character-set=utf8
```

专栏▶ 锁表

下面将介绍通过给表加锁（→ 13.4.3 节）来限制表的操作的 LOCK 命令。

■ 锁表

```
LOCK TABLES 表名 锁的类型
```

LOCK 命令通过给指定的表加上某种类型的锁来限制对表的操作。锁的类型主要有以下几种（表 14-1）。

表 14-1 锁的类型

锁的类型	限制内容
READ	所有客户端都只允许执行 SELECT。只读锁
READ LOCAL（※ 如果是本书使用的 InnoDB，则和上面的 READ 相同）	对于 InnoDB 以外的存储引擎，加锁的客户端仅能执行 SELECT[①]。本地只读锁
WRITE	没有加锁的客户端不能进行任何操作，拥有锁的客户端可以执行操作

给表 my_table 设置 READ 锁时需要执行如下命令。

---

① 对于 InnoDB 以外的存储引擎，READ LOCAL 允许加锁以外的客户端执行非冲突性 INSERT 语句，但是不允许执行 UPDATE。——译者注

```
LOCK TABLES my_table READ;
```

另外，UNLOCK 命令用于给表解锁。

格式 给表解锁

```
UNLOCK TABLES;
```

我们可以执行下面的命令解锁当前所有的表。

```
UNLOCK TABLES;
```

14.5　总结

本章介绍了以下内容。

- 使用文本文件导入和导出数据的方法
- 执行包含 SQL 语句的文件的方法
- 将查询的结果保存到文件中的方法
- 备份和恢复整个数据库的方法

在实际工作中，我们很少使用 INSERT 命令逐个输入大量数据。大家一定要记住使用文件处理数据的方法。

▶ 自我检查

下面检查一下本章学习的内容是否全部理解并掌握了。

☐ 能够通过 "LOAD DATA INFILE ..." 导入数据
☐ 能够通过 "SELECT * INTO OUTFILE ..." 导出数据
☐ 能够使用 SOURCE 命令批量执行 SQL 语句
☐ 能够使用重定向导出执行结果
☐ 能够使用 tee 命令导出执行结果
☐ 能够使用 mysqldump 命令备份整个数据库
☐ 能够使用重定向恢复数据库。

▶ 练习题

问题1

　　mysqldump 命令可以以特定的表为对象进行备份和恢复。当备份特定的表时，需要使用命令提示符按照以下格式执行命令。

　　■表的备份

```
mysqldump -u 用户名 -p密码 数据库名 表名 > 输出文件的名称 ;
```

　　另外，与恢复整个数据库时一样，我们可以用 MySQL 命令对备份的文本文件执行重定向。
　　请使用以上方法备份数据库 db1 中的表 tb1，然后删除表 tb1，再将其还原。用户名是 root，密码是 root，备份之后创建的文本文件的名称是 test.txt。

▶ 参考答案

问题1

① 在命令提示符上执行下面的命令，备份表 tb1。

```
mysqldump -u root -proot db1 tb1 > test.txt
```

执行结果

```
C:\Users\nisizawa>mysqldump -u root -proot db1 tb1 > test.txt
```

② 启动 MySQL 监视器选择数据库 db1 后，执行下面的命令，删除表 tb1。

```
DROP TABLE tb1;
```

执行结果

```
mysql> DROP TABLE tb1;
Query OK, 0 rows affected (0.09 sec)
```

③ 在命令提示符上执行下面的命令，恢复表 tb1。

```
mysql -u root -proot db1 < test.txt
```

执行结果

```
C:\Users\nisizawa>mysql -u root -proot db1 < test.txt
```

下面确认一下表是否存在。

④ 启动 MySQL 监视器选择数据库 db1 后，执行如下命令，确认表 tb1。

```
SELECT * FROM tb1;
```

执行结果

```
mysql> SELECT * FROM tb1;
+-------+------+------+
| empid | name | age  |
+-------+------+------+
| A101  | 佐藤 |   40 |
| A102  | 高桥 |   28 |
| A103  | 中川 |   20 |
| A104  | 渡边 |   23 |
| A105  | 西泽 |   35 |
+-------+------+------+
5 rows in set (0.00 sec)
```

第4部分
MySQL+PHP 的基础

　　本书是一本从基础开始学习 MySQL 的书。但现在要想真正掌握 MySQL，还需要将 Web 纳入学习的范围内。本书将介绍使用 MySQL 必须掌握的 Web 和 PHP 的知识。

　　在第 4 部分中，我们将学习 PHP 的基础知识。

第15章 用于控制MySQL的PHP

在本章之前，我们一直在 CUI 环境的 MySQL 监视器上执行 MySQL。相信不少人觉得数据库有些枯燥乏味。

MySQL 的世界不只有 MySQL 监视器。从本章开始，我们将使用平常都能接触到的 Web 浏览器来操作 MySQL。让我们使用功能强大的最佳组合 "Apache + MySQL + PHP" 来学习 MySQL 的各种使用方法吧！

15.1　要创建的示例

在本章和第 16 章中，我们将学习用于控制 MySQL 的脚本语言 PHP 以及 HTML 的基础知识。如果使用本章出现的脚本，就可以创建出如图 15-1 所示的 Web 页面（这里还没有使用 MySQL）。

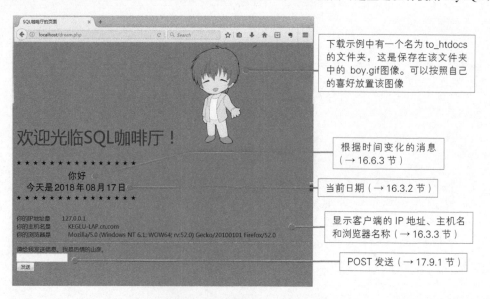

图 15-1　最终版页面 dream.php

在创建示例的时候，想好自己将来要发布什么样的网页，在此基础上自由地进行设计。

15.2 在 Web 应用程序中使用 MySQL

前面我们学习了使用 MySQL 的方法。通过在 MySQL 监视器上用键盘输入 SELECT 和 INSERT 等 SQL 命令，初次接触了 MySQL。也就是说，如果想使用 MySQL 数据库，就得先学会使用 SQL。

如果操作 MySQL 的方法只此一种，恐怕 MySQL 不会在世界范围内被这么广泛地使用了。

除了那些枯燥无味的使用方法，我们还可以创建应用程序，点击浏览器上的按钮来操作 MySQL 数据库。也就是说，点击按钮就会执行实现某种功能的 SQL 语句。如果创建了这样一个机制，那么使用者即使不懂复杂的 SQL 语句，也能在浏览器中使用数据库。实际上，论坛、网店、销售管理系统以及学校的教务管理系统等多个领域都使用了 MySQL。

像这样，将浏览器当作用户界面并在 Web 服务器端进行配置，通过网络来操作 MySQL 等的系统称为 Web 应用程序。创建 Web 应用程序需要用到编程语言，而 MySQL 支持 Perl、C、PHP 和 Java 等非常多的编程语言。

15.3 使用 Web 时需要用到的机制

15.3.1 Web 服务器和客户端

我们来试着思考一下使用 Web 时需要用到什么样的机制。点击嵌入在 Web 页面上的超链接，可以获得全世界的信息。超链接中有"×× 地方的 ×× 文件"等信息。

▶ Web 服务器

这个"×× 地方"表示特定的 Web 服务器。Web 服务器是连接到互联网的机器，设置了用于实现服务器功能的应用程序等内容。服务器在被访问时，会按照要求返回保存的数据，或者执行指示的处理并返回结果。

▶ 客户端

使用 Web 服务器的用户的计算机称为客户端。当用户点击超链接时，客户端将向指定的 Web

服务器发送"发送了 × × !"这样的信息。Web 服务器收到请求后，会把指定的文本和图像等数据发送给客户端，也就是发送到大家使用的 Web 浏览器上（见图 15-2）。

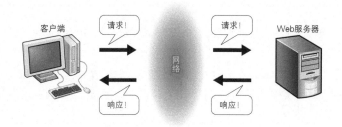

图 15-2　Web 服务器和客户端

15.3.2　Web 服务器的作用

　　Web 服务器和客户端通过 HTTP（HyperText Transfer Protocol，超文本传输协议）进行通信。协议是计算机之间进行通信时需要共同遵循的规则。

　　Web 网页的 URL 写为"http://…"，这个 http:// 的部分用于声明使用了 HTTP 协议进行通信。Web 服务器有"如果客户端发送了基于 HTTP 协议的请求，则将相应的文件和图像发送过去"的功能。像 HTTP 这种在"请求发送→已发送→结束"后立即终止通信的协议称为无状态协议（stateless protocol）。

15.3.3　Apache 和 Web 服务器

　　Web 服务器的功能由作为服务器连接到互联网的计算机上的软件负责处理。Apache 软件基金会的 Web 服务器软件 Apache（阿帕奇）非常有名，广泛使用在全世界的很多 Web 服务器上。Apache 和 MySQL 一样是开源的，可以免费使用。世界各地的志愿者每天都在改善 Apache 的代码。用于修改和优化代码的程序称为补丁（patch）。据说，Apache 是通过收集补丁开发出来的 Web 服务器软件，所以叫作 Apache。

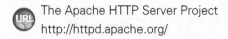

The Apache HTTP Server Project
http://httpd.apache.org/

　　Apache 是与 MySQL 以及后面介绍的 PHP 兼容性最好的 Web 服务器软件。本书的导入示例中使用的是 MAMP，在这种情况下 Apache 就需要作为 Web 服务器软件使用。

15.4　静态页面和动态页面

　　最初的 Web 页面，只具备点击超链接后相应的文件就能发送过来的功能（见图 15-3）。这种机制称为静态页面。Web 页面是按照 HTML 格式编写的文本文件（→ 17.1 节）。

　　而最近动态的 Web 页面变得越来越多。在动态 Web 页面中，服务器可以处理客户端发送的数据，并将相应的 Web 页面显示到客户端（见图 15-3）。

　　通常我们会使用 Perl、Java 和 PHP 等编程语言来实现这种"服务器端的处理"功能。

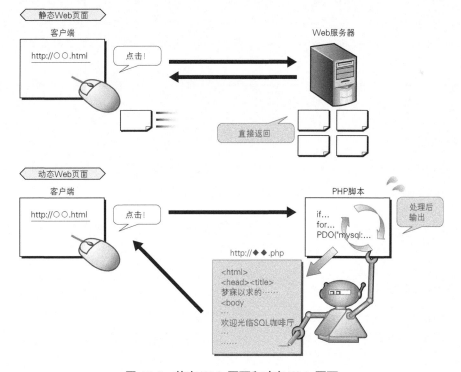

图 15-3　静态 Web 页面和动态 Web 页面

15.5　在 Web 上运行的程序

关于在 Web 上运行的程序的机制，CGI（Common Gateway Interface，公共网关接口）和脚本比较有名。

15.5.1　CGI

CGI 是将程序放置在服务器上，通过响应来自 Web 浏览器的调用来执行程序的机制。能够用来创建 CGI 程序的语言有很多，其中 Perl 比较有名。Perl 在很早以前就用于创建访问计数器等应用了。

15.5.2　脚本

脚本最初指的是为了自动执行处理而创建的简单程序。脚本以各种各样的形式存在，比如单独创建成一个文本文件，或者编写在 HTML 文件中等。

在 Web 上运行的脚本，通常是指将脚本的内容包含在 HTML 文件中，并根据需要使之运行的程序。

目前，在 Web 上使用的常见脚本有"在客户端运行的脚本"和"在 Web 服务器端运行的脚本"两种（见图 15-4）。

▶ 客户端脚本

客户端脚本是指 JavaScript 等在客户端上运行的脚本。与 Web 服务器完全无关，程序会在浏览网页的个人计算机上执行。也就是说，对于客户端脚本，如果 Web 服务器将脚本发送到客户端，之后就不能做其他任何事情了。

因为客户端脚本是在客户端的环境上运行的，所以很容易控制浏览器上的显示和操作。但是，不同种类的浏览器运行效果也会出现差异，有时会出现无法运行的情况。

▶ 服务器端脚本

服务器端脚本在 Web 服务器上执行。当接收到来自客户端的命令后，Web 服务器上会完成处理，并将处理结果发送给客户端。客户端只是用于查看处理结果而已。数据库的处理通常会在服务器端进行，因此很适合使用服务器端脚本。

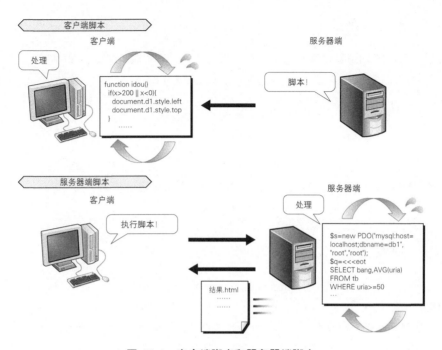

图 15-4　客户端脚本和服务器端脚本

15.6　什么是 PHP

本书将介绍 PHP 作为创建 Web 应用程序的编程语言使用的示例。

15.6.1　PHP 是什么

PHP 是在 Web 服务器端运行的服务器端脚本。因为执行的模块（最小单元程序）在 Web 服务器上且通过脚本的命令运行，所以一般来说运行速度很快。

 PHP : Hypertext Preprocessor
http://php.net/

PHP 的全称是 Hypertext Preprocessor，它是一种用于开发 Web 应用程序的编程语言，支持 Apache 和微软公司开发的 IIS（Internet Information Services，互联网信息服务）等许多 Web 服务器，并支持包括 MySQL 在内的许多 RDBMS。最重要的是，它是一门非常简单的语言，使用该语言可以轻松创建脚本。

PHP 应用于世界各地的 Web 服务器中。可以说 PHP 是创建 Web 应用程序最常用的编程语言之一。

15.6.2　本书使用的 PHP

本书介绍的 PHP 知识是在 Web 应用程序中处理 MySQL 所需的最低限度的基础知识。PHP 的功能非常多，本书无法一一介绍。这里只选取如下内容进行讲解。

● 如何使用 PHP 发布前 14 章学习的 SQL 命令

大家可以根据本书的内容来试着构建以大规模运用为前提的数据库服务器，也可以试着使用租借服务器。但是，这和理解 MySQL 的本质以及进行实际操作并没有太大的关系。

后面我们将使用公告板作为示例。示例虽然简单，但是通过这个例子我们也可以学到 MySQL 使用方面的精髓，有利于为今后的学习打下良好的基础。请一步一步进行操作，一边实践一边阅读。

15.6.3　设置 php.ini

在学习 PHP 之前，我们需要对 php.ini 配置文件设置用于处理日期、时间的时区，以及多字节字符串的相关内容。

php.ini 是用于设置 PHP 动作的文本文件，在本书使用的环境中，它位于文件夹 C:\MAMP\conf\php7.1.5 中。在 conf 文件夹中，PHP 的每一个版本都分成了一个文件夹，注意不要弄错版本。可以点击 MAMP 起始页面中的"phpinfo"来确认 PHP 的版本（→ 2.2.4 节）。

▶ 设置时区

在 MAMP 的 PHP 中，时区的默认值是 UTC。UTC 是决定世界各地时间标准的"世界标准时间"，和北京时间约差 8 小时。因此，如果使用 date 函数（→ 16.3.2 节）显示时间就会出现偏差，所以需要重置时区。

使用文本编辑器打开 php.ini 文件，删除第 703 行附近的"; date.timezone ="开头的"; "，并将值设置为 Asia/Shanghai[①]。

```
[Date]
; Defines the default timezone used by the date functions
date.timezone = Asia/Shanghai ├────────── 删除"; "，添加"Asia/Shanghai"
```

▶ 设置多字节字符串

在本书使用的 PHP 7.1.5 中，字符编码默认设置为 UTF-8，所以我们不需要对字符编码进行设置。动态生成的字符串将自动以 UTF-8 进行输出。

---

① 注意，date.timezone 这个参数从 PHP 5.1.0 开始有效。对中国时区来说，能够设置的值有 Asia/Shanghai、Asia/Taipei 和 Asia/Hong_Kong 等，没有 Asia/Beijing 这个值。——译者注

但是,当处理中文时,如果不进行多字节字符串(汉字等两个字节以上的字符串)的相关设置,在函数的返回值包含中文的情况下就可能会发生乱码。

所以,请删除 php.ini 文件第 1232 行附近的";mbstring.language = Japanese"开头的";",并将 Japanese 修改为 Chinese。

```
[mbstring]
; language for internal character representation.
mbstring.language = Chinese ———————————— 删除开头的";",并修改为Chinese。
```

完成上述修改后保存 php.ini,重新启动服务器(→ 2.2.3 节)。

我们也可以在 php.ini 中设置其他内容。这部分知识就不进行讲解了,感兴趣的读者请参考 PHP 的专业用书。

15.7 首先显示"欢迎光临!"

15.7.1 确认 Apache 是否启动

Apache 必须处于启动状态。启动 Apache 的方法会根据使用的环境发生变化。如果安装了本书第一章中介绍的 MAMP,就可以参考 2.2.3 节中介绍的方法来操作。

下面确认一下 Apache 是否处于启动状态。在浏览器的地址栏中输入 http://localhost/MAMP,然后按 Enter 键。

如果按照本书 2.2.2 节介绍的步骤进行了安装和设置,访问 http://localhost/MAMP 应该就能显示出图 15-5 的画面了。

图 15-5 MAMP 的开始页

接下来要创建的 PHP 文件也可以在网上公开。不过我们先试着在相当于 Web 服务器的计算机上使用它。

专栏▶ **localhost 的 IP 地址**

localhost 的 IP 地址通常被指定为 "127.0.0.1"。也就是说，在常规设置中，输入 http://127.0.0.1/MAMP，就会显示出图 15-5 的画面。

15.7.2 首先用 PHP 显示 "欢迎光临！"

确认 Apache 可以顺利工作之后，试着用 PHP 显示 "欢迎光临！"。操作过程中可能会遇到显示不出来或乱码等情况，我们来一个一个地解决这些问题。

▶ 使用哪个文本编辑器

请使用支持 UTF-8 的编辑器创建 PHP 脚本。在本书中，PHP 脚本和 HTML 的字符编码使用了 UTF-8。

虽然使用 Windows 的记事本也可以读写 UTF-8 的文本文件，但是在使用记事本的情况下，UTF-8 文件会附加 BOM。BOM 是文件开头附加的显示 Unicode（UTF-8 等）种类的标志。在附有 BOM 的情况下，某些程序可能会发生意外错误，因此笔者不建议使用记事本。

由 GitHub 开发的 Atom 将 UTF-8（无 BOM）作为默认的字符编码，当编写 PHP 程序时可以使用代码辅助等功能，非常方便。

Atom
https://atom.io/

Atom 是开源的，可以免费使用。另外，Atom 上有各种各样的附加程序以包（package）的形式提供，因此可以自定义首选项。Atom 的画面如图 15-6 所示。

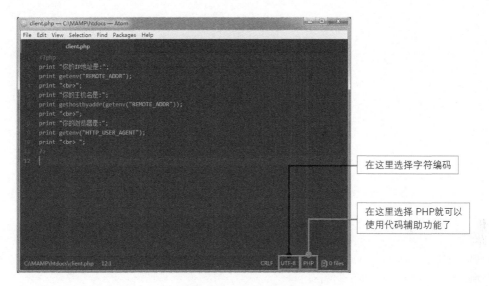

图 15-6　Atom 的画面

下面试着创建一个 PHP 脚本。请启动能够兼容 UTF-8 的编辑器。启动后,输入代码清单 15-1 的内容。注意,只有"欢迎光临!"的部分是中文,其他内容务必使用半角输入。

代码清单 15-1　test.php

```php
<?php
print "欢迎光临! ";
?>
```

我们将在第 16 章学习编写 PHP 脚本的语法规则。现在先想办法确保 PHP 脚本能够有效运行。

将创建好的文件保存在 Web 服务器发布的文件夹中(→ 2.2.5 节)。存储位置会根据 Apache 的设置发生变化,在本书的环境中为 C:\MAMP\htdocs 文件夹(在 Windows 的情况下)。今后要创建的 PHP 脚本文件也会保存在这里。

保存好后就可以执行 PHP 脚本了。在浏览器的地址栏中输入如下内容,test.php 就可以运行了。

```
http://localhost/test.php
```

像图 15-7 这样显示出"欢迎光临!"的字样就表示运行成功。

图 15-7　运行 test.php 的示例

如果没有正常显示，就需要参考下一节的内容来解决问题。如果能够正常显示出来，就可以开始学习 15.8 节的内容了。

另外，如果机器的 IP 地址是"192.168.1.1"，在网络内的其他客户端的浏览器中输入 http://192.168.1.1/test.php，也会显示图 15-7 的画面。但是，受到环境安全状况等因素的影响，也可能无法从除 localhost 以外的地方进行访问。

此外，文件名设置成了以".php"为扩展名的 test.php。这时不要忘记将字符编码设置为 UTF-8 进行保存。

15.7.3　没有正常显示时的解决对策

使用 PHP 的时候经常会出现不按照预期运行的情况。拿上一节的示例来说，比如没有显示"欢迎光临！"等。这一定是由某些原因造成的，我们要一个一个地去探究。

PHP 不能正常运行的原因主要有以下几种。

▶ 拼写错误

如果运行失败，最大的原因可能是 PHP 脚本中有拼写错误，例如写成 <php?、<php、prnt，或者没有加上"?""″"等。当然，除了"欢迎光临！"以外，其他内容必须使用半角。

在大多数情况下，错误信息会像图 15-8 这样显示出来。

图 15-8　错误显示画面

在某些环境下可能会出现即使发生了错误也不显示错误消息的情况。

▶ 输入了全角空格

在程序的世界中，全角空格被当作字符使用。和在 SQL 语句中一样，字符必须用 " " 或 ' '
括起来。也就是说，在执行缩进时使用全角空格，或者在关键字之间使用全角空格都会导致错误发
生。只要使用中文，就很难摆脱全角空格的问题，我们要多加小心。

▶ 不是可以使用 PHP 的环境

这是可以使用 PHP 的环境吗？已经安装好 PHP 了吗？这些都是容易忽略的错误。重新阅读第
2 章，确认一下设置是否有问题。

另外，为了让"欢迎光临！"页面显示在浏览器上，我们需要确保 Apache 是启动状态。如果安装
了 MAMP，请再次在地址栏中输入 http://localhost/MAMP，确认是否显示出和 15.7.1 节一样的内容。

▶ 保存在不同的文件夹中

Apache 发布的文件夹是固定的。但是，这个发布的文件夹会根据环境的不同而发生变化。文
件是否保存在了正确的文件夹里？请再次确认（→ 15.7.2 节）。

▶ 扩展名不是 ".php"

要发布的 PHP 文件的扩展名必须是 ".php"。那么，附加的扩展名是否正确？在确认扩展名之
前，务必将扩展名设置为显示状态（→ 2.2.1 节）。在使用文本编辑器的情况下，文件名可能会变为
"test.php.txt"，实际扩展名为 ".txt"。

▶ 字符乱码

如果是本书介绍的环境，乱码的情况应该不会发生，万一发生了乱码（见图 15-9），请确认以
下几点。

如上所述，本书是以使用 Unicode（UTF-8）向浏览器输出为前提进行介绍的。请确认 PHP 的
程序文件是否使用了 UTF-8 保存，如果是 GB 2312 等字符编码，请使用 UTF-8 重新保存之后再执
行。另外，请确认 php.ini 的多字节字符的相关设置。

如果这样也不能解决问题，请卸载 MAMP，然后重新安装。可以从开始按钮中选择
MAMP → Uninstall MAMP 来卸载 MAMP。

图 15-9 乱码的示例

15.8 使用 PHP

15.8.1 编写 PHP 脚本时需要遵循的规则

虽然显示的内容只有一行，但是也成功显示在了浏览器上。接下来我们从基础开始学习 PHP。下面是编写 PHP 脚本时需要遵循的主要规则。图 15-10 是相应的示意图。

● PHP 脚本文件的扩展名是 ".php"
● PHP 脚本以 "**<?php**" 开始，以 "**?>**" 结束
● 在行尾加上 "**;**"
● 字符串数据使用 **""** 或 **''** 括起来

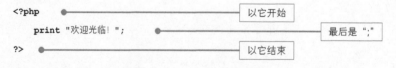

图 15-10 PHP 的基本语法

我们来看看各个规则的具体内容。

▶ PHP 脚本文件的扩展名是 ".php"

PHP 脚本文件的扩展名为 ".php"。在 15.7.2 节的示例中，PHP 脚本文件的文件名为 test.php。虽然可以设置为其他扩展名，但本书统一使用 ".php"。

▶ PHP 脚本以 "<?php" 开始，以 "?>" 结束

在扩展名为 ".php" 的文本文件中编写下面的脚本。

格式 PHP 脚本的写法

```
<?php
    执行内容的描述；
?>
```

其中，"<?php"的部分是开始标签，"?>"的部分是结束标签。也就是说，如果出现了"<?php"，就表示 PHP 代码从这里开始；如果出现了"?>"，就表示 PHP 代码到这里结束。

在 15.7.2 节的示例中，文件里只有 PHP 脚本。但其实 PHP 脚本也可以包含在 HTML 文件中。即使 PHP 脚本与 HTML 的描述掺杂在一起，我们也可以通过"<?php"和"?>"知道哪部分是 PHP 脚本。

PHP 脚本可以多次记述在 HTML 中。关于 HTML 标签的描述，我们将在 17.3 节进行介绍。

▶ **在行尾加上";"**

行的末尾要加上";"（分号）。当错误发生时，首先要确认一下是否是这里出现了问题。但如果是 test.php 这种只有一行脚本的文件，即使不加上";"也能正常运行。

▶ **字符串数据使用""或''括起来**

字符串数据需要使用""或''括起来。也就是说，在脚本中不允许出现不用""或''括起来的字符串。

另外，在 PHP 中用""括起来的变量能够被解析，但如果用''括起来就不能被解析了[①]。把变量括起来时使用""和使用''的区别会在 16.2.2 节介绍。

专栏▶ **编写 PHP 脚本**

本书使用了"<?php"和"?>"来编写 PHP 脚本，不过我们也可以通过修改 php.ini 的设置[②]来使用"<?"和"?>"编写。以前的版本也允许使用"<%"和"%>"，但是这个标签在 PHP 7 中已经不能使用了。

15.8.2 执行了什么处理

在上一节的 PHP 脚本文件 test.php 中执行"print "欢迎光临！""，浏览器就会显示出"欢迎光临！"的字样。我们再来回顾一下这个机制（见图 15-11）。

---

① 在 PHP 中，双引号中的变量（$var）和特殊字符（\r\n 等）会被转义，而单引号中的内容总被认为是普通字符，因此不会被转义。——译者注

② 设置参数为 short_open_tag 和 asp_tags（Removed from PHP 7.0）。——译者注

▶ **访问 test.php 文件**

首先，在浏览器的地址栏中输入 http://××××/test.php，访问 test.php 文件。收到请求的 Web
服务器会执行 test.php。

▶ **Web 服务器进行处理并返回结果**

在 15.7.2 节的示例中，实际运行的是"print 　"欢迎光临!"；"的部分。print 是用于显示
字符串的命令。也就是说，收到这个命令的 Web 服务器将字符串"欢迎光临!"发送到客户端的浏
览器。于是，浏览器便显示出了"欢迎光临!"。

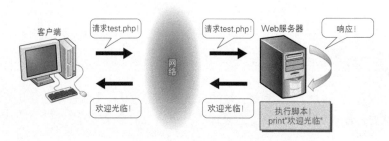

图 15-11　执行的处理

▶ **插入 HTML 标签**

要想显示字符串，就需要使用 print，HTML 标签也和字符串一样可以通过 print 显
示出来。

例如，
 是表示换行符的 HTML 标签。代码清单 15-2 在字符串 "欢迎光临" 之后，通过
HTML 标签
 进行换行，然后显示 "SQL 咖啡厅!"。

代码清单 15-2　br.php

```php
<?php
print " 欢迎光临 ";
print "<br>";
print "SQL 咖啡厅!  ";
?>
```

执行上述代码，浏览器中就会显示图 15-12 的内容。

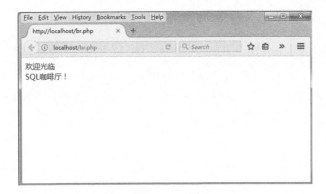

图 15-12　br.php 的执行示例

显示源代码（→ 17.1 节）可以看到如下内容。

> 欢迎光临**
**SQL咖啡厅！

专栏　print 和 echo

和 print 功能类似的命令还有 echo。二者的使用方法相同，但是 print 会返回 TRUE 这个值 (TRUE 被视为 1)，而 echo 不返回值。

我们来看一个例子。当执行以下代码时，浏览器上会显示什么内容呢？

▶print_print.php

```php
<?php
print print "你好";
?>
```

这时，浏览器上会显示"你好 1"。这是因为右边的"print "你好""输出了"你好"，左边的 print 输出了它的返回值 TRUE（1）。

而执行下面的代码会发生错误。

▶echo_echo.php

```php
<?php
echo echo "你好";
?>
```

因为 echo 无法输出没有返回值的 echo，连续使用两个 echo 是错误的，所以代码发生了错误。这么想就容易理解了。另外，"print echo "你好";"（示例 "print_echo.php"）也会报错，而 "echo print "你好";"（示例 echo_print.php）则不会报错，会显示出"你好 1"。

本书将统一使用 print。

15.8.3 注释的写法

我们可以在脚本中按照自己的习惯编写备忘录。这个备忘录称为注释。当执行程序时，注释部分会被忽略掉，所以我们可以在注释部分编写任何内容。

时间一长，创建程序的人也会忘记编写的内容。所以最好把哪部分代码执行了哪些处理等重点内容作为备忘录写下来。另外，当程序不能正常运行时，可以通过注释将可疑的代码注释掉使其停止运行，这样也比较容易找出问题出现的原因。

注释的编写规则如下所述。

◉ **如果代码以"//"或"#"开头，则该行不会执行任何操作**

◉ **如果代码在"/*"和"*/"之间，则该部分不执行任何操作**

代码清单 15-3 是包含注释的示例。这段代码和 15.7.2 节的示例一样仅执行"print ＂欢迎光临!＂"。我们也可以使用"/"或"*"使注释变得更加醒目。

代码清单 15-3 comment.php

```php
<?php
// 这一行会被全部注释掉
# 这个符号也表示注释
/*
可以包括
多行的
注释
*/
print "欢迎光临! "; /* 在行中间输入注释 */
/********************* 这是一条引人注目的注释 *********************/
/////////////////////// 这条注释也很显眼 ///////////////////////
?>
```

15.8.4 phpinfo 函数

下面试着使用 PHP 的函数。PHP 中也有大量函数。处理内容涵盖字符串、数字、文件和数据库操作、网络等，数量庞大到让人觉得所有处理都已经作为函数准备好了。

我们会在之后的章节中详细介绍函数，这里先试着使用显示 PHP 环境信息的 phpinfo 函数。

代码清单 15-4 是执行 phpinfo 函数的 PHP 脚本文件。

代码清单 15-4 info.php

```php
<?php
phpinfo();
?>
```

PHP 函数后面的（）中要写上传递给函数的参数（→ 8.2.2 节）。在这种情况下，即使函数没有参数也必须加上（）。这一点与 MySQL 的函数相同。

请将执行 phpinfo 函数的 PHP 脚本文件命名为 info.php 并保存在发布的目录中。在地址栏中输入 http://localhost/info.php，就会显示图 15-13 中的内容。

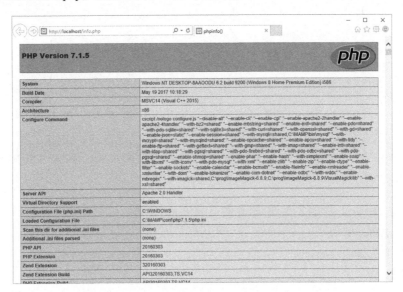

图 15-13　执行结果（http://localhost/info.php）

从显示的内容来看，除了 PHP 的版本和当前的设置内容之外，PDO（→ 18.1.2 节）驱动的相关信息、通过 Apache 设置的环境变量的相关内容也显示了出来。虽然本书不会涉及具体细节，但后面会介绍 REMOTE_ADDR 等环境变量的相关内容（→ 16.3.3 节）。

如果 PHP 或 MySQL 没有按照预期运行，我们也可以执行该函数来检查相关设置。另外，phpinfo 函数也可以通过从 MAMP 的开始页（http://localhost/MAMP/）选择画面上部的 "phpinfo" 来执行。

专栏▶　使用 PHP 关闭操作系统

PHP 中提供了很多函数。下面就来介绍一下其中一个比较有趣的函数。

执行命令的函数中有 exec 这个函数。exec 会执行参数中指定的命令。也就是说，exec 函数可以代替通过命令提示符和终端输入的命令使用。（但是，并不是所有的命令都能执行。）

关闭操作系统的命令是 SHUTDOWN -s。也就是说，创建一个内容为 exec("SHUTDOWN -s ") 的 PHP 脚本，然后执行，1 分钟后操作系统就会关闭。我们可以使用 "SHUTDOWN -s -t 10"（10 秒后关机）指定关机之前的等待时间。

如果在 localhost 上运行代码清单 15-5 的 PHP 脚本，计算机就会在 10 秒后关闭。

代码清单 15-5　shutdown.php

```php
<?php
exec("SHUTDOWN -s -t 10");
?>
```

另外，PHP 会在服务器端（本书中是 localhost）执行。也就是说关闭的是服务器端，千万不要弄错。

15.9　总结

本章介绍了以下内容。

- Apache、MySQL、PHP 的动作和它们在 Web 应用程序的执行中所起到的作用
- 使用 PHP 的步骤
- 编写 PHP 脚本的基础知识
- 运行 PHP 脚本的方法

▶ 自我检查

下面检查一下本章学习的内容是否全部理解并掌握了。

☐ 能够理解 Web 服务器的作用
☐ 知道编写 PHP 脚本的基本规则
☐ 能够运行 PHP 脚本
☐ 能够创建输出字符串的 PHP 脚本

▶ 练习题

问题 1

　　下面是具有"在经过指定的秒数后自动跳转到指定 URL"功能的标签。请使用这个标签，创建能够在 5 秒后自动跳转到 Web 页面 http://www.boc.cn/ 的 PHP 脚本。

■ <meta http-equiv='refresh'> 标签的功能

```
<meta http-equiv='refresh' content=' 自动跳转前的秒数 ;url= 跳转的 URL'>
```

HINT 使用 PHP 脚本编写标签即可。

参考答案

问题 1

创建代码清单 15-6 的 PHP 脚本。

代码清单 15-6 示例 move.php

```php
<?php
print "<meta http-equiv='refresh' content='5;
URL= http://www.boc.cn/'>";
print "5 秒后跳转到中国银行的页面 ";
?>
```

第16章　PHP基础知识

在第 15 章中，我们使用 PHP 将 "欢迎光临！" 的字样显示在了浏览器上。本章我们将学习 PHP 的基础知识。

PHP 很深奥，光函数就有 1000 多个。在本书中，我们仅讨论 MySQL 使用方面的 PHP 知识，主要介绍控制 MySQL 所需要的变量、字符串、函数、比较运算符、条件判断、循环和数组。

16.1　变量

16.1.1　什么是 PHP 的变量

首先来看变量。我们介绍过变量是一个用于保存值的 "箱子"（→ 12.5.3 节）。变量在 PHP 与 MySQL 的结合方面发挥着不可替代的重要作用。

下面来试着使用一下变量吧。首先按照 15.7.2 节的方法输入代码清单 16-1 的脚本。

代码清单 16-1　variable.php

```php
<?php
$a= " 欢迎光临 !";
print $a;
?>
```

确认无误后，将该文件命名为 variable.php 并保存到 Web 服务器发布的文件夹中。不要忘记保存时将字符编码设置为 UTF-8。不同的 Web 服务器发布的文件夹也有所不同，如果像本书一样安装了 MAMP，文件夹就是 C:\MAMP\htdocs（→ 15.7.2 节）。

确认 Apache 正在运行（→ 2.2.3 节）后，在 Web 浏览器的地址栏中输入以下内容。

http://localhost/variable.php

这样就会显示出图 16-1 的页面。

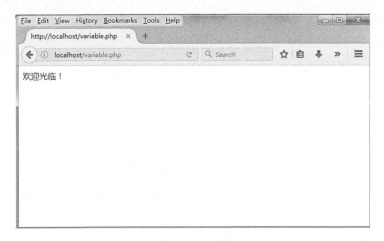

图 16-1　执行结果

如果没有正常显示，请参照 15.7.3 节的内容进行检查。

下面我们来看一下脚本的内容。首先，PHP 在变量名的开头加了 $。上述示例中的变量是 a，于是就变成了 $a。重点是下面这个表达式。

```
$a="欢迎光临！";
```

初次接触编程语言的读者，看到这个表达式也许会觉得不可思议。这个表达式表示将字符串"欢迎光临！"赋给变量 $a。

在程序的世界中，"="表示将 = 右边的值赋给左边。也就是说，$a 的内容是"欢迎光临!"（见图 16-2）。

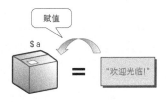

图 16-2　变量

另外，在 MySQL 的比较运算符中出现的表示相等的"="，在 PHP 中需要连续写两次，即"=="（→ 16.4 节）。

如上所述，print 是用于输出字符串的命令。因此，下面的命令会输出 $a 的值，即输出字符串"欢迎光临！"。

```
print $a;
```

其实我们只是使用变量重新表述了一下 15.7.2 节的示例。这种用于保存值的"箱子"就是变量。另外，值并不是一直保存在变量中的，我们也可以自由地对其进行存取。

16.1.2　变量名的规则

设置变量名需要遵循各种规则。在 PHP 的情况下，有如下规则。

- 以"$"开头
- 对大小写敏感
- 由字母、数字和"_"（下划线）组成
- "$"后面不能以数字开头

▶ 以"$"开头

PHP 变量的特点是在开头加上前缀"$"。例如 $age、$TEL 等。

▶ 由字母、数字和"_"（下划线）组成，但不能以数字开头

变量的开头必须是字母或者"_"。像 $30years 这样的写法是不允许出现的，但 $_30years 就没有问题。

▶ 对大小写敏感

对大小写敏感，举例来说就是变量 $tel、$Tel 和 $TEL 各不相同。我们在编写脚本的时候会不知不觉混合使用 $x 和 $X，一定要注意字母的大小写。本书中所有的变量名都使用了小写字母。

16.1.3　预定义常量

在 PHP 中，有些值即使用户不设置也会被事先定义好，这种类型的值就是预定义常量。例如，表示圆周率和 PHP 版本的常量就可以被直接使用。

▶ PHP 常量的示例

M_PI	圆周率
PHP_VERSION	PHP 的版本
PHP_OS	运行的 OS

执行代码清单 16-2 中的代码，圆周率就会显示出来，如图 16-3 所示。

代码清单 16-2　pi.php

```php
<?php
print M_PI;
?>
```

图 16-3　执行结果

16.1.4　变量的数据类型

下面来看变量的数据类型。PHP 具有即使不定义数据类型也可以使用变量的特征。赋值时 PHP 会自动决定数据类型，值为字符串就是字符串类型，值为整数就是整数类型，不需要进行定义。

当使用 MySQL 创建表时，必须一开始就决定列的数据类型（→ 5.1 节），因此基本不可能在数值类型的列中写入字符串。此外，对于存储函数中使用的变量，我们必须事先使用 DECLARE 来声明类型（→ 12.5.3 节）。

PHP 相对来说比较灵活，它会根据输入的值决定相应的数据类型。

表 16-1 列出了几个能够在 PHP 中使用的数据类型。

表 16-1　能够在 PHP 中使用的数据类型

内容	数据类型
整数	integer
浮点数	float、double
字符串	string
布尔值	boolean
对象	object
数组	array
资源	resource
空值	NULL

赋值之后，PHP 会自动设置相应的数据类型。目前我们不用在意这方面的内容。

16.2　字符串

下面将介绍 PHP 字符串的相关内容。

16.2.1　连接字符串

我们来看一下连接字符串的方法。在 PHP 中使用 "." 连接字符串。字符串数据需要用 " " 或 ' ' 括起来，因此在连接 "西泽" 和 "梦路" 这两个字符串时，需要写成 """ 西泽 "." 梦路 """。

代码清单 16-3 将 "你好" 赋给变量 $a，将 "欢迎光临 SQL 咖啡厅！" 赋给变量 $b，然后连接这两个字符串并显示出来。

代码清单 16-3　join.php

```php
<?php
$a= " 你好 ";
$b=" 欢迎光临 SQL 咖啡厅!";
print $a.$b;                                              1
?>
```

$a.$b 将各个变量中的字符串连接了起来（ 1 ）。

16.2.2　""" 和 "'" 的使用方法

字符串需要用 " " 或 ' ' 括起来。

但是，使用 " " 括起来的字符中不能包括 """，使用 ' ' 括起来的字符中不能包括 "'"。这是因为如果有 """ 或 "'"，PHP 会认为它是字符串的起点或终点，导致错误发生。这一点和 MySQL 的 SQL 语句是一样的。

例如，执行下面的命令会发生错误。

```
print "将字符串用""括起来";
```

""中包含了""

▶ 转义处理

在这种情况下，我们可以通过在 """ 或 "'" 之前加上 "\" 来避免发生错误，这种处理称为转义处理（→ 5.3.2 节）（见图 16-4 ）。

```
print " 将字符串用 \"\" 括起来 ";
```

"""" 的前面要加上"\"（转义处理）

图 16-4　转义处理

使用 `""` 或 `''`

　　还有另一种方法，那就是当 ""″ 需要作为字符处理时，用 ' ' 括起来，或者当 "'″ 需要作为字符处理时，用 " " 括起来。比如下面这这种写法。

```
print "将字符串用''括起来";
```

　　在以后的章节中，当使用 MySQL 创建 Web 应用程序时，我们会通过 PHP 脚本执行 SQL 语句。在这种情况下，SQL 语句会作为字符串指定给 query 方法的参数（→ 18.2 节）。

　　后面会详细介绍 query 和方法的相关内容，现阶段我们只要记住 query（作为字符串的 SQL 语句）这种描述方法即可。

　　那么当执行 SQL 语句 INSERT INTO tbl VALUES（'A101',...）时该如何描述呢？SQL 语句是字符串数据，需要用 ' ' 括起来，但使用 ' ' 将包含 ' ' 的 SQL 语句括起来时会发生错误。

```
query('INSERT INTO tbl VALUES('A101',...)')
```

使用 ' ' 将 ' ' 括起来的话会报错

　　这时就需要采取一些方法来解决这个问题了，比如用 "\" 进行转义，或者像下面这样在外部使用 " "，从而让内部的 "'″ 作为字符来处理。

```
query("INSERT INTO tbl VALUES('A101',...)")
```

使用 " " 将 ' ' 括起来的话不会出现问题

　　或者可以在外部使用 ' '，从而将内部的 ""″ 作为字符处理。

　　当使用 PHP + MySQL 时，首先会遇到的难题就是 "'″ 和 ""″ 的使用方法。以后我们会学习 query 方法的相关内容，这里先记住不可以使用 ' ' 将作为字符的 "'″ 括起来，或者使用 " " 将作为字符的 ""″ 括起来。

16.2.3　用 `""` 将变量括起来和用 `''` 将变量括起来的区别

　　不管是 " " 还是 ' '，都可以将字符串数据括起来，但是在变量的情况下，二者的处理结果会存在差异。

在代码清单 16-4 中，"　"中的变量会被解析，执行结果中会显示变量的值"123"（❶），如图 16-5 所示。

代码清单 16-4　double_quotation.php

```
<?php
$a=123;
print "$a";                                                          ❶
?>
```

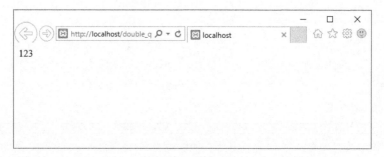

图 16-5　执行结果

但在代码清单 16-5 的情况下，'　'中的变量就不会被解析，而是当成字符串来处理。也就是说，$a 会作为字符串显示出来（见图 16-6）。

代码清单 16-5　single_quotation.php

```
<?php
$a=123;
print '$a';                                                          ❷
?>
```

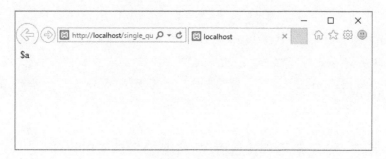

图 16-6　执行结果

使用 PHP 执行的 SQL 语句中如果存在变量，就需要我们多加注意了。

16.3 函数

关于 MySQL 的函数,我们已经在 8.2.2 节中进行了介绍。PHP 中也有函数。

16.3.1 本书涉及的 PHP 函数

PHP 函数有 1000 多个,表 16-2 只列出了本书出现的函数。

表 16-2 本书出现的函数

函数名	内容
date	返回当前日期和时间(→ 16.3.2 节)
exec	执行命令(→ 15.8.4 节)
phpinfo	显示 PHP 的信息(→ 16.3.3 节)
nl2br	在需要换行的情况下,插入 HTML 换行标签(→ 17.7.2 节)
preg_match	使用正则表达式执行模糊查询(→ 20.3.2 节)
htmlspecialchars	转换标签等特殊字符串(→ 20.4.3 节)
isset	检查是否设置了变量(→ 21.3.1 节)
getenv	获取环境变量(→ 16.3.3 节)
gethostbyname	通过主机名获取 IP 地址(参考)
gethostbyaddr	通过 IP 地址获取主机名(→ 16.3.1 节)

下面以 date、phpinfo、getenv 和 gethostbyaddr 函数为例进行介绍。

16.3.2 通过 date 函数显示日期和时间

首先我们来介绍日期和时间处理中必不可少的 date 函数。当使用这种与日期和时间相关的函数时,必须事先正确地设置好时区(→ 15.6.3 节)。

格式 date 函数的格式

```
date(时间的格式)
```

date 是用于返回时间的函数。在参数中指定表 16-3 中的字符串,就会返回相应的日期和时间。

表 16-3　date 函数中指定的字符串

时间的格式	返回值
g	12 小时制的小时
h	2 位数字表示的 12 小时制的小时
G	24 小时制的小时
H	2 位数字表示的 24 小时制的小时
j	日期
l	星期的英文字符串（返回 Saturday 等字符）
F	月份的名称（返回 January 等字符）
n	月份
m	2 位数字表示的月份①
s	秒（2 位数）
Y	年份
y	2 位数字表示的年份

例如，函数

```
date("F")
```

将返回 December 等当前月份的名称。另外，函数

```
date("n")
date("j")
```

将返回当前的月份和日期。如果需要在 Web 页面上自动显示"× 年 × 月 × 日"，该函数会起到很大的作用。另外，我们可以在 date 函数的第 2 个参数中指定任意的日期和时间（时间戳）②。

在 PHP 中，日期和时间的信息以"时间戳"的格式来处理。这个"时间戳"是从 1970 年 1 月 1 日 0 点起到现在经过的秒数。

▶ 使用 date 函数

下面来创建显示当前日期的脚本。如代码清单 16-6 所示，我们要创建将当前日期显示为"今天是 × 年 × 月 × 日"的脚本。和前面介绍的一样，使用"."连接字符串。执行结果如图 16-7 所示。

---

① 有前导零。——译者注

② 日期的格式实际为 string date (string $format [, int $timestamp = time()])，其中第 2 个参数默认为当前时间和日期。——译者注

代码清单 16-6　date.php

```php
<?php
print " 今天是 ".date("Y")." 年 ".date("m")." 月 ".date("j")." 日 ";
?>
```

图 16-7　执行结果

16.3.3　环境信息

▶ 通过 phpinfo 函数获取环境信息

在用于获取 PHP 相关信息的函数中，有一个 `phpinfo` 函数，只要按照下面的方式描述，相关信息就会显示出来（→ 15.8.4 节）。

```php
<?
php
phpinfo();
?>
```

即使函数不需要参数也要加上 `()`（→ 8.2.3 节）。仅通过 "`phpinfo();`" 这一行代码就能显示出许多环境信息。

`phpinfo` 返回的信息中也包含环境变量。这些信息将显示在 `phpinfo` 函数输出的 "Apache Environment" 的模块中。环境变量中保存着 Web 服务器的软件和客户端的 IP 地址等重要信息。在

REMOTE_ADDR 项目中应该可以看到机器的 IP 地址，大家可以去确认一下。（在 localhost 的情况下是 "127.0.0.1" 之类的 IP 地址。）

► getenv 函数

下面试着使用 getenv 函数创建用于显示客户端信息的 PHP 脚本。

getenv 函数是用于返回 "环境变量的值" 的函数，我们只要指定特定的参数就可以获取相应的信息。表 16-4 显示了 getenv 函数中可以搞定的参数以及相应获取的信息。

格式 getenv 函数的格式

```
getenv（想获取的信息项）
```

表 16-4　getenv 函数中指定的参数和获取的信息

参数（想获取的信息项）	获取的信息
SERVER_SOFTWARE	Web 服务器软件
SERVER_PORT	使用的端口
PATH	服务器中设置的路径
REMOTE_ADDR	客户端的 IP 地址
HTTP_USER_AGENT	客户端的浏览器信息

比如，我们可以通过 getenv("SERVER_SOFTWARE") 获取 Web 服务器软件的信息。下面执行代码清单 16-7 中的代码。执行结果如图 16-8 所示。

代码清单 16-7　serv_disp.php

```php
<?php
print getenv("SERVER_SOFTWARE");
?>
```

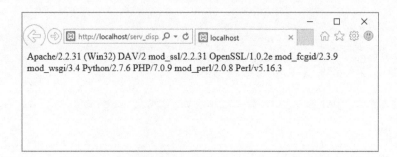

图 16-8　执行结果

同样，我们也可以通过 getenv("REMOTE_ADDR")（示例 ip.php）获取客户端的 IP 地址。执行结果如图 16-9 所示。

代码清单 16-8　ip.php

```php
<?php
print getenv("REMOTE_ADDR");
?>
```

图 16-9　执行结果

16.3.4　通过 gethostbyaddr 函数获取主机名

我们来使用一下 `gethostbyaddr` 函数。`gethostbyaddr` 函数是一个用于通过 IP 地址获取主机名的函数。

> **格式**　gethostbyaddr 函数的格式
>
> ```
> gethostbyaddr ( 主机的 IP 地址 )
> ```

只要将上节中通过 getenv("REMOTE_ADDR") 获取的 IP 地址作为参数传递给 gethostbyaddr 函数，就可以获取客户端的主机名。

代码清单 16-9 是用于显示客户端主机名的脚本。执行结果如图 16-10 所示。

代码清单 16-9　host_disp.php

```php
<?php
print gethostbyaddr(getenv("REMOTE_ADDR"));
?>
```

图 16-10 执行结果

▶ 使用 gethostbyaddr 函数

我们来创建一个使用 getenv 函数和 gethostbyaddr 函数返回客户端信息的 PHP 脚本。

这个脚本中使用了 getenv 函数获取客户端的 IP 地址和客户端的浏览器信息，然后让通过 getenv 函数获取的 IP 地址作为 gethostbyaddr 函数的参数，从而获取客户端的主机名。执行结果如图 16-11 所示。

代码清单 16-10 client.php

```php
<?php
print "你的 IP 地址是 :";
print getenv("REMOTE_ADDR");
print "<br>";
print "你的主机名是 :";
print gethostbyaddr(getenv("REMOTE_ADDR"));
print "<br>";
print "你的浏览器是 :";
print getenv("HTTP_USER_AGENT");
print "<br> ";
?>
```

图 16-11 执行结果

16.4　比较运算符

后面介绍的循环处理和条件判断会涉及判断是否符合设置条件的内容。这时就需要用到比较运算符。PHP 中可以使用的比较运算符如表 16-5 所示。

表 16-5　比较运算符

比较运算符	内容
a==b	a 等于 b
a>b	a 大于 b
a>=b	a 大于等于 b
a<b	a 小于 b
a<=b	a 小于等于 b
a<>b	a 不等于 b

如果符合条件，则为"TRUE"或"真"；如果不符合条件，则为"FALSE"或"假"。需要注意的是，表示相等的"=="需要连续写两个"="。

比如，"2 > 1"是正确的，所以是"TRUE"（真）。

16.5　循环处理

用程序执行的优点之一是可以反复执行相同的处理。下面就来介绍一下执行循环处理的 for 和 while 的语法。

16.5.1　通过 for 实现循环

▶ 什么是 for

for 会准备一个计数器变量，然后不断增加该计数器变量的值，同时循环执行指定范围内的处理。for 中会事先设置好"当计数器变量小于等于 10 时进行循环"这样的条件，如果不满足这个条件（即条件的结果为 FALSE），就会结束循环。

for 的语法如下所示。

格式 for

```
for ( 初始值；循环条件；增量 ) {
    循环执行的处理
}
```

循环执行用 "{}" 括起来的处理。这部分处理可以使用多行来描述。for 后面的 () 里设置了如何进行循环处理。

▶ 使用 for

我们很难用语言来描述如何使用 for，还是实际操作一下比较好。试着输入代码清单 16-11 中的脚本。代码清单 16-11 是将字符 "*" 反复显示 15 次的示例。执行结果如图 16-12 所示。

代码清单 16-11 for.php

```php
<?php
for($i=1;$i<=15;$i=$i+1){                                    1
    print " * ";
}
?>
```

图 16-12 执行结果

如果脚本没有顺利运行，就需要一个字符一个字符地进行检查了。看看 ";" "{" 等符号是否出现了错误。

▶ for 的执行流程

下面我们来看一下代码清单 16-11 的内容。在 1 这部分代码中，for 后面的 () 里的内容有如下含义。

● $i=1   → 变量 $i 的初始值是 1（初始值）

● $i<=15　→　当 $i 小于等于 15 时进行循环（循环条件）

● $i=$i+1　→　每次循环都加 1（增量）

具体的执行流程如图 16-13 所示。

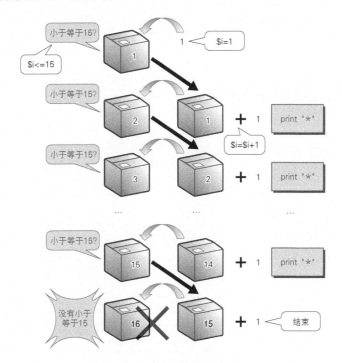

图 16-13　for 的执行流程

在这个示例中，$i 是作为计数器变量来使用的。计数器变量可以是 $loop，也可以是 $p 或者其他内容。但不知为何很早之前就决定了使用 $i 来表示计数器变量。

初始值部分为 $i=1，它表示计数器变量的第一个值是 1。循环条件为 $i<=15。也就是说，在计数器变量 $i 小于等于 15 的情况下会循环执行该处理。

增量部分为 $i=$i+1。它表示 $i 每次增加 1。在程序的世界里，"="表示将右边的值（$i+1）赋给左边的变量（$i）。也就是给 $i 加 1，再将加 1 后的结果赋给 $i。

由于 $i=1，所以初始值是 1。在这个基础上通过 $i+1 给 $i 加 1，值变为 2，然后把 2 赋给左边的 $i，于是 $i 变为 2。接着再通过 $i+1 给 $i 加 1，值变为 3，然后将 3 赋给 $i，$i 就变为 3……以此类推。

$i=$i+1 可以简写为 $i++，表示递增（increment）。也就是说，即使将代码清单 16-11 的示例按照如下方式进行编写，结果也不会发生任何改变。$i=1 表示从 1 开始，$i<=15 表示小于等于 15 的条件，$i++ 表示给 $i 加 1（**1**）。

代码清单 16-12 for_variation.php

```php
<?php
for($i=1;$i<=15;$i++){                                                    ①
    print " * ";
}
?>
```

16.5.2 通过 while 实现循环

下面将介绍如何通过 while 来实现循环。这次在符合循环条件（TRUE）的情况下循环执行处理，具体语法如下所示。

格式 while

```
while(循环条件){
    循环执行的处理
}
```

while 中没有设置计数器变量初始值的部分，所以我们必须自己设置初始值。而且在循环过程中一定要有不符合（FALSE）循环条件的时候。如果始终符合创建的循环条件，处理就会无限循环下去。

▶ 使用 while

前面用 for 写入了 15 次 "*"，这次我们使用 while 来实现相同的内容（图 16-14）。

代码清单 16-13 中首先准备了计数器变量 $i，并将 1 赋给了这个变量。然后，每执行一次 "print " * ";" 就给 $i 加 1，并用 while 循环这一过程。循环的条件是 "变量 $i 小于等于 15"。

代码清单 16-13 while.php

```php
<?php
$i=1;                                                                    ①
while($i<=15){                                                           ②
    print " * ";
    $i++;                                                                ③
}
?>
```

"$i=1;" 将 1 赋给了 $i（①），之后判断条件。因为 $i 的初始值是 1，所以符合条件 <=15

（小于等于 15 ），于是执行 print " * "，然后 " * " 就会显示出来（ **2** ）。

接下来 "$i++;" 给 $i 加 1 (→前一节)，于是值变为 2 (**3**)。然后再次回到 while 部分，判断值是否符合条件 while ($i<=15)。

循环这一过程，最后通过 "$i++;" 将 $i 增加到 16，这样就不符合（ FALSE ）设置的条件了，所以第 16 次循环结束时不会输出 " * "。

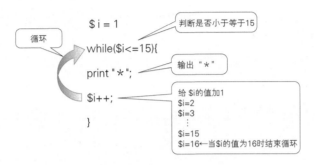

图 16-14 while 的执行流程

16.5.3 通过 do...while 实现循环

与 while 相似的语法还有 do...while。与 while 不同的是，do...while 判断条件的操作是在循环语句之后进行的。

格式 do...while 的语法

```
do{
    循环的处理
}while( 循环条件 )
```

执行代码清单 16-14 中的代码，将会得到和代码清单 16-13 一样的结果。

代码清单 16-14 do_while.php

```php
<?php
$i=1;                                              1
do{
    print " * ";
    $i++;                                          2
}while($i<=15)                                     3
?>
```

通过 $i=1 将初始值设置为 1 (**1**)，然后通过 $i++ 给 $i 加 1 (**2**)，最后通过 while($i<=15)

判断 $i 的值是否小于等于 15（**3**），这就是整个处理过程。

需要注意的是，在使用 while 的情况下会先进行条件判断，如果不满足条件，就不会执行循环语句，直接结束。但在 do...while 的情况下，条件判断会放到最后，所以至少会执行一次循环语句。

16.6 条件判断

16.6.1 通过 if 进行条件判断

if 是让执行的内容随着条件的变化而变化的处理。在 PHP 脚本中，if 的语法如下所示。

> **格式** if 的语法

```
if( 条件 ){
    符合条件时执行的处理
else{
    不符合条件时执行的处理
}
```

如果符合（）内的条件（TRUE），则执行"符合条件时执行的处理"，如果不符合条件（FALSE），则执行"不符合条件时执行的处理"。

▶ if 的执行流程

试着执行代码清单 16-15 中的代码。执行结果如图 16-15 所示。

代码清单 16-15　condition.php

```
<?php
if(200>100){             1
    print " 大 ";        2
}else{                   3
    print " 小 ";        4
}
?>
```

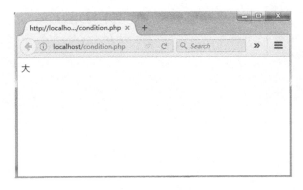

图 16-15　执行结果

a>b 表示 a 大于 b（→ 16.4 节）。如果问 200 和 100 哪个大，当然是 200。也就是说，**1**用于判断"200 大于 100"（200 > 100）是否正确。因为这是正确的，所以会执行**2**中的"符合条件时执行的处理"。

如果不符合**1**的条件（**3**），则执行**4**。**2**中的处理就不会再执行了。

图 16-16 显示了 if 的执行流程。

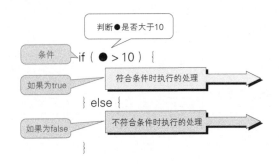

图 16-16　if 的执行流程

当然在实际的脚本中，不会只设置"200 > 100"这种简单的条件。if 也可以用在比较重要的处理上，比如判断是否连接到了数据库，或者判断是否包含了指定的字符等。

另外，关于 else｛不符合条件时 ~｝的部分，如果不需要的话可以省略。在这种情况下，只有当符合条件时才会执行指定的处理，如果不符合条件，则不执行任何操作。

16.6.2　三元运算符

如果只是根据条件来修改值，语法其实非常简单。下面我们来看一下三元运算符。

格式　三元运算符

（条件）? 符合条件时的值 : 不符合条件时的值;

　　三元运算符简化了 if 的编写，并根据条件改变了值本身。注意输入正确的"?"和":"等符号。下面是通过三元运算符来表示前一节介绍的"如果 200 > 100，则显示 " 大 "，否则显示 " 小 ""的示例。

代码清单 16-16　ternary.php

```php
<?php
print (200>100)?" 大 ":" 小 ";
?>
```

　　下面是使用三元运算符实现"上午 12 点之前显示 "上午"，否则显示 "下午""的示例。

代码清单 16-17　am_pm.php

```php
<?php
print (date("G")<12)?"上午":"下午";
?>
```

16.6.3　设置了多个条件的 if 的语法

　　if 可以设置多个条件表达式，具体语法如下所示。

> **格式**　设置了多个条件的 if 的语法

```
if(条件 1){
    符合条件 1 时执行的处理
}elseif(条件 2){
    符合条件 2 时执行的处理
}elseif(条件 3){
    符合条件 3 时执行的处理
......
}else{
    不符合所有条件时执行的处理
}
```

设置了多个条件的 if 会循环执行以下处理。

　　如果符合"条件 1"（TRUE），则执行"符合条件 1 时执行的处理"，如果不符合，则转到下一个……

如果符合"条件 2"（TRUE），则执行"符合条件 2 时执行的处理"，如果不符合，则转到下一个……

当所有条件都不符合时，执行"不符合所有条件时执行的处理"。

专栏▶ 存储过程中的条件分支

虽然本书没有涉及，但是在 MySQL 存储过程中也可以使用 if 进行条件判断。

▶ 设置了多个条件的 if 语句的执行流程

下面来看一个复杂一些的处理。我们试着让问候语随着访问时间发生变化。当前时间可以通过 date("G") 获取（→ 16.3.2 节）。也就是说，需要设置"date("G") 的值大于等于 18"或者"date("G") 的值大于等于 9"这样的条件，然后通过 if 进行分支处理。

具体来说，就是创建代码清单 16-18，在 0 点到 6 点显示"不困吗"，在 6 点到 9 点显示"早上好"，在 9 点到 18 点显示"你好"，在 18 点到 0 点显示"晚上好"。执行结果如图 16-17 所示。

代码清单 16-18　if.php

```php
<?php
if (date("G")>=18){
    print " 晚上好 ";
}elseif(date("G")>=9){
    print " 你好 ";
}elseif(date("G")>=6){
    print " 早上好 ";
}else{
    print " 不困吗 ";
}
?>
```

图 16-17　执行结果

可以看到，根据当前的具体时间，浏览器上显示了相应的字符串。

16.6.4　使用了 switch 的条件判断

当根据变量值执行不同的处理时，我们可以使用 switch（见图 16-18）。例如，当变量 $i 为 1 时执行 ××；当变量 $i 为 2 时执行△△；当变量 $i 为 3 时执行○○。

使用前一节的 if 也可以执行相同的处理，但使用 switch 编写更容易让人理解。

switch 的语法如下所示。

> **格式**　switch 的语法

```
switch ( 变量 ){
case 变量的值 1:
    处理 1
    break;
case 变量的值 2:
    处理 2
    break;
......
default:
    不符合所有条件时执行的处理
}
```

如果 switch 之后设置的变量和 case 之后描述的值相符，则执行相应的处理。请务必在各处理的最后加上 break。break 是用于结束处理的命令。

如果不符合所有条件，则执行 "default:" 后面编写的处理。

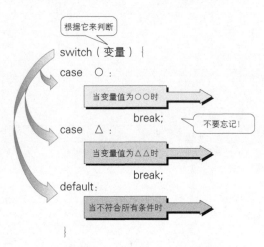

图 16-18　switch 的执行流程

▶ **switch 语法的执行流程**

例如，代码清单 16-19 是在 10 点的时候显示 "10 点的零食"，在 15 点的时候显示 "3 点的零食"，在 10 点和 15 点之外的时间显示 "这不是零食" 的示例。执行结果如图 16-19 所示。

代码清单 16-19　snack.php

```php
<?php
switch(date("G")){
case 10:
    print "10 点的零食 ";
    break;
case 15:
    print "3 点的零食 ";
    break;
default:
    print " 这不是零食 ";
}
?>
```

这里再强调一遍，不要忘记在各处理的后面加上 break。如果没有写 break，后面的处理也会被执行。另外，注意不要写错 "case 变量的值 1:" 中的 ":"。

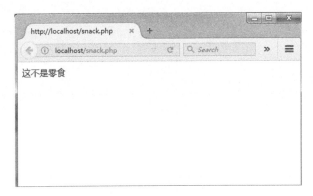

图 16-19　执行结果

下面我们来思考一下如何使用 switch 创建如下所示的图案。

◎★○▽▲◎★○▽▲◎★○▽▲◎★○▽▲◎★○▽▲◎★○▽▲◎★○▽▲◎★○▽▲……

具体方法是使用 for（→16.4 节）将 1 ~ 5 赋给变量，使用 switch 分别对每个值进行不同的处理。然后使用 for 循环这一过程。

变量 $x 的值为 1 则输出◎，2 则输出★，3 则输出○，4 则输出▽，5 则输出▲，这样重复循环 8 次，就可以连续输出 8 次 "◎★○▽▲" 的图案。具体请看代码清单 16-20。执行结果如图 16-20 所示。

代码清单 16-20　switch.php

```php
<?php
for($x=1;$x<=8;$x++){                                        3

    for($y=1;$y<=5;$y++){                                    2
        switch($y){                                          1
        case 1:
            print "◎ ";
            break;
        case 2:
            print "★ ";
            break;
        case 3:
            print "○ ";
            break;
        case 4:
            print "▽ ";
            break;
        case 5:
            print "▲ ";
            break;
        }
    }
}
```

图 16-20　执行结果

我们来看一下处理的内容。

首先按照"变量 $y 是 1 则写出◎，变量 $y 是 2 则写出★"的方式进行分支处理（ 1 ）。

```php
switch($y){
case 1:
    print "◎";
    break;
case 2:
    print "★";
```

```
    break;
    ......
case 5:
    print "▲";
    break;
}
```

然后将 switch 语句以 for 的形式进行循环（❷）。

```
for($y=1;$y<=5;$y++){
    switch($y){
    ......
    }
}
```

变量 $y 的值会按照 1、2、3、4、5 的方式递增，因此会分别输出 "◎" "★" "○" "▽" "▲"。

将这个使用了计数器变量 $y 的 for 语句，再通过使用了计数器变量 $x 的 for 语句循环 8 次（❸）。

```
for($x=1;$x<=8;$x++){
    for($y=1;$y<=5;$y++){
        switch($y){
        ......
        }
    }
}
```

注意，"{" 和 "}" 必须成对出现。

16.7　数组

16.7.1　什么是数组

前面使用的变量都和 $i=1000 一样只存储了一个值。但其实还有可以存储多个值的特殊变量。这种特殊变量称为数组。

声明某变量不是普通变量而是数组变量的方法有很多种，我们先来介绍一种使用了 array 命令的方法。数组变量的命名规则和 16.1.2 节介绍的规则相同。

例如，将变量 $m 定义为数组，然后通过下面的方法使其存储大量数据。

```
$m=array("老鼠","牛","老虎","兔子","Dragon");
```

这样，变量 $m 中就存储了"老鼠""牛""老虎""兔子""Dragon"这 5 个字符串。一旦赋了值，PHP 就会自动设置数据类型（→ 16.1.4 节），因此 $m 是字符串类型的数组变量。

下面是从数组中取出各值的方法。例如，上面示例中的值（字符串）从左到右分别以 $m[0]、$m[1]、$m[2]、$m[3]、$m[4] 的名称保存了起来。我们可以通过指定名称来取出相应的值。也就是说，执行"print $m[2];"就会输出"老虎"。注意输出的并不是"牛"。保存的值和相应的数组变量如表 16-6 所示。

表 16-6　保存的值和相应的数组变量

数组变量	保存的值
$m[0]	老鼠
$m[1]	牛
$m[2]	老虎
$m[3]	兔子
$m[4]	Dragon

我们可以通过 [] 中的数字判断这是第几号元素的值。写在 [] 中的数字编号称为下标。下标是从 0 开始的。大家可能觉得下标从 0 开始会有些奇怪，但是在计算机领域，数字通常都是以 0 开头的。因此，数组最后一个下标的值要比数组元素的个数小 1，这一点需要注意。

例如，在上面的示例中，第 5 个元素"Dragon"是 $m[4]，而不是 $m[5]。

16.7.2　给数组赋值的方法

在不使用 array 命令的情况下，给数组赋值的方法有以下几种。

▶ 直接赋值

```
$m[4]="Dragon";
$m[0]="老鼠";
$m[2]="老虎";
$m[1]="牛";
$m[3]="兔子";
```

在这种情况下，无论下标顺序如何，都可以进行赋值。即使像 $m[777]="学问" 这样使用一些奇怪的下标也没有关系。

▶ **按顺序赋值**

```
$m[]="老鼠";
$m[]="牛";
$m[]="老虎";
$m[]="兔子";
$m[]="Dragon";
```

使用该方法会按照 $m[0]、$m[1]、$m[2]、$m[3]、$m[4] 的顺序进行赋值。当使用 for、while 执行循环处理时，该方法会非常方便。

在没有熟悉下标的使用方法之前很容易出错。所以大家在使用下标的时候要多加注意。

▶ **使用数组的示例**

代码清单 16-21 是利用数组对代码清单 16-18 进行改良的示例。将"不困吗""早上好""你好""晚上好"赋给数组变量 $m，如果当前时间在 0 点到 6 点，则显示"不困吗"，在 6 点到 9 点则显示"早上好"，在 9 点到 18 点则显示"你好"，在 18 点到 0 点则显示"晚上好"。

代码清单 16-21 array.php

```
<?php
$m=array(" 不困吗 "," 早上好 "," 你好 "," 晚上好 ");    ①
if (date("G")>=18){
    print $m[3];
}elseif(date("G")>=9){
    print $m[2];
}elseif(date("G")>=6){
    print $m[1];
}else{
    print $m[0];
}
?>
```

①中的"不困吗"赋给了 $m[0]，"早上好"赋给了 $m[1]，"你好"赋给了 $m[2]，"晚上好"赋给了 $m[3]。

专栏▶ **下标的数值设定要恰当**

明明只使用了几个下标，却要像 $m[777]=" 学问 " 这样设置一个奇怪的数值，这种做法会造成内存的浪费①。最好根据需要来设置下标值。

---

① 本节介绍的是以数字 ID 作为键名的数组，即索引数组（associative array），数组中的各元素在内存中按照先后顺序存储在连续的内存块中并通过索引访问，所以下标过大会导致预分配的内存较大。——译者注

16.7.3 关联数组

对于下标，除了可以使用表示顺序的数字之外，还可以使用用户自定义的字符串。这种数组称为关联数组（associative array）。

例如，我们可以使用保存了考试分数的数组变量来设置直观易懂的下标，例如英语分数可以设置成 $t["English"]，语文分数可以设置成 $t["Chinese"]。

代码清单 16-22 是使用关联数组的示例。执行结果中会显示"总分是：225"。

代码清单 16-22　associative.php

```php
<?php
$t["English"]=73;
$t["Math"]=84;
$t["Chinese"]=68;
print "总分是:";
print $t["English"]+$t["Math"]+$t["Chinese"];
?>
```

专栏▶　**关联数组的下标即使不使用 "" 或 '' 括起来也能正常工作吗**

从规范的角度来说，关联数组的下标需要用 "" 或 '' 括起来。但是，即使关联数组的下标像 $t[English] 这样没有用 "" 或 '' 括起来，很多时候代码也能正常运行。

▶不规范示例（associative_no.php）

```php
<?php
$m[Chemistry]=100;
$m[Physical]=200;
print $m[Chemistry];
print "<br>";
print $m[Physical]
?>
```

执行上面的代码通常会正常显示 100 和 200。但是严格来说这种写法是错误的，正确的写法应该是 $m["Chemistry"] 和 $m["Physical"]。虽然写成 $m[Chemistry] 和 $m[Physical] 不会报错，但是实际上内部已经发生了错误。之所以没有报错，是因为 PHP 尽了最大的努力去编译。

不管怎样，关联数组的下标最好要用 "" 或 '' 括起来。

16.8 总结

本章介绍了以下内容。

● PHP 中变量的使用方法
● PHP 中字符串的处理方法
● PHP 函数的概况和一些常用函数
● 比较运算符的使用方法
● 循环处理的程序设计
● 条件判断的程序设计
● 数组的使用方法

本章介绍的内容都是今后和 MySQL 一起使用时必须了解的内容，对初次接触编程语言的人来说格外重要。`for`、`while` 和 `switch` 等都是编程的基础内容，请大家熟练掌握相关的使用方法。

▶ 自我检查

下面检查一下本章学习的内容是否全部理解并掌握了。

☐ 能够理解 PHP 变量的命名规则
☐ 能够理解 PHP 中连接字符串的方法。
☐ 能够理解用 " " 将变量括起来和用 ' ' 将变量括起来有什么不同
☐ 能够显示日期和时间
☐ 能够显示客户端的 IP 地址和 Web 服务器的信息
☐ 了解如何使用 `for` 进行循环处理
☐ 了解如何使用 `while` 进行循环处理
☐ 了解如何使用 `if` 进行条件判断
☐ 了解如何使用 `switch` 进行条件判断
☐ 了解数组的使用方法

专栏▶ PHP 的文档

本书以介绍 MySQL 为主，所以只介绍了 PHP 最基本的知识。下面的网站中有 PHP 的中文文档（见图 16-21），如果有不明白的地方可以自行查找。与 MySQL 不同，该文档会不断进行更新。

PHP 的中文文档
http://php.net/manual/zh/index.php

图 16-21　PHP 的中文文档

▶ 练习题

问题 1

strtotime 是将日期字符串解析为时间戳（可参考 16.3.2 节和下面的提示）的函数。使用 strtotime 函数和 date 函数能够以时间格式获取从今天开始到某天后的所有日期。请使用该函数，像图 16-22 一样以"年月日（英语的星期）"的格式显示从今天开始到 30 天后这段时间的所有日期。

以时间格式获取从今天开始到某天后这段时间的所有日期

```
date(" 时间格式 ",strtotime("now + 天数 day"));
```

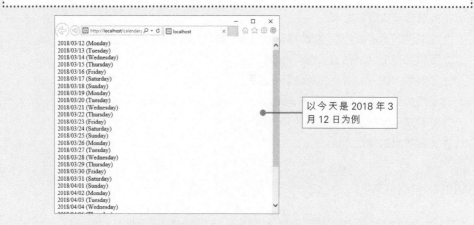

图 16-22　以时间格式获取从今天开始到某天后这段时间的所有日期

 HINT　PHP 中日期和时间相关的函数使用了 UNIX 时间戳。我们可以通过在 date 函数（→ 16.3.2 节）的第 2 个参数中指定时间戳来返回日期和时间。时间戳可以应用于各个方面，如万年历等。

▶ **参考答案**

问题1

创建代码清单 16-23 中的 PHP 脚本。

代码清单 16-23　示例 calendar.php

```php
<?php
for($i=0;$i<=30;$i++){
    print date("Y/m/d (l)",strtotime("now +$i day"));
    print "<br>";
}
?>
```

第17章　PHP脚本和HTML

> HTML 是使用 PHP 运行 MySQL 的基础。本章我们将学习 HTML 的相关知识以及通过 Web 页面发送数据和接收数据的方法。
>
> 当使用 MySQL+PHP 这样的 Web 应用程序时，这些知识是不可或缺的。

17.1　HTML 源代码

我们每天都会在浏览器上浏览 Web 页面。你知道 Web 页面的内部是什么样子的吗？

从本章开始到最后我们都会制作 Web 页面。先来确认一下从 Web 服务器发来的 Web 页面的内容。

我们要让源代码显示在浏览器上（见图 17-1）。对于 Chrome、Internet Explorer 或 FireFox 等浏览器，在页面上单击右键，从显示的上下文菜单中选择"查看网页源代码"即可让源代码[①]显示出来。

图 17-1　Web 页面的源代码

---

① 在 Chrome、Internet Explorer 或 FireFox 等浏览器上，也可以通过 F12 按键来查看源代码。——译者注

显示出来的源代码其实是一个 HTML 文件，这个文件由 <html> 或 <a ~ /a> 等用 " < > " 括起来的字符组成。用 " < > " 括起来的对象称为标签（tag），表示在这里显示 ×× 内容、在这里显示 ×× 的图片文件等命令。

HTML 文件是按照 HTML 规则制作的文本文件。浏览器只会按照从 Web 服务器发来的 HTML 文件的命令来配置一起发来的文字和图像。

17.2　制作 Web 页面的两种方法

在 15.4 节中，我们讨论了静态页面和动态页面的相关内容。本节将进一步对此展开讨论。

制作 Web 页面的方法有以下两种。

●在编辑器中直接输入标签，或者使用网页制作软件制作标签
●通过 PHP 脚本等程序编写标签

17.2.1　制作静态 Web 页面

首先来看第 1 种制作 Web 页面的方法。

HTML 文件由文本组成。只要理解了语法规则，就可以在记事本等编辑器中轻松地将其制作出来。过去要想制作 Web 页面，只能用键盘直接输入到编辑器中。而现在即使不知道标签相关的知识，只要使用 Adobe Dreamweaver、网页制作（HomePage Builder）等网页制作软件，就可以按照文字处理软件的风格在制作的页面中自由地生成标签。

虽然 "在编辑器中直接输入标签" 和 "使用软件制作标签" 有些许不同，但通过第 1 种方式制作的 Web 页面的内容不会发生改变，Web 页面也只会显示标签指定的内容。例如，对于一个内容为 "晚上好" 的 Web 页面，任何人在任何时候访问该页面，它都仅会显示 "晚上好"。这样的 Web 页面称为静态 Web 页面。

17.2.2　制作动态 Web 页面

下面来看第 2 种制作动态 Web 页面的方法。

例如，下面是 16.6.3 节中创建的 PHP 脚本。

```php
<?php
if (date("G")>=18){
    print "晚上好";
}elseif(date("G")>=9){
```

```
    print "你好";
}elseif(date("G")>=6){
    print "早上好";
}else{
    print "不困吗";
}
?>
```

执行上面的脚本后，浏览器会在 0 点到 6 点显示"不困吗"，在 6 点到 9 点显示"早上好"，在 9 点到 18 点显示"你好"，在 18 点到 0 点显示"晚上好"。之所以会出现这样的情况，是因为 PHP 根据"时间"这个条件输出了不同的内容。

像这种通过 PHP 脚本等程序间接地输出显示内容，而且显示内容会根据条件发生改变的 Web 页面称为动态 Web 页面（见图 17-2）。

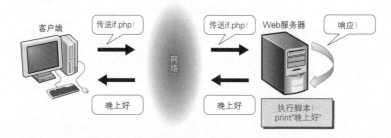

图 17-2　动态 Web 页面

17.2.3　浏览器不区分静态页面和动态页面

第 1 种方法通过编辑器或网页制作软件来输入标签，从而生成 HTML 文件。第 2 种方法通过 PHP 等程序间接地、动态地制作 HTML 文件。对浏览器而言，这两种方法并没有什么区别。因为客户端显示的是完全相同的内容。

我们的目标是将与 MySQL 交互的结果制作成 Web 页面并将其发送回客户端。当然，交互的结果并不总是一样的。一般需要使用 PHP 脚本操作 MySQL，然后通过 PHP 脚本接收 MySQL 发送的结果，动态制作 Web 页面。

17.3　HTML 的规则

要想使用 PHP 脚本操作 MySQL，就需要掌握 HTML 的相关知识。本节将重点介绍这部分内容。对 HTML 有一定了解的读者可以直接阅读 17.7 节。

HTML 有各种各样的版本。本书主要对最新的 HTML 5[①]（2017 年 7 月的最新版本）的使用方法进行介绍。

▶ HTML 文件的扩展名为 ".html"，如果包含 PHP 脚本则为 ".php"

HTML 文件是由 `<html>` 等标签构成的文本文件。扩展名为 ".html" 或者 ".htm"（本书统一为 ".html"）。但如果其中包含了 PHP 脚本，则需要以 ".php" 为扩展名（→ 15.8.1 节）。

▶ 标签的写法

HTML 通过编写 `<html>` 之类的标签来制作 Web 页面。大多数标签会像下面这样包含"开始标签"和"结束标签"，加上二者之间夹杂的字符串后，整个部分称为元素。下面是 `<a>` 标签的示例，有时我们也把它叫作 a 元素。

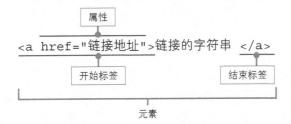

与上面的 `href` 一样，"开始标签"中可以包含一些具体信息，这些信息称为属性。

在 HTML 中，标签和属性需要用半角字符编写，字母大小写均可。不过，最近比较流行使用小写字母，所以本书也使用了小写字母。

需要注意的是，很多标签不需要用到结束标签，比如后面介绍的 `<br>` 标签等。

▶ HTML 文件的结构

HTML 文件的结构如下所示。

格式 HTML 文件的结构

```
<!DOCTYPE html>
<html>
<head>
    编写页面标题和链接的关系等
</head>

<body>
    编写作为 Web 页面显示的主体
</body>
</html>
```

---

① 在 2018 年 9 月翻译本书的时候，HTML 的最新版本为 HTML 5.2。——译者注

第 1 行是文档类型声明，在 HTML 5 的情况下，需要编写为 `<!DOCTYPE html>`。

之后使用 `<html>` 和 `</html>` 将整个文档括起来，并在其中编写 `head` 元素和 `body` 元素。当然也可以编写大量的标签，稍后会对此进行介绍。这里需要记住页面上显示的是 `body` 元素。

▶ HTML 文件的示例

代码清单 17-1　tag.html

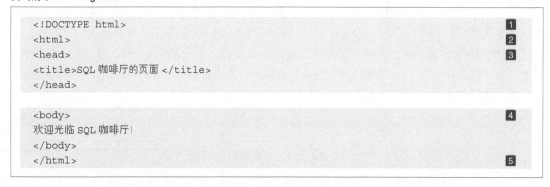

在 HTML 5 中，文件开头要编写文档类型声明 `<!DOCTYPE html>`（ 1 ）。

HTML 的主体部分以 `<html>`（ 2 ）开始，以 `</html>`（ 5 ）结束。

`<head>` ~ `</head>` 中编写的是标题和链接。`<title>` ~ `</title>` 中编写的是页面的标题。这个标题会显示在浏览器的工具栏上，或者显示在书签和检索结果等地方。请在 `<head>` ~ `</head>` 中编写这部分内容。

`<body>` ~ `</body>` 是主体部分。这里只会显示文字"欢迎光临 SQL 咖啡厅！"。

编写完程序后，将其保存为 tag.html 并存放到要发布的文件夹中，这时不要忘记将字符编码设置成 UTF-8。操作完成后打开下面的 URL（见图 17-3）。

```
http://localhost/tag.html
```

图 17-3　执行结果

▶ 用 " " 和 ' ' 将属性括起来

假设现在我们要设置链接 http://www.ituring.com.cn/ 跳转到图灵社区，这时就可以使用 <a> 标签按照下面的方式进行编写。

```
<a href="http://www.ituring.com.cn/">跳转到图灵社区</a>
```

<a> ~ </a> 之间编写的是作为链接显示的字符串。链接的地址要在 <a> 标签的 href 属性中指定。a 和 href 之间一定要加一个半角空格。如果输入了全角空格，属性就会无效。

正如本例中通过 "href=" 设置的 URL 一样，设置为属性的值称为 "属性值"。属性值需要用" " 或 ' ' 括起来。

需要注意的是，PHP 中需要使用 print 或 echo 动态编写 HTML 标签，这时，输出的标签本身也需要用 " " 或 ' ' 括起来。

```
print "<a href=~>跳转到图灵社区</a>";
```

在必须使用两次 " " 或 ' ' 的情况下，如果像下面这样两次使用了相同的符号，就会发生错误。

```
print "<a href=" http://www.ituring.com.cn/ ">跳转到图灵社区</a>";
```

为了避免发生错误，我们需要采取一些对策，比如在内部的 "" 前面加上 "\" 进行转义；在外部用 " " 将内部的 ' ' 括起来，或者在外部用 ' ' 将内部的 " " 括起来（→ 16.2.2 节）等。

如下所示，在本书中 PHP 输出的字符串会用 " " 括起来，内部 HTML 标签的属性值会用 ' ' 括起来。

```
print "<a href=' http://www.ituring.com.cn/ '>跳转到图灵社区</a>";
```

17.4　使用 PHP 脚本输出 HTML 文件

接下来试着使用 PHP 脚本编写一个点击链接后可以跳转到图灵社区的 Web 页面。<html>、<head>、<title>、<body> 等元素都要编写出来。

代码清单 17-2　link_page.php

```php
<?php
print "<!DOCTYPE html>";
print "<html>";
print "<head>";
print "<title>";
print " 跳转到图灵社区的链接 ";
print "</title>";
print "</head>";
print "<body>";
print "<a href='http://www.ituring.com.cn/'> 跳转到图灵社区 </a>";
print "</body>";
print "</html>";
?>
```

只需用 print（或 echo）将标签输出即可。我们来实际执行一下，看看点击显示的网页链接后，相应的 Web 页面能否显示出来（见图 17-4）。

图 17-4　执行结果

▶ 关于本书的示例

通过前面的介绍我们可以看出，在使用 PHP 动态输出 Web 页面的情况下，必须按照 HTML 的语法来编写文档类型声明和标签。但是，本书的示例几乎都和下面的 PHP 脚本一样没有编写标签。

```php
<?php
print "欢迎光临!";
?>
```

之所以没有编写标签，是因为在每个示例中编写标准的 HTML 标签非常费事，如果服务器端的设置没有什么问题，浏览器都能显示出正确的结果。不过我们只能在练习的时候这么操作，如果是在工作中创建 Web 应用程序，就不能进行省略了。

另外，后面还会介绍使用了 HTML 表单的 PHP 示例。这部分示例也只会记述最低限度需要的内容。

17.5 需要记住的标签

这里介绍一下本书示例中出现的标签。请大家实际执行一下使用了 `print` 的 PHP 脚本，并逐一确认其执行结果。

▶ `<br>` 标签

`<br>` 标签用于换行。不管在 HTML 文件中键入多少 Enter，浏览器显示的内容都不会发生改变。要想换行，必须使用 `<br>` 标签。但是，HTML 5 中不能使用 `<br>` 标签调整布局。

代码清单 17-3 是使用 `<br>` 标签的示例。执行结果如图 17-5 所示。

代码清单 17-3　opening.php

```php
<?php
print " 欢迎光临 <br>SQL 咖啡厅!";
?>
```

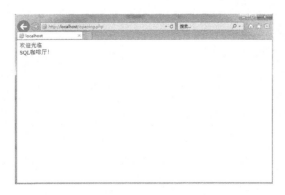

图 17-5　执行结果

▶ **\<hr\> 标签**

\<hr\> 标签最初用于创建水平线，但是在 HTML 5 中它用于分隔段落。不过现在的浏览器一般都会生成水平线。

代码清单 17-4 是使用 \<hr\> 标签的示例。执行结果如图 17-6 所示。

代码清单 17-4　hr.php

```php
<?php
print " 欢迎光临 <br>SQL 咖啡厅!";
print "<hr>";
?>
```

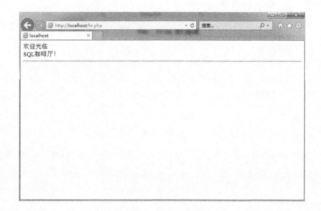

图 17-6　执行结果

▶ **\<img\> 标签**

\<img\> 标签用于显示图片。具体格式如下。

> **格式**　**\<img\> 标签的使用方法**
>
> ```
> <img src=" 图片文件的 URL" alt=" 替代文字 ">
> ```

src 属性中指定的是要显示的图片文件的名称以及存储的位置。例如，代码清单 17-5 用于显示 pic 文件夹中名为 father.gif 的图片。执行结果如图 17-7 所示。

代码清单 17-5　img.php

```php
print "<img src='pic/father.gif' alt=' 爸爸的插图 '>";
```

图 17-7　执行结果

于是，pic 文件夹中的图片 father.gif 就显示了出来。

alt 属性用于指定当不能显示图片时显示的文本内容。在 HTML 5 中必须指定该属性。在上述示例中，如果出于某种原因图片无法正常显示出来，Web 页面上就会显示"爸爸的插图"。

▶ <meta> 标签

<meta> 标签用于设置页面信息。该标签有很多功能，可以设置各种各样的信息，比如搜索引擎的关键词、在搜索结果中显示的文章、自动跳转到的页面、字符编码等。

本节将介绍设置 Web 页面字符编码的方法。

一般来说，浏览器会自动识别发送过来的 Web 页面的字符编码，但有时也会出现错误。如果选择了错误的字符编码，就会发生乱码。大家一定看到过乱码的 Web 页面。在这种情况下，如果使用 <meta> 标签告诉浏览器应该使用什么样的字符编码，Web 页面就能恢复正常了。

<meta> 标签需要记述在 <head> 和 </head>（→ 17.3 节）之间，具体格式如下所示。

格式 使用 <meta> 标签设置字符编码

```
<meta charset=" 字符编码 ">
```

" 字符编码 " 的部分可以按照表 17-1 中的内容进行指定。

表 17-1　字符编码的指定方法

字符编码	指定的字符
UTF-8	UTF-8
GBK	GBK
GB 2312	GB 2312
GB 18030	GB 18030

请注意，UTF-8 中的"-"是连字符。

在指定字符编码为 UTF-8 的情况下，代码内容如下所示。

```
<!DOCTYPE html>
<html>
<head>
<title>meta元素的例子</title>
<meta charset="UTF-8">
</head>
...
```

本书第 21 章介绍的"实用公告板"的示例中使用了这个 <meta> 标签。

17.6 使用 CSS 指定颜色和字体大小

在 HTML 5 中需要使用 CSS（Cascading Style Sheet，层叠样式表）设置背景和字符的颜色、大小等与样式相关的内容。本书只介绍需要用到的各个属性，不会对 CSS 的详细内容进行讲解。

17.6.1 指定背景的颜色

CSS 的设置方法中有各种各样的模式，本书采用了直接在标签的 style 属性中编写 CSS 的方式。CSS 需要按照"属性：值"这样的语法来编写。

下面是将页面背景设置成浅绿色（aqua）的示例，为此我们使用了 background-color 属性。

代码清单 17-6 是执行上述内容的 PHP 脚本。执行结果如图 17-8 所示。

代码清单 17-6 back_col.php

```php
<?php
print "<body style = ' background-color:aqua '>";
?>
```

图 17-8 执行结果

　　属性和值之间需要用冒号（:）进行分隔。不仅仅是 `background-color` 属性，CSS 中的颜色都是用颜色的全称或者 RGB 值（16 进制值）来指定的（见表 17-2）。

表 17-2 style 中指定的颜色

颜色	全称	RGB 值
黑色	black	#000000
海军蓝	navy	#000080
蓝色	blue	#0000ff
绿色	green	#008000
蓝绿色	teal	#008080
黄绿色	lime	#00ff00
浅绿色	aqua	#00ffff
褐红色	maroon	#800000
紫色	purple	#800080
橄榄色	olive	#808000
灰色	gray	#808080
银色	silver	#c0c0c0
红色	red	#ff0000
紫红色	fuchsia	#ff00ff
黄色	yellow	#ffff00
白色	white	#ffffff

17.6.2 指定字符的大小和颜色

我们可以通过使用 <div> 或 <p> 标签指定 style 属性来设置整个段落的字符颜色和字体大小。color 属性用于设置字符颜色，font-size 属性用于设置字体大小。<div> 和 <p> 都用于将括起来的范围定义为块，不过二者的区别是，在 <p> 的情况下块的前后可以空出一行，而 <div> 不可以。

代码清单 17-7 使用 <div> 将字符串"这是 SQL 咖啡厅的公告板哦"设置为"蓝色 35 号字"。在这种需要设置多个属性的情况下，我们可以使用分号（;）将属性隔开。执行结果如图 17-9 所示。

代码清单 17-7　div.php

```php
<?php
print "<div style='color:blue;font-size:35pt'>";
print " 这是 SQL 咖啡厅的公告板哦 ";
print "</div>";
?>
```

图 17-9　执行结果

我们可以使用 <span> 标签的 style 属性来对同一行的一部分字符串进行设置。代码清单 17-8 是将字符串"公告板"设置为 50 号字的示例。执行结果如图 17-10 所示。

代码清单 17-8　span.php

```php
<?php
print " 这是 SQL 咖啡厅的 <span style='font-size:50pt'> 公告板 </span> 哦 ";
?>
```

图 17-10　执行结果

17.7　Here Document 和 nl2br 函数

17.7.1　什么是 Here Document

使用 PHP 脚本编写 Web 页面就意味着要使用 print 或 echo 将 HTML 标签作为文本输出。使用 print 等命令输出的标签是字符串，所以需要用 " " 括起来。不过除此之外还有很多麻烦的设置，比如需要用 ' ' 把属性值括起来、加上 "\" 等。

这时，能够将大量字符串存储在变量中的 Here Document 功能就起到非常大的作用了。Here Document 能够将 "<<< 表示结束的字符" 到 "表示结束的字符" 之间的内容作为一连串的字符串进行处理。

格式 ┃ Here Document

<<< 表示结束的字符

字符串

表示结束的字符 ；

大家不妨回想一下 17.4 节介绍的用于编写 web 页面的脚本。相信很多人会觉得，输出 HTML 时要输入好多次 print "××" 实在是太麻烦了。

如果使用 Here Document 来编写这个脚本，就会变成代码清单 17-9 这样的形式。"表示结束的字符" 设置成了 eot（end of text）。

代码清单 17-9 here.php

```
<?php
$mozi=<<<eot
<!DOCTYPE html>                                                    1
<html>
<head>
<title>跳转到图灵社区的链接</title>
</head>
<body>
<a href="http://www.ituring.com.cn/">跳转到图灵社区</a>
</body>
</html>
eot;
print $mozi;                                                       2
?>
```

1 的部分表示 $mozi。在此范围内无须在意是否需要输入 " "。**2** 输出了 $mozi。也就是说，"$mozi=<<<eot" 和 "eot;" 之间的部分只写 HTML 标签的内容即可。

使用 print 输出的字符串必须用 " " 或 ' ' 括起来。在用 " " 或 ' ' 括起来的字符串中，如果要将 """ 或 "'" 作为字符输出，就需要进行特殊处理，比如加上 "\" 等。而在 Here Document 中则不存在这样的问题。编写 " " 或 ' ' 较多的 SQL 语句和 HTML 标签时，Here Document 会起到非常大的作用。

17.7.2 什么是 nl2br 函数

那么，代码清单 17-10 的 PHP 脚本会如何显示呢？

代码清单 17-10 nl2br_nasi.php

```
<?php
$str=<<<eot
你好                                                                1
晚上好
eot;
print $str;
?>
```

"你好""晚上好" 这两个字符串作为 Here Document 赋给了变量 str，最后通过 print 输出。

在 **1** 中，"你好" 和 "晚上好" 用两行表示。但是，执行这个代码后，Web 页面会像图 17-11 这样将 "你好" 和 "晚上好" 显示在一行中。

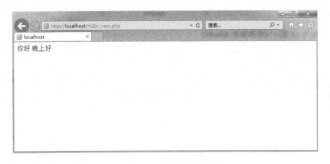

图 17-11　执行结果

　　字符串换行意味着字符串中包含了换行符。但是，如果没有 \<br\>（→ 17.5 节）等用于换行的标签，Web 页面中显示的内容就不会换行。

　　例如可能存在这样的问题。假设在公告板的输入对话框中输入了已经换行的信息。如果直接用 print 输出这个信息，这个信息就会变成相连的字符串。

　　在这种情况下如果忽略了换行，就可能会遇到麻烦。这时就需要使用 nl2br 函数。该函数具有在字符串中的每个新行之前插入换行符的功能。

　　代码清单 17-11 用 nl2br 函数对 $str 的值进行了处理，并通过 print 输出处理后的值，也就是将"print $str;"的部分换成了"print nl2br($str);"。执行结果如图 17-12 所示。

代码清单 17-11　nl2br.php

```php
<?php
$str=<<<eot
你好
晚上好
eot;
print nl2br($str);      ❶
?>
```

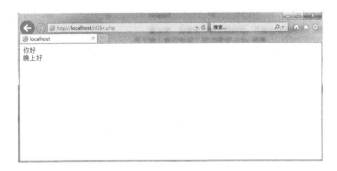

图 17-12　执行结果

由此便实现了换行功能。

17.8　使用 PHP 从浏览器发送和接收数据

掌握了所有的基础知识之后，我们来学习一下使用 PHP 从浏览器传输数据的步骤吧。

17.8.1　浏览器和 PHP 文件之间的数据交换

首先来看一下当从浏览器操作 MySQL 时，数据是如何交换的（见图 17-13）。数据交换的具体步骤如下所示。

① 用户从浏览器显示的 Web 页面上发送数据。

▼

② Web 服务器上的 PHP 文件接收数据。

▼

③ PHP 脚本与 MySQL 数据库进行交互。

▼

④ PHP 脚本输出包含结果的 Web 页面，并将其发送回浏览器。

▼

⑤ 浏览器接收结果。

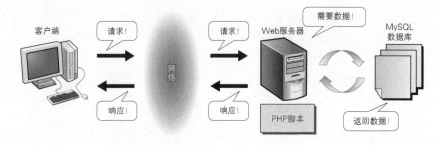

图 17-13　浏览器和 PHP 和 MySQL

在使用 MySQL 之前，我们先来学习一下 HTML 文件和 PHP 脚本之间进行数据交换的步骤。试着创建如下机制。

▶ **数据的发送方**

　　◗ HTML 文件 send.html
　　◗ 通过点击发送按钮来发送输入到文本框中的字符串

▶ **数据的接收方**

　　◗ PHP 文件 receive.php
　　◗ 按照原样显示接收的数据

　　send.html 是发送方的 Web 页面（HTML 文件），receive.php 是接收方的 PHP 脚本。这是一个用 receive.php 显示 send.html 发送的数据的示例（见图 17-14）。两个文件都保存在 Web 服务器发布的文件夹中。

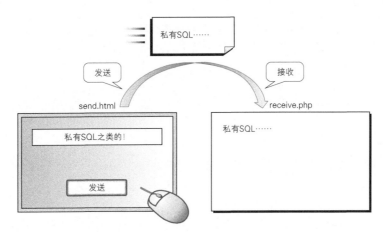

图 17-14　在文件之间发送和接收数据

　　下一节我们将制作一个从 Web 页面发送数据的 HTML 文件（send.html），然后在 17.8.3 节创建作为接收方的 PHP 脚本（receive.php）。

17.8.2　制作一个用于发送数据的 Web 页面 send.html

　　首先来制作从 Web 页面发送数据的 HTML 文件。这里要建立如下机制。

◗ 点击按钮，文本框中输入的数据就会发送出去

　　需要用到的组件有两个，即"按钮"和"文本框"。这两个组件由后面介绍的 <input> 标签来设置。当创建某发送机制时，一般需要创建一个表单，然后在其中设置文本框和按钮等组件。
　　创建如代码清单 17-12 所示的文本文件，并将这个文本文件以 send.html 为文件名保存在发布的文件夹中。这里省略了 `<html>`、`<head>`、`<body>` 之类的标签。

代码清单 17-12　send.html

```
<form method="POST" action="receive.php">
<input type="text" name="a">
<div>
<input type="submit" value=" 发送 ">
</div>
</form>
```

　　那么，文件是否以 send.html 为文件名保存到了发布的文件夹中呢？确认 Apache 正在运行且编写的脚本没有错误后，在浏览器的地址栏内输入 http://localhost/send.html。Web 页面应该会像图 17-15 这样显示出来。

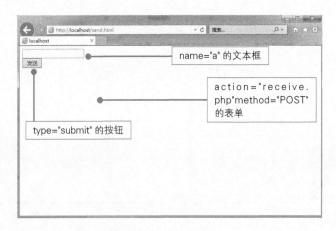

图 17-15　send.html

表单成功显示后，我们来看一下各标签的功能。

▶ `<form>` 标签

　　`<form>` 标签用于创建表单。使用 `<form>` 标签创建一个表单，并在其中使用 `<input>` 等标签设置文本框和按钮。`<form>` 标签的格式如下所示。

格式　`<form>` 标签的格式

```
<form method=" 发送方法 " action=" 目标地址 ">

    在这里编写 <input> 等标签，设置按钮和文本框

</form>
```

<form> 标签中可以设置 action 属性和 method 属性（表 17-3）。

表 17-3　<form> 标签中设置的主要属性

属性	内容
action	指定发送数据的目标地址，即指定接收和处理数据的程序
method	指定发送数据的方法（→ 17.9.1 节）。有 POST 和 GET 两种方法

除了 action 和 method 以外，<form> 标签中还可以设置用于指定发送方法（MIME 类型）的 enctype 属性等。

► **<input> 标签**

通过在 <form× ×> 和 </form> 之间编写 <input> 标签，我们可以设置用于输入发送数据的文本框，以及发送按钮等组件（见表 17-4）。

> **格式**　< input> 标签的格式
>
> ```
> <input type=" 按钮的种类 " name=" 用于识别数据的元素名称 " size=" 大小 "
>        value=" 显示的字符 " 和 " 发送的值 " " 默认值 ">
> ```

表 17-4　<input> 标签中可以设置的主要属性

属性	内容
type	编写用于指定组件种类的字符串
name	设置要附加到组件的元素名称，该名称用于识别数据
size	设置文本框的宽度
value	当字符串显示在按钮等地方时，设置字符串内容

type 属性中可以设置表 17-5 中列举的组件。

表 17-5　type 属性的设置

描述	可设置的组件种类
type="submit"	可以发送数据的按钮
type="button"	按钮
type="text"	文本框
type="checkbox"	复选框
type="radio"	单选按钮
type="hidden"	隐藏（仅发送数据）

▶ 使用 <input> 标签的示例

代码清单 17-13 是使用 <input> 标签的示例。这是一个元素名称为 a1 且 "大小" 为 50 的文本框。执行结果如图 17-16 所示。

代码清单 17-13 input_text.html

```
<input type="text" name="a1" size="50">
```

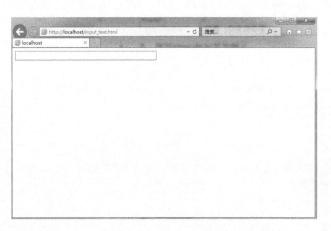

图 17-16 执行结果

代码清单 17-14 设置的是显示为 "点击" 的发送按钮。执行结果如图 17-17 所示。

代码清单 17-14 input_submit.html

```
<input type="submit" value=" 点击 ">
```

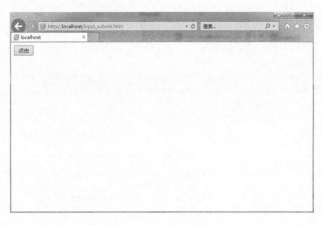

图 17-17 执行结果

代码清单 17-15 设置的是一个元素名称为 r1、发送的值为 bad 的单选按钮。执行结果如图 17-18 所示。

代码清单 17-15　input_radio.html

```
<input type="radio" name="r1" value="bad">
```

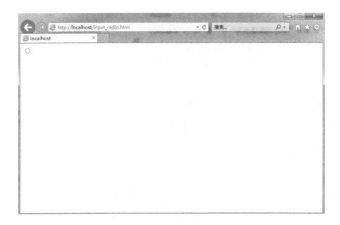

图 17-18　执行结果

执行代码清单 17-16 中的代码后，浏览器上不会显示任何内容，但会发送字符"隐藏数据"。

代码清单 17-16　hidden.html

```
<input type="hidden" value=" 隐藏数据 ">
```

设置了 type="hidden" 的 <input> 标签不会在浏览器上显示任何内容。该功能主要用于强制发送不需要向用户显示的数据（→ 21.4.1 节）。

▶ **确认创建的表单**

我们来确认一下代码清单 17-12 的内容。

```
<form method="POST" action="receive.php">
<input type="text" name="a">
<div>
<input type="submit" value="发送">
</div>
</form>
```

▶ **<form method="POST" action="receive.php">**

<form> 标签中添加了 `action="receive.php"`。因此，点击 "发送" 按钮，就会将数据发送给名为 receive.php 的 PHP 脚本。

因为 `method` 属性中指定了 "`POST`"，所以会采用 POST 方法发送数据。POST 发送方法的相关内容会在 17.9 节介绍。

▶ **<input type="text" name="a">**

因为 `type` 属性为 `text`，所以会创建一个文本框（见表 17-5）。`name` 属性为 a，因此接收数据的 PHP 脚本 receive.php 会以 a 这个名字来识别数据。

▶ **<input type="submit" value=" 发送 ">**

因为 `type` 属性是 `submit`，所以设置的是可以发送数据的按钮。此外，`value` 属性为 "发送"，因此按钮上会显示发送这个词。

17.8.3　创建 receive.php 以接收和显示数据

这次我们来创建用于接收数据的 receive.php。receive.php 用于接收在 send.html 的文本框中输入的数据。

因为在 send.html 的 <form> 标签中，`method` 属性被设置为了 "`POST`"，所以会采用 POST 方法发送数据。采用 POST 方法发送的数据会被变量 `$_POST` 接收。变量 `$_POST` 的具体格式如下。

> **格式**　变量 $_POST 保存 method="POST" 发送的数据
> ```
> $_POST[" 用于识别数据的元素名称 "]
> ```

`$_POST` 是 PHP 中预定义的变量名。POST 发送的数据会作为数组保存在这个变量中。

`$_POST` 可以当作关联数组（→ 16.7.3 节）使用。数组下标指定用于识别数据的元素名称。

这里文本框中附加了 a 这个用于识别数据的元素名称（`name="a"`）。因此，在 receive.php 中，如果指定 `"a"` 为关联数组的下标，那么只要将变量编写为 `$_POST["a"]`，就可以接收发送过来的数据了。

> **格式**　接收输入到 name="a" 的文本框中的值
> ```
> $_POST["a"]
> ```

代码清单 17-17 是将 send.html 发送过来的数据直接输出的 receive.php。创建 receive.php，并把它保存到公布的文件夹中。

代码清单 17-17　receive.php

```php
<?php
print $_POST["a"];
?>
```
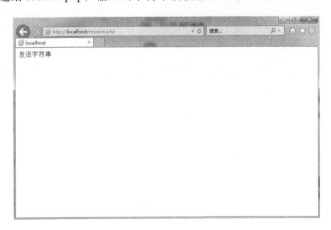

■表示通过元素名称来取出接收的值。

17.8.4　发送和接收数据

　　我们来实际发送和接收一下数据。实际操作之前要确认 17.8.2 节的 send.html 和 17.8.3 节的
receive.php 已经保存在了发布的文件夹中。另外，确认 Apache 处于运行状态（→2.2.3 节）。

　　如果在浏览器的地址栏中输入 http://localhost/send.html，send.html 就会像 17.8.2 节介绍的那样
显示出来。在文本框中输入要发送的字符串（此处输入的是"发送字符串"），点击"发送"按钮。
于是，数据就会传递给 receive.php，输入的字符串就会显示出来（见图 17-19）。

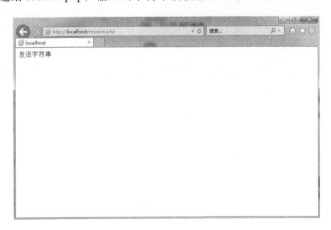

图 17-19　执行结果

　　在同一台计算机上执行上述操作可能无法深切感受到数据发送与接收的情况，不过在网络上发
送和接收数据，使用的方法基本也是一样的。

17.9　通过 POST 和 GET 发送数据

17.9.1　发送和接收数据

在 17.8.2 节，我们采用了在 `<form>` 标签中编写 `method="POST"` 的方法把数据从 Web 页面传递给 PHP 脚本。这种传递数据的方式称为 POST。POST 在前面已经出现了好几次。

在传递数据的方法中，除了 POST 之外还有 GET。POST 和 GET 的特征如下所示。

▶ POST
  ● 数据不在 URL 中
  ● 可以发送文本或二进制格式的数据

▶ GET
  ● 将数据添加到 URL 中发送（数据可见。可能会发送非法数据）
  ● 只可以发送文本格式的数据
  ● 如果没有进行任何声明，将使用 GET 方法（默认）

下面我们就来看一看 POST 和 GET 之间具体有哪些差异。

17.9.2　使用 GET 方法发送数据

如果想使用 GET 方法发送数据，以上一节创建的 send.html 和 receive.php 为例，将列表中记载的字符"POST"替换为"GET"，发送方法就变成了 GET。

试着将 send.html 和 receive.php 的发送方法改为 GET。代码清单 17-18 将接收方 receive.php 中的 `$_POST["a"]` 的部分改成了 `$_GET["a"]`（**1**）。这样修改之后，就可以接收由 GET 发送来的 name="a" 的数据。我们把修改后的 PHP 文件的名称设置为 get_receive.php。

代码清单 17-18　get_receive.php

```
<?php
print $_GET["a"];                                                           1
?>
```

代码清单 17-19 的脚本 get_send.html 将发送方 send.html 中的 `method="POST"` 部分改为了 `method="GET"`（**2**）。另外，因为接收方的 PHP 文件的名称为 get_receive.php，所以将 `action="receive.php"` 改为了 `action="get_receive.php"`。执行结果如图 17-20 所示。

代码清单 17-19 get_send.html

```
<form method="GET" action="get_receive.php">
<input type="text" name="a">
<div>
<input type="submit" value=" 发送 ">
</div>
</form>
```

图 17-20 执行结果

17.9.3 GET 和 POST 的区别

使用 GET 方法发送数据和显示结果（见图 17-22）与使用 POST 方法的情况（见图 17-21）几乎完全相同，但仅有一处不同。请仔细观察这一处在哪里。

图 17-21 使用 POST 方法发送数据的情况

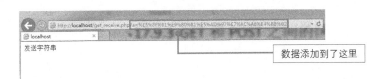

数据添加到了这里

图 17-22 使用 GET 方法发送数据的情况

发现二者的区别了吗？实际上，当使用 GET 方法发送数据时，URL 后面会显示 ?a=%E5%8F&91 之类的内容[①]。而当使用 POST 方法发送数据时，地址栏上只会显示 http://localhost/receive.php。也就

---

① 在 Chrome 或者 FireFox 等浏览器上显示的内容可能会有所不同。——译者注

是说，在使用 GET 方法的情况下，数据是作为 URL 的一部分发送的。

当使用 GET 方法时，显示在地址栏上的内容如下所示。

> **格式** 当使用 GET 方法时地址栏上显示的内容
>
> URL? 数据名称 = 数据

"数据名称" 是 name="a" 等附加在文本框上的 "用于识别数据的元素名称"。如果发送的是中文等需要占 2 个字节的数据，会先将其转换为其他代码，然后发送。

因此，在使用 GET 方法发送数据的情况下会看到 "要发送的数据" 和 "用于识别数据的元素名称"。恶意攻击者可能会把非法数据附加到 URL 上发送或偷看数据。在使用 GET 方法构建系统的情况下，必须充分考虑安全方面的问题。

17.9.4　试着用 GET 方法将值添加在 URL 上发送

前面介绍了在使用 GET 方法发送数据的情况下，数据会添加到 URL 上发送。也就是说，即使不使用 HTML 文件，只要将数据添加在 URL 上，就可以通过 GET 方法进行通信。

下面来使用 GET 方法发送数据。试着使用 17.9.2 节的 get_send.html 发送数据 "12345"。请将下面的字符串输入地址栏，然后按 Enter 键。执行结果如图 17-23 所示。

```
http://localhost/get_receive.php?a=12345
```

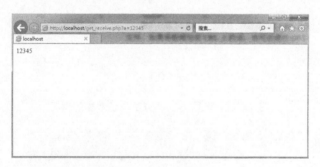

图 17-23　执行结果

可以看到，Web 页面上正确显示出了 "12345"。

发送的数据也可以是中文。这次试着使用 method="GET" 发送字符串 "练习"。在 UTF-8 中，"练" 的字符编码是 "E7 BB 83"，"习" 的字符编码是 "E4 B9 A0"。因此，在设置为 name="a" 的文本框中输入 "练习"，然后执行 submit，就等于发送了下面的 URL。执行结果如图 17-24 所示。

```
http://localhost/get_receive.php?a=%E7%BB%83%E4%B9%A0
```

图 17-24　执行结果

17.9.5　在不进行任何声明的情况下发送数据

如果不进行任何声明，会自动使用 GET 方法发送数据。

例如，试着创建一个没有对 <form> 标签进行设置，仅会显示一个超链接的文件（代码清单 17-20 ）。执行结果如图 17-25 所示。

代码清单 17-20　get_send2.html

```
<a href="get_receive2.php?a=777">发送 777</a>;
```

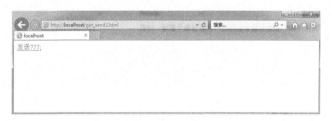

图 17-25　执行结果

然后，用代码清单 17-21 的文件接收此信息。执行结果如图 17-26 所示。

代码清单 17-21　get_receive2.php

```
<?php
print $_GET["a"];
?>
```

图 17-26　执行结果

只需点击 get_send2.html 的超链接，即可发送和接收 "777"，并显示出 "777"。也就是说，不需要使用 method="GET" 等声明，数据就能发送出去。

在使用 GET 方法的情况下，我们可以像上面那样轻松地将数据添加到超链接中发送。

专栏▶ Google 是否也可以把数据添加在 URL 上

当使用 Yahoo! 或 Google 等搜索引擎进行搜索时，相信很多读者发现了地址栏的 URL 后面跟着奇怪的字符串。其实，这么做的目的是将字符串添加到 URL 上来发送数据。

在 2017 年 6 月①的现在，如果在地址栏中输入以下内容并按 Enter 键，得到的搜索结果就与在 Google 搜索窗口中输入 "abcde" 的结果相同。

下面的内容用于在 Google 上搜索字符串 "abcde" ②。执行结果如图 17-27 所示。

```
http://www.google.com/search?q=abcde
```

图 17-27　执行结果

如果是半角字符，只要把想搜索的字符放在 "?q=××" 的 ×× 中即可。请大家多多尝试。

另外，在 Yahoo！中进行搜索的方法如下所示。这里使用的关键字是 "p"。执行结果如图 17-28 所示。

```
https://search.yahoo.com/search?p=abcde
```

---

① 这里指日文原版书写作的时间。在 2018 年 9 月，结果也没有发生改变。——译者注

② 国内用户可能无法访问 Google 搜索引擎，可尝试使用百度。——译者注

图 17-28 执行结果

另外，我们也可以利用上面的方法来搜索中文字符。

17.10 总结

本章介绍了以下内容。

- 动态 Web 页面和静态 Web 页面的区别
- HTML 基础标签的编写方法
- 从 Web 页面发送数据的方法，以及 PHP 脚本中的处理内容及流程
- 创建表单发送数据的方法
- 数据的发送方法

Web 应用程序的基础知识不仅包括 PHP，还包括 POST 和 GET。我们要牢记 POST 和 GET 之间的区别。

▶ 自我检查

下面检查一下本章学习的内容是否全部理解并掌握了。

☐ 了解 HTML 的基本编写方法

□ 能够理解 **\<br\>**、**\<hr\>**、**\<a\>**、**\<img\>**、**\<meta\>**、**\<div\>**、**\<p\>** 和 **\<span\>** 等标签的含义

□ 能够使用 **\<form\>** 标签创建表单

□ 能够理解 **\<input\>** 标签的使用方法

□ 能够使用 POST 方法发送文本框的值

□ 能够使用 GET 方法发送数据

□ 能够理解 POST 和 GET 的区别

▶ **练习题**

问题1

请创建"从 100 个单选按钮中选择并发送年龄数据"的表单 radio.php（图 17-29）和"接收数据并显示包含了年龄信息"的 PHP 脚本 radio_receive.php（图 17-30）。

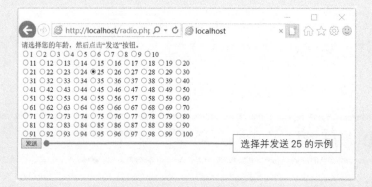

图 17-29　radio.php

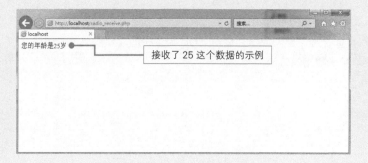

图 17-30　radio_receive.php

 制作 100 个单选按钮是重点。实现一行 10 个按钮的方法有很多，使用 **while** 和 **if** 会比较容易理解。

▶ **参考答案**

问题1

创建代码清单 17-22 和代码清单 17-23 中的 PHP 脚本。

代码清单 17-22　示例 radio.php（用于发送表单数据的 PHP 脚本）

```
<form method="POST" action="radio_receive.php">
请选择您的年龄，然后点击"发送"按钮。<br>

<?php

$i=1;
$c=1;
print "<div>";
while($i<=100){
print "<input type='radio' name='r' value='$i'>$i ";
if($c==10){
print "</div><div>";
$c=0;
}
$i++;
$c++;
}

?>

<input type="submit" value="发送">
</div>
</form>
```

代码清单 17-23　示例 radio_receive.php（用于接收表单数据的 PHP 脚本）

```
<?php
print "您的年龄是 ".$_POST["r"]."岁";
?>
```

第18章　使用PHP脚本操作MySQL

从本章起，我们要开始使用 PHP 脚本操作 MySQL 数据库了。那么如何使用 PHP 连接 MySQL 服务器呢？本章会先介绍 PHP 和 MySQL 的连接方法，然后介绍如何通过 PHP 执行 SQL 语句。让我们一起努力学习吧！

18.1　使用 PHP 脚本连接到 MySQL 服务器

18.1.1　从 PHP 连接到数据库的方法

使用 PHP 操作 MySQL 的方法有很多。在编写本书的时候，PHP 的最新版本是 PHP 7。在 PHP 7 中我们可以使用 mysqli 函数（mysqli 类），或者使用 PDO 类来操作 MySQL。

PHP 支持许多种数据库。但是，看到 mysqli 中的"mysql"我们就能明白，mysqli 仅支持 MySQL。一般来说，mysqli 比 PDO 的处理速度快。但是，使用了 mysqli 的程序无法操作 MySQL 以外的数据库。对我们这样的一般用户来说，在程序功能保持不变的情况下只更改数据库种类的情况也偶有发生。所以理想的状态是，即使改变数据库的种类，程序也能正常运行。

如果使用 PDO（PHP Data Object），那么无论哪种数据库，都可以使用相同的 PHP 脚本。因此，对于使用 PHP 操作 MySQL 服务器的相关内容，本书会介绍"使用 PDO 操作 MySQL"这一更为通用的方法。

> **专栏▶ mysql 函数**
>
> 作为使用了 PHP 和 MySQL 的应用程序示例,很多图书和网站介绍了使用 mysql_connect() 和 mysql_query() 等函数连接数据库的方法。所谓使用 mysql 函数连接数据库,其实就是把 SQL 语句传递给 MySQL,并不难理解。但是,PHP 从版本 5.5 开始就不推荐使用 mysql 函数了,现在[1]发行的 PHP 7 已经不能使用 mysql 函数了。

18.1.2 什么是 PDO?什么是类?什么是方法?

PDO 是 PHP 5.1.0 及更高版本中定义的标准数据库连接机制,其目的是更方便地利用数据库。PDO 是用于管理数据库的"类"(class),通过其"对象"(object)来操作数据库。不过本书只会介绍使用 PHP 操作 MySQL 所需要的基础知识和具体的操作方法,不会对类和对象进行详细介绍。如果想了解 PHP 面向对象方面更多的信息,可以参考 PHP 的专业图书。

那么,类又是什么呢?虽然类有各种各样的解释,但请把类当作数据和操作的集合。也就是说,PDO 类中包含了许多用于处理数据库的数据和操作方法。

类只是一个"定义"。要进行实际操作,必须创建特定的操作对象。通过类创建的特定操作对象称为对象。例如,在操作 MySQL 服务器的情况下,就需要先通过 PDO 类创建一个用于操作数据库的 PDO 对象(见图 18-1)。

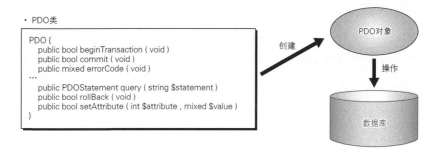

图 18-1 对象和方法

而方法是指从属于类的函数。前面提到了好几个 PHP 函数,这些函数都是可以随时使用的。但方法只能在创建了对象的情况下才能使用,和函数的描述方式也有些许不同。

18.1.3 使用 PDO 连接到 MySQL 服务器

下面我们就来使用 PDO 操作 MySQL 服务器。要使用 PDO 类,就得先创建一个具体的 PDO 对象。创建对象的方法有很多种,这里我们来介绍使用命令 new 创建对象的方法,具体语法如下所示。

---

[1] 指编写日文原书的时间。——译者注

| 格式 | 创建 PDO 类对象的语法

```
new PDO ( 数据源名称 , 用户名 , 密码 )
```

"用户名"和"密码"是用于连接 MySQL 的用户名和密码，在本书使用的环境中，二者都是
"root"。

"数据源名称"的格式如下所示。

驱动名称：host= 主机名；dbname= 数据库名

如表 18-1 所示，驱动名称取决于数据库的种类。

表 18-1　指定驱动名称的字符串

数据库的种类	驱动名称
MySQL	mysql
PostgreSQL	pgsql
Oracle	oci
SQL Server	sqlsrv

"主机名"中记述的是运行 MySQL 服务器的主机的名称，在本书使用的环境中，该主机名是
"localhost"。因此，如果在本书使用的环境中创建用于操作数据库 db1 的 PDO 对象，就需要按照如
下方式进行描述。

```
new PDO("mysql:host=localhost;dbname=db1","root","root");
```

将创建的对象赋给变量，这种值为对象的变量称为"对象变量"，对象可以通过该变量进行操
作。具体示例如代码清单 18-1 所示。

代码清单 18-1　connection.php

```php
<?php
$s=new PDO("mysql:host=localhost;dbname=db1","root","root");
print " 连接成功 ";
?>
```

执行上面的 connection.php 会创建 PDO 类的对象并将其赋给对象变量 $s。我们可以通过变量
$s 来操作 MySQL 服务器。如果连接成功，则执行第 2 行代码，Web 页面会显示"连接成功"。

下面我们来实际连接一下。将上述脚本保存在发布的文件夹中，并确认 MySQL 和 Apache 正
在运行。然后，在浏览器中输入 http://localhost/connection.php，按 Enter 键。如果连接成功，则会
显示图 18-2 的画面。

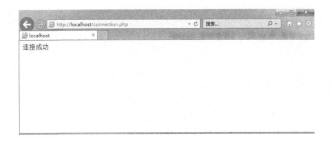

图 18-2 执行结果（连接成功时的情况）

如图 18-3 所示，如果显示出"网站无法显示该页面"等信息，我们可以从服务器名、用户名、密码的设置是否有问题，或者 Apache 或 MySQL 本身是否正常运行等方面来找原因。页面的布局和信息会根据浏览器的不同而发生变化，一般都会显示"500"这个错误。该错误表示当输出动态页面时程序上发生了错误。

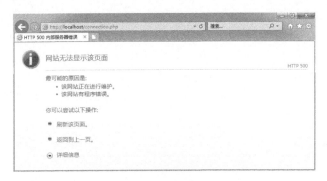

图 18-3 执行结果（连接失败时的情况）

总之，我们要确保可以成功地连接到 MySQL 服务器。

18.2 使用 PDO 执行 SQL 语句

连接到 MySQL 服务器之后，就可以通过 PHP 脚本执行 SQL 语句了。我们向前面出现多次的数据库 db1 的表 tb1 中添加记录。作为示例，试着使用 PHP 脚本处理以下 MySQL 监视器中的命令。

在 PDO 中执行 SQL 语句需要使用 query 方法。

格式 query 方法

```
PDO 对象 ->query(" 执行的 SQL 语句 ")
```

执行方法时需要给对象变量加上符号"->"，这样就可以明确执行的是哪个对象的方法了。这

次我们将 new 创建的 PDO 对象赋给了对象变量 $s。也就是说，当通过 $s 向数据库 db1 发送 SQL
语句时，代码需要编写为 $s->query(...)。

18.2.1 向表中插入记录

首先在表 tb1 中添加一条记录。表 tb1 的当前状态和要添加的记录如下所示。

▶ 表 tb1 的数据

empid	name	age
A101	佐藤	40
A102	高桥	28
A103	中川	20
A104	渡边	23
A105	西泽	35

▶ 添加到表 tb1 中的记录

empid	name	age
K777	豌豆太郎	20

▶ 创建并执行脚本

试着创建并执行 PHP 脚本。请创建代码清单 18-2 中的脚本，将该脚本命名为 insert.php 并保存
到发布的文件夹中。

代码清单 18-2　insert.php

```php
<?php
$s=new PDO("mysql:host=localhost;dbname=db1","root","root");            1
$s->query("INSERT INTO tb1 VALUES('K777','豌豆太郎',20)");             2
?>
```

用于操作数据库 db1 的 PDO 对象的创建方法和 18.1.3 节相同（**1**）。

2发送了 INSERT 语句。因为 query 方法的参数是字符串，所以需要使用 " " 或 ' ' 把 SQL
语句括起来。但由于 INSERT 语句中也使用了字符串，所以整个 INSERT 语句用 " " 括了起来，
INSERT 语句中包含的字符串则使用 ' ' 括了起来。这部分内容会在后面进行讲解。

保存文件后，在浏览器的地址栏中输入以下 URL，然后按 Enter 键。

```
http://localhost/insert.php
```

▶ 确认成功添加记录

因为这次的 PHP 脚本仅用于添加记录，所以结果不会显示在浏览器上。也就是说，我们无法

在浏览器上确认添加记录的操作是成功了还是失败了。要想进行确认，就需要启动 MySQL 监视器并执行 SELECT 语句。下面就来实际操作一下。

操作方法

① 启动 MySQL 监视器。
② 输入 "use db1"。
③ 输入 "SELECT * FROM tb1;"。

执行结果

```
mysql> select * from tb1;
+-------+-----------+------+
| empid | name      | age  |
+-------+-----------+------+
| A101  | 佐藤      |   40 |
| A102  | 高桥      |   28 |
| A103  | 中川      |   20 |
| A104  | 渡边      |   23 |
| A105  | 西泽      |   35 |
| K777  | 豌豆太郎  |   20 |
+-------+-----------+------+
6 rows in set (0.00 sec)
```

执行结果中如果显示了新添加的记录，就代表成功了。

▶ **使用 ' 或 " 将 SQL 语句括起来**

这次我们使用了下面的代码发送 SQL 语句。

```
$s->query("INSERT INTO tb1 VALUES('K777','豌豆太郎',20)");
```

前面提到过，因为使用 query 方法执行的 SQL 语句是字符串，所以必须用 """ 或 "'" 将其括起来。但是，使用了 ' ' 的 SQL 语句如果再用 ' ' 括起来，就会发生错误。例如执行下面的代码就会发生错误。

```
$s->query('INSERT INTO tb1 VALUES('K777','豌豆太郎',20)');
```

为了避免发生错误，我们可以按如下方式编写代码。

```
$s->query('INSERT INTO tb1 VALUES(\'K777\',\'豌豆太郎\',20)');
```

在内部 "'" 之前加上 "\"

可以看到，上面的代码在内部的 "'" 之前加上了 "\" 进行转义处理 (→ 5.3.2 节)。

当然，也可以像下面这样反过来使用 " " 和 ' '。

```
$s->query('INSERT INTO tb1 VALUES("K777","豌豆太郎",20)');
```

本书统一采用了示例中的方法来编写代码。

18.2.2 在 PHP 中接收 SQL 语句的执行结果

通过 PDO 执行 SQL 语句后，我们并没有立刻知道结果。要想把执行结果显示在浏览器上，就需要执行 SELECT 语句并对其结果进行处理。

query 方法也可以用来执行 SELECT 语句，如果执行了用于返回结果的 SQL 语句，query 方法就会返回这个结果。下面的程序会将 query 方法返回的结果赋给对象变量 $re。

```
$re=$s->query("SELECT * FROM tb1");
```

但是，即使执行 print $re，结果也不会显示出来。这里就不解释具体原因了，简而言之，就是 query 方法的返回值不是单纯的字符串，而是一个对象 (PDOStatement 对象)。PDOStatement 对象中有各种各样的功能，而保存 SQL 语句的执行结果并执行后续处理正是它的功能之一。

fetch() 方法可以从作为 SELECT 语句结果的 PDOStatement 对象中取出使用 print 就能输出的记录。

格式 fetch 方法

```
PDOStatement 对象 ->fetch()
```

fetch() 方法没有参数，返回值是记录的数组。因为要对 query 方法的结果 $re 执行 fetch() 方法，所以代码要写成 $re->fetch()。

```
$re=$s->query("SELECT * FROM tb1");
$result=$re->fetch();
```

上面的程序对 query 方法的结果 ($re) 执行了 fetch() 方法，并将其赋给了变量 $result。$result 是一个数组变量 (→ 16.1.4 节)。第 1 行各列的值分别是 $result[0]、$result[1]、$result[2]。

最终会取出下面几个值。请注意，下标是从 0 开始的，而不是从 1 开始的。图 18-4 是相应的示意图。

- $result[0] → 列 empid "A101" 等
- $result[1] → 列 name "佐藤" 等
- $result[2] → 列 age "40" 等

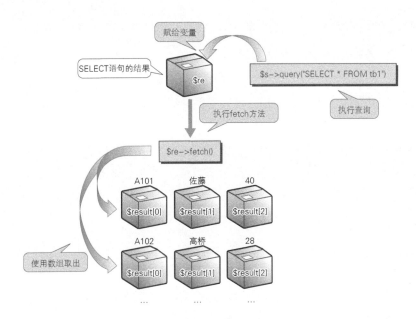

图 18-4　将查询结果赋给数组变量

▶ fetch 方法的使用方法

最初执行 fetch 方法时，SELECT 语句的结果中包含的第 1 条记录的各列会作为数组返回，第 2 次执行 fetch 方法时，第 2 条记录的各列会作为数组返回。也就是说，只要像下面这样根据记录数执行 fetch 方法，就可以取出所有的记录。

```
$re=$s->query("SELECT * FROM tb1");

$result=$re->fetch();
    print $result[0];
    print $result[1];
    print $result[2];

$result=$re->fetch();
    print $result[0];
    print $result[1];
    print $result[2];
......
```

但是，根据结果中包含的记录数重复执行 fetch 方法的操作方式并没有什么技术含量，况且在很多情况下，我们都无法事先知道 SELECT 语句的结果中会包含多少记录。

因此，我们试着将上面的代码改为下面这种形式。

```
$re=$s->query("SELECT * FROM tb1");

while($result=$re->fetch()){
    print $result[0];
    print $result[1];
    print $result[2];
}
```

$re->fetch() 会从执行 SQL 语句的结果中返回一个数据数组，如果没有行可读取就会返回 FALSE。也就是说，在上面的程序中，fetch 会一行一行地循环读取，如果 $re->fetch() 为 TRUE 则执行 "print $result ..."，如果没有行可读取，则返回 FALSE，结束 while 循环。

▶ 添加记录后立即显示结果

此外，如果在执行 SQL 语句 SELECT * FROM tb1 之前执行 INSERT INTO tb1 VALUES()，就可以立即确认添加记录后的结果。

下面是添加另一条记录（'K888','岗村花子',25）后立即使用 SELECT 显示数据的示例。为了便于阅读，我们输入了换行符和符号 "："。

代码清单 18-3　insert_expression.php

```
<?php
$s=new PDO("mysql:host=localhost;dbname=db1","root","root");
print " 连接 OK!<br>";
$s->query("INSERT INTO tb1 VALUES('K888',' 岗村花子 ',25)");
$re=$s->query("SELECT * FROM tb1");                              ①
while($result=$re->fetch()){                                      ②
    print $result[0];
    print ":";
    print $result[1];
    print ":";
    print $result[2];
    print "<br>";
}
?>
```

①用于将 SQL 语句的结果赋给变量 $re，②用于将全部结果作为数组取出并显示出来。执行结果如图 18-5 所示。

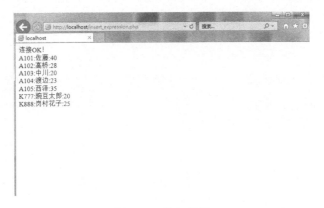

图 18-5 执行结果

18.3 异常处理中的错误处理

在因为某种故障而无法连接到 MySQL 数据库的情况下，前面介绍的程序都将停止处理。本节将介绍数据库相关处理出现问题时的应对策略。

18.1.3 节介绍了用于连接到 MySQL 数据库的程序 connection.php。该程序在发生错误的情况下会显示错误提示页面，但不会显示错误发生的原因。这就给我们带来了困扰。因此，我们试着让程序显示出错误发生的原因。

在 PHP 中，执行过程中发生的问题（错误）称为异常。异常处理是指在发生异常的情况下执行的处理。当发生异常时，程序会根据错误种类自动生成各种各样的对象，所以我们可以使用该对象来编写异常处理。

执行异常处理需要用到 "try ~ catch" 语句。

格式 try ~ catch

```
try{
    可能会发生异常的处理
}catch( 异常名称  接收异常的变量 ){
    在发生异常的情况下执行的处理
}
```

代码清单 18-4 在 18.1.3 节介绍的程序 connection.php 中添加了异常处理。密码出现错误，因此会进行异常处理。

代码清单 18-4 try_catch.php

```php
<?php
try{
    $s=new PDO("mysql:host=localhost;dbname=db1","root","nisepass");
    print "连接成功";
}catch(PDOException $e){                                            ■1
    print "下面是错误的内容: ".$e->getMessage();                      ■2
}
?>
```

在连接数据库失败的情况下会引发名为 PDOException 的异常，因此使用了变量 $e 接收 PDOException（■1）。具体内容就不详细介绍了，大家只要知道 PDOException 对象中定义了各种各样的方法，其中 getMessage 方法可以用来获取错误信息即可。

格式 getMessage 方法

```
PDOException 对象 ->getMessage()
```

■2会将字符串"下面是错误的内容："和用 $e->getMessage() 取得的错误信息结合起来显示。

代码清单 18-4 的程序会在连接数据库失败的情况下显示图 18-6 的内容。

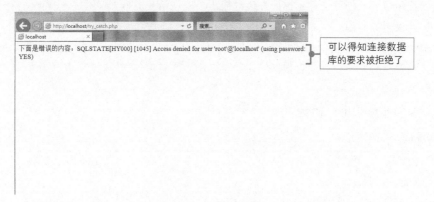

图 18-6 执行结果

18.3.1 SQL 的错误处理

正如前面的示例所展示的那样，当 PHP 与 MySQL 连接失败时会发生异常。但是，连接到 MySQL 时生成的 PDO 对象默认设置为连接后即使发生错误也不进行异常处理。也就是说，如果想执行 MySQL 连接失败以外的异常处理，就需要修改初始设置（属性）。

为此，我们需要使用 setAttribute 方法。

> **格式** setAttribute **方法**
>
> PDO 对象 ->setAttribute(修改模式的属性 , 设置的值)

错误相关的属性通过值 PDO::ATTR_ERRMODE 来表示。因此，将属性设置为 PDO::ERRMODE_EXCEPTION，发生错误时就会生成 PDOException 对象。

```
$s->setAttribute(PDO::ATTR_ERRMODE,PDO::ERRMODE_EXCEPTION);
```

在执行 SQL 语句的过程中发生异常就会显示错误内容的程序如代码清单 18-5 所示。该程序在 18.3 节的程序 insert_expression.php 中添加了显示错误内容的处理。

代码清单 18-5 exception.php

```php
<?php
try{
    $s=new PDO("mysql:host=localhost;dbname=db1","root","root");
    $s->setAttribute(PDO::ATTR_ERRMODE,PDO::ERRMODE_EXCEPTION);        ①
    print "连接OK！ <br>";
    $s->query('INSERT INTO tb1 VALUES("K888","岗村花子",555)');
    $re=$s->query("SELECT * FROM tb_bad");                              ②
    while($result=$re->fetch()){
        print $result[0];
        print " : ";
        print $result[1];
        print " : ";
        print $result[2];
        print "<br>";
    }
}catch(PDOException $e){
    print "下面是错误的内容: " .$e->getMessage();                         ③
}
?>
```

生成 PDO 对象后，通过 setAttribute 方法更改错误模式，以便在执行 SQL 时能进行异常处理（①）。

②对不存在的表执行了 SELECT 语句，所以这里会发生异常（PDOException 对象）。

③用于将异常内容显示在画面上。

执行结果如图 18-7 所示。

图 18-7　执行结果

　　另外，为了简化代码，本书介绍的示例中没有编写错误处理。如果不知道哪里发生了错误，请试着使用 try ~ catch 语句，并使用 setAttribute 方法修改错误处理模式。

专栏▶　**显示数据库中存在的表**

　　要想显示数据库中存在的表，就需要使用 query 方法发送 MySQL 的 SHOW　TABLES 命令（→ 4.5.1 节）执行查询。

　　下面的脚本用于输出数据库 db1 中存在的表。执行结果如图 18-8 所示。

▶ show_tb.php

```php
<?php
$s=new pdo("mysql:host=localhost;dbname=db1","root","root");
$re=$s->query("SHOW TABLES");
while($result=$re->fetch()){
    print $result[0];
    print "<br>";
}
?>
```

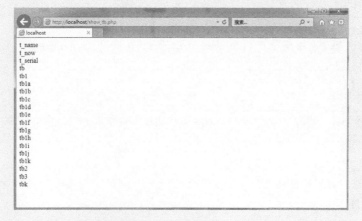

图 18-8　执行结果

18.4　总结

本章介绍了以下内容。

- ●使用 PHP 连接 MySQL 数据库的方法
- ●使用 PHP 执行查询的方法
- ●使用 PHP 添加记录的方法
- ●使用 PHP 显示查询结果的方法

▶　自我检查

下面检查一下本章学习的内容是否全部理解并掌握了。

- □ 能够使用 PDO 连接数据库
- □ 能够使用 query 方法执行查询
- □ 能够使用 fetch 方法显示查询结果

▶ 练习题

问题1

　　创建 PHP 脚本，在表 tb 中以列 sales 的值大于等于 50 的记录为对象，按照列 empid 进行分组，并降序显示各组销售额平均值大于等于 120 万元的记录。执行的 SQL 语句要使用 8.8 节参考答案中的内容，即下面的代码。

```
SELECT empid,AVG(sales)
    FROM tb
WHERE sales>=50
    GROUP BY empid
HAVING AVG(sales)>=120
    ORDER BY AVG(sales) DESC;
```

 使用 Here Document（→ 17.7.1 节）设置 SQL 语句操作起来会比较轻松。

▶ 参考答案

问题1

创建代码清单 18-6。

代码清单 18-6　empid_avg.php

```php
<?php
$s=new PDO("mysql:host=localhost;dbname=db1","root","root");

$q=<<<eot
SELECT empid,AVG(sales)
    FROM tb
WHERE sales>=50
    GROUP BY empid
HAVING AVG(sales)>=120
    ORDER BY AVG(sales) DESC;
eot;

$re=$s->query($q);
while($result=$re->fetch()){
    print "员工号: ";
    print $result[0];
    print "  平均销售额: ";
    print $result[1];
    print "<br>";
}
?>
```

第5部分
MySQL + PHP实践

使用 PHP 访问 MySQL 之后，试着制作一个简单的 Web 应用程序连接到 MySQL。

在第 5 部分的内容中，我们将学习如何使用 PHP 和 MySQL 制作公告板，以及发布到互联网上时需要注意哪些地方等。

第19章　使用PHP和MySQL制作一个简易公告板

终于要使用 MySQL 和 PHP 制作一个 Web 应用程序了。我们先来复习一下前面的知识，然后试着制作一个简易的公告板。

19.1　制作一个简易公告板

19.1.1　简易公告板的结构

我们来制作一个简易的公告板，顺便整理一下前面学习的 MySQL 和 PHP 的知识。简易公告板，顾名思义，不是一个复杂的 Web 应用程序。这个公告板只会连接到数据库执行显示记录、写入姓名和消息、删除记录、查询记录这 4 个简单的处理（见图 19-1）。

我们要制作的公告板没有个人身份验证，并且可以自由地进行删除，所以如果投入实际应用，在安全方面还存在隐患，不过在本地服务器中使用是完全没有问题的。

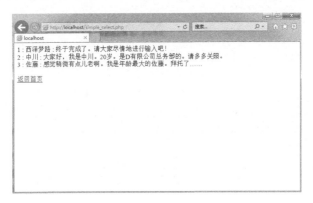

图 19-1 简易公告板的首页（simple.html）

为了让 MySQL 和 PHP 的运行过程更易于理解，我尽力缩减了标签的种类。如果有可以使用的 HTML 标签，使用 print 输出即可。大家可以按照自己的喜好进行设计。图 19-2 是显示所有消息的画面。

图 19-2 显示所有消息的画面（simple_select.php）

19.1.2 创建数据库和表

首先创建在这个 Web 应用程序中进行操作的表。在数据库 db1 中创建列结构如表 19-1 所示的表 tbk。

表 19-1 表 tbk（简易公告板消息表）

列名	empid	name	mess
定义	INT AUTO_INCREMENT PRIMARY KEY	VARCHAR(100)	VARCHAR(100)
列的作用	保存消息的连续编号	保存写入的姓名	保存消息

构成表 tbk 的列 empid、列 name 和列 mess 分别用于保存编号、姓名和消息。其中，列 empid 具有自动连续编号功能（→ 6.8 节）。

大家应该还记得表的创建方法吧（→ 4.4.3 节）。请事先启动 MySQL 监视器，创建表 tbk。

19.1.3　简易公告板的文件结构

这个简易的公告板具有对记录进行显示、插入、删除和查询的功能。我们来创建用于实现各个功能的 PHP 脚本吧。

▶ **本章中创建的示例**

我们将创建以下 PHP 脚本文件。

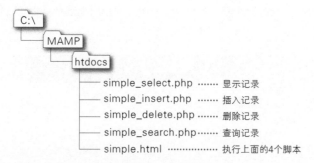

我们来看一下首页和各个脚本文件之间的关系（见图 19-3）。

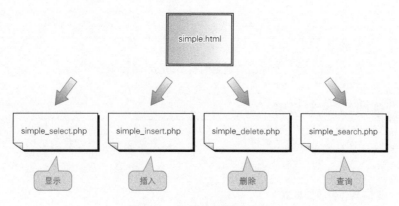

图 19-3　简易公告板的结构

首页上有 4 个表单，每个表单都可以执行各自的脚本，这些脚本分别具有显示记录、插入记录、删除记录和查询记录的功能。

例如，当用户执行插入记录的操作时，在文本框内输入"姓名"和"消息"，点击"发送消息"按钮。于是，数据就会发送到具有插入记录功能的 simple_insert.php 中。

19.2　创建首页

我们先来创建首页（simple.html）。

19.2.1　调用消息显示脚本的表单

第一个要调用的是具有显示功能的脚本。创建一个表单，该表单用于调用显示表 tbk 中所有记录的脚本 simple_select.php。

在这个简易公告板中，发送数据的方式均为 POST。因此，method="POST"。在这个表单中设置一个具有提交（submit）功能的按钮（→ 17.8.2 节），通过 value=" 显示消息 " 将按钮上显示的字符串设置为"显示消息"。

调用显示功能的表单内容如下所示。图 19-4 是相应的示意图。

```
<form method="POST" action="simple_select.php">
<div>显示消息</div>
<input type="submit" value="显示消息">
</form>
```

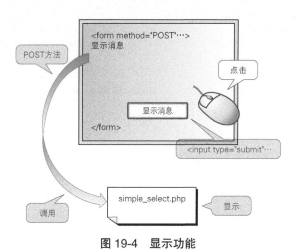

图 19-4　显示功能

19.2.2　调用插入脚本的表单

接下来要调用的是具有插入功能的脚本。创建一个用于调用脚本 simple_insert.php 的表单。针对 <form> 标签，只修改相应 PHP 文件的指定部分，将该部分修改为 <form method="POST" action="simple_insert.php">。

创建用于输入姓名和消息的文本框，并使用 name 属性设置用于识别数据的元素名称（→ 17.8.2 节）。将姓名文本框和消息文本框的 name 属性分别设置为 a1 和 a2。

调用插入功能的表单如下所示。图 19-5 是相应的示意图。

```
<form method="POST" action="simple_insert.php">
<div>
输入姓名<input type="text" name="a1">
</div>
<div>输入消息<input type="text" name="a2" size=150></div>
<input type="submit" value="发送消息">
</form>
```

对用于输入信息的文本框设置了 size 属性来规定其大小[①]。

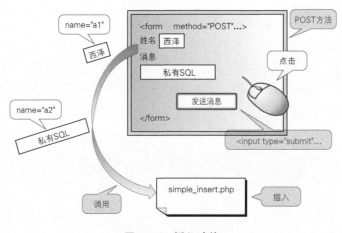

图 19-5　插入功能

19.2.3　调用删除脚本的表单

下面要调用的是具有删除功能的脚本。创建一个用于调用脚本 simple_delete.php 的表单，文本框中输入的是要删除的消息编号，将该文本框的 name 属性设置为 b1。图 19-6 是相应的示意图。

```
<form method="POST" action="simple_delete.php">
<div>输入要删除的编号<input type="text" name="b1"></div>
<input type="submit" value="发送要删除编号">
```

---

① size 属性定义的是可见的字符数，也就是在这个输入框中最多能看到的字符数，其余的字符在前后隐藏。——译者注

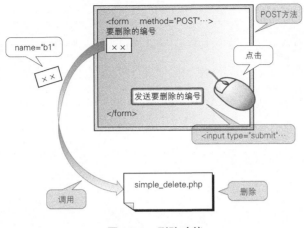

图 19-6　删除功能

19.2.4　调用查询脚本的表单

最后要调用的是具有查询功能的脚本。创建一个用于调用脚本 simple_search.php 的表单。文本框中输入的是要查询的关键字，查询消息中包含的字符串。将该文本框的 `name` 属性设置为 `c1`。图 19-7 是相应的示意图。

```
<form method="POST" action="simple_search.php">
<div>输入查询的关键字<input type="text" name="c1"></div>
<input type="submit" value="查询">
</form>
```

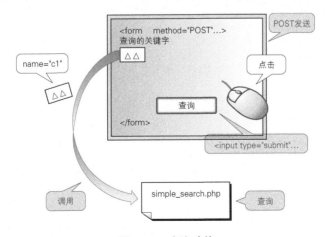

图 19-7　查询功能

19.2.5 创建首页

下面来汇总一下前面的内容，创建首页 simple.html。Web 页面 simple.html 可以调用分别拥有显示、插入、删除和查询功能的 PHP 脚本。请创建该 Web 页面，并将其保存在发布的文件夹（C:\MAMP\htdocs）中。

代码清单 19-1　simple.html

```html
<!DOCTYPE html>
<html>
<head>
<meta charset="UTF-8">
</head>
<body>

<p>
<form method="POST" action="simple_select.php">
<div> 显示消息 </div>
<input type="submit" value=" 显示消息 ">
</form>
</p>


<p>
<form method="POST" action="simple_insert.php">
<div>
输入姓名 <input type="text" name="a1">
</div>
<div> 输入消息 <input type="text" name="a2" size=150></div>
<input type="submit" value=" 发送消息 ">
</form>
</p>


<p>
<form method="POST" action="simple_delete.php">
<div> 输入要删除的编号 <input type="text" name="b1"></div>
<input type="submit" value=" 发送要删除的编号 ">
</form>
</p>


<p>
<form method="POST" action="simple_search.php">
<div> 输入查询的关键字 <input type="text" name="c1"></div>
<input type="submit" value=" 查询 ">
</form>
</p>


</body>
</html>
```

19.3 创建分别具有显示、插入、删除和查询功能的 PHP 脚本

首页已经创建完成。下面我们来创建分别具有显示、插入、删除、查询功能的 PHP 脚本。

19.3.1 4 个脚本的共通之处

从首页调用的 PHP 文件中都包含"连接到数据库"和"显示当前所有记录"的处理。这两个处理的代码具体如下，其内容已经在第 18 章介绍过了。理解了这一点，程序编写起来就会更加容易。

```
$s=new PDO("mysql:host=localhost;dbname=db1","root","root");
$re=$s->query("SELECT * FROM tbk ORDER BY empid");
while($result=$re->fetch()){
    print $result[0];
    print " : ";
    print $result[1];
    print " : ";
    print $result[2];
    print "<br>";
}
```

19.3.2 用于显示记录的 PHP 脚本

首先来思考一下如何编写一个只要点击按钮就会显示表 tbk 全部记录的 PHP 脚本（图 19-8）。

如果仅从 SQL 语句的方面考虑，只要执行 SELECT * FROM tbk 即可，但这样一来，我们便无法得知记录的显示顺序了。因此，为了让记录按照列 empid 的顺序显示，脚本中要加上 ORDER BY empid（→ 8.5.1 节）。执行 SQL 语句和显示结果的脚本与 18.3 节相同。

连接数据库

```
$s=new PDO("mysql:host=localhost;dbname=db1","root","root");
```

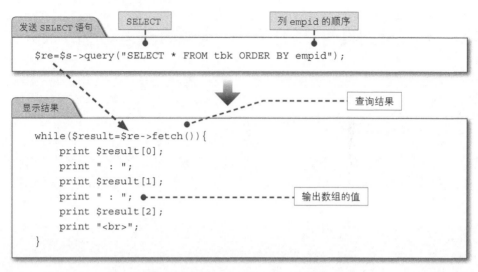

图 19-8 simple_select.php 的结构

整理一下上面的内容，脚本就会如代码清单 19-2 所示。

代码清单 19-2 simple_select.php

```php
<?php
ini_set("display_errors", On);

$s=new PDO("mysql:host=localhost;dbname=db1","root","root");

$re=$s->query("SELECT * FROM tbk ORDER BY empid");
while($result=$re->fetch()){
    print $result[0];
    print " : ";
    print $result[1];
    print " : ";
    print $result[2];
    print "<br>";
}

print "<br><a href='simple.html'>返回首页</a>";
?>
```

创建好名为 simple_select.php 的文件后，将其保存到发布的文件夹中。

19.3.3 用于插入记录的 PHP 脚本

下面是用于插入姓名和消息的脚本（见图 19-9）。

在首页的 name="a1" 和 name="a2" 的文本框中分别输入姓名和消息。

具有插入功能的脚本 simple_insert.php 接收了这两个数据，并将它们分别插入列 name 和列 mess 中。

来自发送方 simple.html 的数据可以通过 $_POST ["a1"] 和 $_POST ["a2"] 接收（→ 17.8.3 节）。出现多次 " " 和 ' ' 会使代码变得复杂，所以我们将接收的两个数据 $_POST ["a1"] 和 $_POST ["a2"] 分别赋给变量 $a1_d 和 $a2_d。

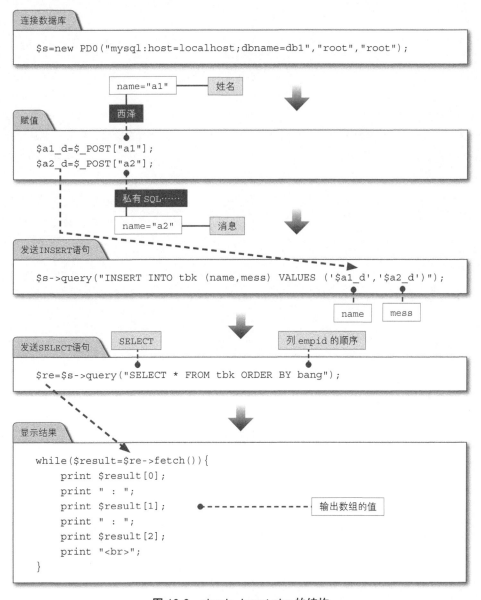

图 19-9 simple_insert.php 的结构

下面是用于将接收的数据插入到表 tbk 的列 name 和列 mess 中的 SQL 语句。

```
INSERT INTO tbk (name,mess) VALUES ('$a1_d','$a2_d')
```

发送此 SQL 语句的代码如下所示。

```
$a1_d=$_POST["a1"];
$a2_d=$_POST["a2"];
$s->query("INSERT INTO tbk (name,mess) VALUES ('$a1_d','$a2_d')");
```

请注意，SQL 语句 INSERT INTO××VALUES（'$a1_d','$a2_d'）用 " " 括了起来。如果使用 " " 将 SQL 语句括起来，其中的变量 $a1_d 和 $a2_d 就会被解析为具体的字符串（→ 16.2.3 节）。

那么，在 $a1_d 上添加 ' ' 就没有问题吗？相信有不少读者都有这样的担心。的确，用 ' ' 括起来的变量会作为字符串来处理，但是请放心，在使用 " " 的情况下，' ' 会被当成单纯的字符。所以，如果将"西泽"赋给变量 $a_d，代码就会变成下面这样。

```
INSERT INTO ... VALUES ('西泽'...)
```

在上述内容的基础上添加连接数据库、显示记录的处理，以及指向首页的链接，脚本就会如代码清单 19-3 所示。

代码清单 19-3　simple_insert.php

```php
<?php
$s=new PDO("mysql:host=localhost;dbname=db1","root","root");
$a1_d=$_POST["a1"];
$a2_d=$_POST["a2"];
$s->query("INSERT INTO tbk (name,mess) VALUES ('$a1_d','$a2_d')");
$re=$s->query("SELECT * FROM tbk ORDER BY empid");
while($result=$re->fetch()){
    print $result[0];
    print " : ";
    print $result[1];
    print " : ";
    print $result[2];
    print "<br>";
}
print "<br><a href='simple.html'> 返回首页 </a>";
?>
```

创建好名为 simple_insert.php 的文件后，将其保存到发布的文件夹中。

19.3.4 用于删除记录的 PHP 脚本

下面来看用于删除记录的脚本（见图 19-10）。

simple_delete.php 用于接收输入到文本框 name="b1" 中的数据，并删除与表 tbk 的列 empid 相匹配的记录。

来自发送方 simple.html 的数据可以通过 $_POST［"b1"］接收。我们把 $_POST［"b1"］的值赋给变量 $b1_d。

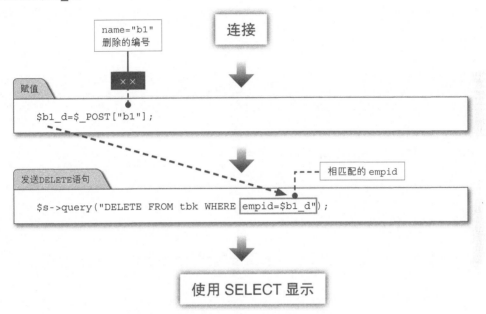

图 19-10　simple_delete.php 的结构

SQL 语句 DELETE　FROM　tbk　WHERE　empid=$b1_d 用于删除列 empid 为 $b1_d 的记录。因此，用于发送此 SQL 语句的代码如下所示。

```
$b1_d=$_POST["b1"];
$s->query("DELETE FROM tbk WHERE empid=$b1_d");
```

将共同的处理内容添加进来，整理一下代码。于是，脚本就如代码清单 19-4 所示。该脚本具有删除记录并将删除后所有记录显示出来的功能。

代码清单 19-4　simple_delete.php

```php
<?php
$s=new PDO("mysql:host=localhost;dbname=db1","root","root");

$b1_d=$_POST["b1"];
```

```
$s->query("DELETE FROM tbk WHERE empid=$b1_d");
$re=$s->query("SELECT * FROM tbk ORDER BY empid");
while($result=$re->fetch()){
    print $result[0];
    print " : ";
    print $result[1];
    print " : ";
    print $result[2];
    print "<br>";
}

print "<br><a href='simple.html'>返回首页</a>";
?>
```

创建好名为 simple_delete.php 的文件后，将其保存到发布的文件夹中。

⊙ 19.3.5　用于查询记录的 PHP 脚本

最后一个脚本用于提取列 mess 中含有指定字符串的记录（图 19-11）。

simple_search.php 用于接收输入到文本框 name="c1" 中的数据，并提取列 mess 中含有该字符串的记录。

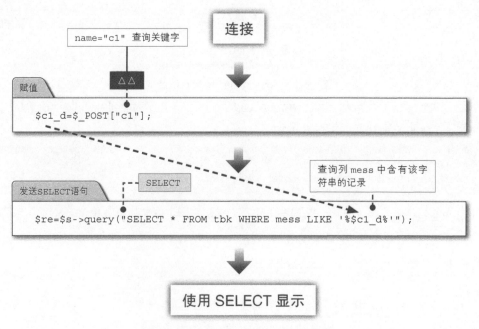

图 19-11　simple_search.php 的结构

我们使用 $_POST ["c1"] 接收来自发送方 simple.html 的数据，并将此值赋给变量 $c1_d。

对于列 mess 中包含 "$c1_d 的值" 的记录，用于提取该记录的 SQL 语句稍微有些复杂。条件 "列 mess 的数据中包含 ××" 表示 "×× 的前面和后面可以是任何内容"，所以语句要写为 mess LIKE '%××%'（→ 8.3.4 节）。因此，当提取列 mess 中包含 $c1_d 的值的记录时，需要使用如下 SQL 语句。

```
SELECT * FROM tbk WHERE mess LIKE '%$c1_d%'
```

另外，为了能显示查询结果，我们使用变量来接收通过 query 方法发送 SQL 语句的结果。这部分脚本如下所示。

```
$c1_d=$_POST["c1"];
$re=$s->query("SELECT * FROM tbk WHERE mess LIKE '%$c1_d%'");
```

整理一下前面的内容，然后添加共同的处理部分。于是，脚本就如代码清单 19-5 所示。该脚本具有查询记录并将符合条件的记录显示出来的功能。

代码清单 19-5　simple_search.php

```php
<?php
$s=new PDO("mysql:host=localhost;dbname=db1","root","root");

$c1_d=$_POST["c1"];

$re=$s->query("SELECT * FROM tbk WHERE mess LIKE '%$c1_d%'");
while($result=$re->fetch()){
    print $result[0];
    print " : ";
    print $result[1];
    print " : ";
    print $result[2];
    print "<br>";
}

print "<br><a href='simple.html'>返回首页 </a>";
?>
```

创建好名为 simple_search.php 的文件后，将其保存到发布的文件夹中。

19.3.6　确认 4 个文件的运行结果

将 simple.html、simple_select.php、simple_insert.php、simple_delete.php 和 simple_search.php 全

部保存到发布的文件夹中后，确认 MySQL 和 Apache 的运行结果，并使用这个简易公告板。

　　在浏览器的地址栏中输入 http://localhost/simple.html，就会显示出 19.1.1 节介绍的简易公告板的首页。

专栏▶　**在公告板上输入标签的技巧**

　　公告板有时候也会放在网上使用，我们下面要讨论的就是这个棘手的问题。输入带标签的消息之后，有些公告板也会把该标签反映出来。本书介绍的简易公告板就是这类公告板中的一个。

　　我们来看一个例子。请在 simple.html 的输入消息一栏中输入并发送 "`<font size="7"color="red">` 遇到麻烦了!`</font>`" 这种带有 `<font>` 标签的消息（图 19-12）。`<font>` 标签用于设置文字的尺寸和颜色，虽然它不能在 HTML 5 中使用，但是在大多数浏览器中该标签是可以正常工作的（图 19-13）。

　　如果仅仅用来修饰文本，倒也没有什么危害，但如果标签能够插入进去，就意味着可以使用脚本运行出预想之外的结果。

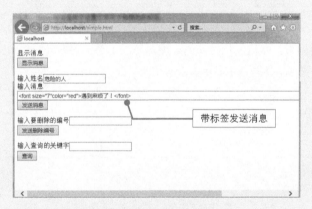

图 19-12　带标签发送消息

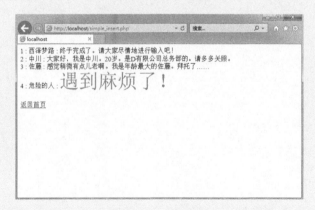

图 19-13　执行结果

　　如果该机制只是单纯输出字符串，那么发送的所有标签也会输出出来。关于删除标签的相关内容，大家可以参考 20.4.3 节。

19.4 总结

本章介绍了以下内容。

● 如何使用 PHP 和 MySQL 创建 Web 应用程序
● 针对分别具有显示、插入、删除、查询功能的脚本，如何来创建调用这些脚本的表单
● 如何创建分别具有显示、插入、删除、查询功能的脚本

▶ 自我检查

下面检查一下本章学习的内容是否全部理解并掌握了。

☐ 能够理解使用 PHP 和 MySQL 创建 Web 应用程序的过程
☐ 能够自制一个简易公告板

▶ 练习题

问题1

　　按照如下方式将本章介绍的 simple_select.php、simple_insert.php、simple_delete.php 和 simple_search.php 合并到文件 simple2_process.php 中，并创建 simple2.html 作为其首页。

● simple2.html（首页）

　　使用具有 hidden 属性的 `<input>` 标签对 19.1.1 节的 simple.html 进行改进，发送表示显示功能的字符 sel、表示插入功能的字符 ins、表示删除功能的字符 del，以及表示查询功能的字符 ser，以便在 simple2_process.php 中执行这 4 个处理。

● simple2_process.php（执行处理的 PHP 脚本文件）

　　该 PHP 文件使用从 simple2.html 发来的字符 sel、ins、del 和 ser，通过 switch...case...（→16.6.4 节）进行分支处理，从而对记录执行显示、插入、删除和查询的处理。

 将 4 个脚本合并为 1 个。当然，答案不止 1 种。大家可以按照自己的方式进行设计。

▶ 参考答案

问题1

① 创建如代码清单 19-6 所示的 HTML 文件 simple2.html。

代码清单 19-6　示例 simple2.html

```html
<!DOCTYPE html>
<html>
<head>
<meta charset="UTF-8">
</head>
<body>

<p>
<form method="POST" action="simple2_process.php">
<div> 显示消息 </div>
<input type="submit" value=" 显示消息 ">
<input type="hidden" name="h" value="sel">
</form>
</p>

<hr>

<p>
<form method="POST" action="simple2_process.php">
<div> 输入姓名 <input type="text" name="a1"></div>
<div> 输入消息 <input type="text" name="a2" size=150></div>
<input type="submit" value=" 发送消息 ">
<input type="hidden" name="h" value="ins">
</form>
</p>

<hr>

<p>
<form method="POST" action="simple2_process.php">
<div> 输入要删除的编号 <input type="text" name="b1"></div>
<input type="submit" value=" 发送删除编号 ">
<input type="hidden" name="h" value="del">
</form>
</p>

<hr>

<p>
<form method="POST" action="simple2_process.php">
<div> 输入查询的关键字 <input type="text" name="c1"></div>
<input type="submit" value=" 查询 ">
<input type="hidden" name="h" value="ser">
</form>
</p>

</body>
</html>
```

② 创建如代码清单 19-7 所示的脚本 simple2_process.php。

代码清单 19-7　示例 simple2_process.php

```php
<?php

/***************  连接数据库、选择数据库  ***************/
$s=new PDO("mysql:host=localhost;dbname=db1","root","root");

/***************  将 name 为 h 的 value 赋给 $h_d  ***************/
$h_d=$_POST["h"];

/***************  $h_d 根据 sel、ins、del、ser 的值进行条件分支处理  ***************/

switch("$h_d"){
    case "sel":
        $re=$s->query("SELECT * FROM tbk ORDER BY empid");
        break;
    case "ins":
        $a1_d=$_POST["a1"];
        $a2_d= $_POST["a2"];
        $s->query("INSERT INTO tbk (name,mess) VALUES ('$a1_d','$a2_d')");
        $re=$s->query("SELECT * FROM tbk ORDER BY empid");
        break;
    case "del":
        $b1_d=$_POST["b1"];
        $s->query("DELETE FROM tbk WHERE empid=$b1_d");
        $re=$s->query("SELECT * FROM tbk ORDER BY empid");
        break;
    case "ser":
        $c1_d=$_POST["c1"];
        $re=$s->query("SELECT * FROM tbk WHERE mess LIKE '%$c1_d%' ORDER BY
empid");
        break;
}

/***************  显示查询结果  ***************/
while($result=$re->fetch()){
    print $result[0];
    print " : ";
    print $result[1];
    print " : ";
    print $result[2];
    print "<br>";
}
/***************  指向首页的链接  ***************/
print "<br><a href='simple2.html'>返回首页 </a>";
?>
```

第20章 发布到互联网上时需要注意的地方

有些读者可能想立刻使用前面学到的知识，将 Web 应用程序部署到租赁服务器上进行发布。但是在此之前，我们还有一些知识需要掌握。

互联网上穿行着很多陌生人，如果没有在各个方面做好防范，数据库就会面临危险。

要想在互联网上发布 Web 应用程序，就需要采取相应的防护措施。本章我们将学习安全运用 Web 应用程序所需要的最低限度的知识。

20.1 不在发布的文件夹中放置重要信息

20.1.1 PHP 文件的结构

在发布 Web 页面的时候，文件会保存到发布在 Web 服务器上的文件夹中（→ 15.7.2 节）。这样，任何可以连接到互联网的人都可以下载已发布的文件。

那么，18.1.3 节介绍的那种操作数据库的脚本也会被连接到互联网的人下载吗？如果任何人都可以自由地下载并查看其内容，那么服务器名、用户名，甚至密码都会公之于众。

实际上，如果在发布的文件夹中进行了 PHP 运行设置，只要访问扩展名为 ".php" 的文件，脚本内容就会被执行，而且只有脚本执行的结果会返回给访问 PHP 脚本文件的客户端。也就是说，扩展名为 ".php" 的文件的内容不会被公开。

此外，如果不想让他人看到服务器上的文件内容，可以通过更改属性来限制访问。

对于包含重要内容的文件，即使使用了 PHP 脚本并设置了访问限制也不可掉以轻心。如果构成 Web 应用程序的系统中存在安全漏洞，那么本来不可见的文件，有时也可能出于某种原因而变得可见。更何况还有一些不怀好意的人。所以，把写入了密码等重要信息的文件放在发布的文件夹中是非常危险的。

那么，当使用脚本处理重要信息时，我们该怎么办才好呢？

20.1.2　如何读取其他文件的脚本

我们可以将作为 Web 服务器的计算机设置为不对文件夹进行发布。包含重要信息的文件必须放在难以猜到其位置的私有文件夹中。放置在发布文件夹中的文件不要包含重要的信息，需要用到的信息从其他地方读入即可。

▶ require_once

PHP 脚本中准备了一些读取其他 PHP 脚本文件的功能。本节我们将使用 require_once 命令作为示例。在使用该命令读取文件的情况下，文件只会被读取一次，如果无法读取文件，则停止处理。

> **格式**　require_once
>
> ```
> require_once ( 读取的文件名 )
> ```

首先，创建一个记述了服务器名、用户名、密码和数据库名的文件，并将此文件保存在不被发布的文件夹中。

创建一个像代码清单 20-1 那样的文件，并将文件命名为 db_info.php，然后保存在不被发布的文件夹 data 中。

代码清单 20-1　db_info.php

```php
<?php
$SERV="localhost";
$USER="root";
$PASS="root";
$DBNM="db1";
?>
```

修改 19.3.2 节连接数据库的脚本 simple_select.php，使其能够读取保存了基本信息的文件 db_info.php。

只修改连接到数据库的部分即可，具体内容如下所示。

▶ 修改前

```php
$s=new PDO("mysql:host=localhost;dbname=db1","root","root");
```

▶ **修改后**

```php
require_once("data/db_info.php");
$s=new PDO("mysql:host=$SERV;dbname=$DBNM",$USER,$PASS);
```

require_once ("data/db_info.php") 用于读取 data 文件夹中的 db_info.php。

为了便于理解，我们暂且在发布的文件夹（htdocs 等）中创建了一个 data 文件夹，并在其中放置了 db_info.php。当然，保存了密码等敏感信息的文件，其文件夹原本应该放置在发布文件夹的上一级，即放置在不被公开的安全场所。

修改后的脚本如代码清单 20-2 所示。

代码清单 20-2　simple_select2.php

```php
<?php
require_once("data/db_info.php");
$s=new PDO("mysql:host=$SERV;dbname=$DBNM",$USER,$PASS);

$re=$s->query("SELECT * FROM tbk ORDER BY empid");
while($result=$re->fetch()){
    print $result[0];
    print " : ";
    print $result[1];
    print " : ";
    print $result[2];
    print "<br>";
}

print "<br><a href='simple.html'>返回首页 </a>";
?>
```

我们只要把上述修改操作当成将读取的文件内容插入到 "require_once ("data/db_info.php");" 的部分即可。

如果对 simple_insert.php、simple_delete.php 和 simple_search.php 也执行相同的修改，那么即使能看到脚本的内容，也不会看到密码等敏感信息了。

专栏▶ **读取外部文件的命令**

除了 require_once 之外，PHP 脚本中还有几个读取外部文件的命令。例如 include_once 命令只会读取一次文件，即使读取文件失败也会继续处理[①]。

---

①　include_once 和 require_once 的区别体现在对错误的处理方面，include_once 会试图导入指定的文件，即使该文件没有被找到，程序也会执行；require_once 则必须导入指定文件，如果没有找到该文件，程序则不会继续执行。另外，引用文件的命令中有 require、include 命令，_once 的含义在于判断指定文件在之前是否已经被包含过，如已包含，则忽略本次包含，确保它只被包含一次，以免出现函数重定义、变量重新赋值等问题。——译者注

20.2　避免在查询中输入非法数据

20.2.1　什么是 SQL 注入

看不到密码等重要的信息就代表 PHP+MySQL 是绝对安全的吗？事实上并非如此。更可怕的反而是 SQL 注入。

"注入"（injection）一词一般用于表示"注射"或"投入资金"。也就是说，SQL 注入表示"注入"SQL 语句。这是一种通过混入（注入）Web 应用程序开发者预想之外的数据来进行非法处理的攻击方法。

接下来我们就来体验一下 SQL 注入的恐怖之处。

请大家回想一下 19.3.4 节介绍的 PHP 脚本 simple_delete.php。该脚本可以删除指定编号的记录。下面是相应的部分。

```
$b1_d=$_POST["b1"];
$s->query("DELETE FROM tbk WHERE empid=$b1_d");
$re=$s->query("SELECT * FROM tbk ORDER BY empid");
```

在发送方 simple.html 中，把要删除的记录编号输入到 <input...name="b1"> 文本框中进行 submit。

然后，接收方 simple_delete.php 通过 $_POST["b1"] 接收编号，再通过 $b1_d=$_POST["b1"] 将编号赋给 $b1_d，并以此为基础执行如下查询。

```
DELETE FROM tbk WHERE empid=$b1_d
```

作为开发者，我们可以预想到表 tbk 中的"6"或"12"等记录编号会赋给 $b1_d。

▶ 体验 SQL 注入

我们来思考一下，如果在 simple.html 的用于输入删除编号的文本框中输入如下内容（见图 20-1），并点击"发送消息"按钮，会出现什么样的情况呢？

```
1 OR 1=1
```

第 1 个"1"表示删除第 1 个记录。但是，之后的"OR 1=1"又是什么呢？

将 OR 1=1 输入到前面的 SQL 语句中就会变成下面这样。

```
DELETE FROM tbk WHERE empid=1 OR 1=1
```

有的读者可能已经注意到了，"1=1"是绝对正确的（1 和 1 是相同的）。因此，条件"当empid 等于 1 的时候，或者当 1=1 的时候"就表示"所有记录都满足条件"。

也就是说，不仅是第 1 个记录会被删除，表 tbk 中所有的记录都会被删除（见图 20-2）。

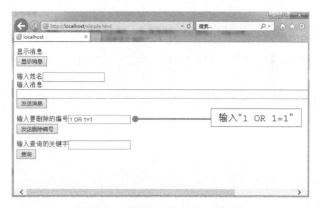

图 20-1　当输入"1 OR 1=1"时

图 20-2　执行结果

实际上，在本示例中，如果发送"1 OR 1=1"，所有的记录都会被删除。这样就很容易发送Web 应用程序开发者预想之外的危险查询。

如上所述，通过发送包含了部分 SQL 语句的数据来攻击系统的方法就是 SQL 注入。

不过，第 19 章介绍的脚本 simple_delete.php 原本就拥有"可随意执行删除"的机制。一条一条删除记录和一次性删除所有记录是一样的，不会有任何损害。可如果这个脚本是数据库的重要部分，并且会发布到互联网上实际运行，又会出现什么样的情况呢？在商务交易中丢失了重要的顾客数据就糟糕了。

在现实世界中，有人会使用更加巧妙的 SQL 注入来进行各种各样的攻击。即使完全看不到脚本的内容和变量，他们也可以推测出变量和处理流程，注入危险的 SQL 语句的片段。

那么在发布 Web 应用程序的时候，我们应该采取什么样的措施呢？

▶ 禁止输入非数字值

　　拿上面的示例来说，只要创建一个"如果发送了数字以外的数据，就不执行 DELETE"的机制就可以了。发送的数据是要删除的记录编号，所以在包含字母的情况下不执行删除，而是发送警告信息。

　　检查是否包含字母的方法有很多种，本章将介绍正则表达式和 preg_match 函数这两种方法。

20.3　正则表达式

20.3.1　什么是正则表达式

　　正则表达式是一种用于描述字符排列模式的方法。例如，表达式 [0-9] 表示"包含 0 到 9 的数字"。

20.3.2　正则表达式的示例

　　本节将介绍下面这些典型的示例。

▶ 包含 [ ] 中的字符

正则表达式	内容
[7]	包含了 7
[0-9]	包含了数字
[a-z]	包含了小写字母
[A-Z]	包含了大写字母
[A-Za-z]	包含了大写字母或者小写字母
[A-Z][0-9]	开头是大写字母，之后是数字这种连续字符的模式

▶ 包含除 [ ] 中指定的字符以外的字符

正则表达式	内容
[^0-9]	包含除 0 到 9 以外的字符（不包含数字）
[^A]	包含除 A 以外的字符
[^A-Z]	包含除大写字母以外的字符
[^0-9a-zA-Z]	包含除数字和字母以外的字符

▶ **以 ^ 的下一个字符开头**

正则表达式	内容
^h	以 h 开头

▶ **以 $ 的前一个字符结尾**

正则表达式	内容
E$	以 E 结尾

▶ **{ } 前面的字符仅连续出现 { } 中的次数**

正则表达式	内容
7 {3}	连续出现了 3 次以上的 7

20.3.3　preg_match 函数

preg_match 函数是一个使用正则表达式进行模糊查询的函数。模糊查询不是瞄准某一个对象进行查询，而是查找具有某种特征的字符，从而得出更多检索结果的一种查询方式。

pregb_match 函数如下所示。

格式 preg_match 函数

```
preg_match ( 正则表达式，要查找的字符串 )
```

preg_match 函数使用与脚本语言 Perl 兼容的正则表达式进行查询。

在这种情况下，正则表达式通常需要用 "/" 括起来。例如，"包含大写字母或小写字母" 的正则表达式是 [A-Za-z]，那么表示 "包含所有的字母" 的正则表达式就是下面这样。

```
/[A-Za-z]/
```

代码清单 20-3 使用了正则表达式 /[A-Za-z]/ 来检查字符串 "1234"。因为 "1234" 中不包含字母，所以结果会显示 "不包含"。

代码清单 20-3　include.php

```php
<?php
if(preg_match("/[A-Za-z]/","1234")){
        print "包含";
}else{
        print "不包含";
}
```

20.3.4　使用正则表达式检查非法输入

再介绍一个使用了正规表达的示例。试着检查输入的邮编的格式是否为"×××-××××"。

- "以 3 个 0 ~ 9 的数字开始" → "-" → "以 4 个 0 ~ 9 的数字结束"

用于判断是否符合上述字符排列顺序的表达式如下。

- "3 个 0 ~ 9 的数字" → [0-9]{3}
- "开始" → ^
- "4 个 0 ~ 9 的数字" → [0-9]{4}
- "结束" → ($)

代码清单 20-4 是对变量 $m 的内容 107-0052 执行检查的示例。

代码清单 20-4　regular.php

```php
<?php
$m="107-0052";
if(preg_match("/^[0-9]{3}-[0-9]{4}$/",$m)){
    print " 暂且是 OK 的 ";
}else{
    print " 有错误 ";
}
?>
```

107-0052 符合条件，所以结果会显示为"暂且是 OK 的"。

当然，要想在互联网上发布，仅仅这么做是不够的。为了进行更为严密的查询，我们还需要添加各种正则表达式。

▶ 如果不是数字则不执行查询

首先试着对 19.3.4 节介绍的"$s->query("DELETE FROM tbk WHERE empid=$b1_d");"进行重写，当输入数字以外的字符时，不执行 DELETE 命令并显示警告。

具体来说就是当 $b1_d 的内容中包含数字以外的字符时，通过输出以下命令来显示警告，并且不执行 DELETE 命令。

```
print "<div style='color:red'>不要输入除数字之外的内容！！</div>";
```

代码清单 20-5 改进了 simple_delete.php 中执行删除操作的部分。

代码清单 20-5　simple_delete.php 的部分内容

```
if(preg_match("/[^0-9]/",$b1_d)){
    print "<div style='color:red'>不要输入除数字以外的内容！！</div>";
}else{
    $s->query("DELETE FROM tbk WHERE empid=$b1_d");
}
```

如果在变量 $b1_d 的值中输入了字母等字符（输入 0 到 9 以外的值），则会显示消息"不要输入除数字以外……"，并且不执行包含 DELETE 命令的查询。通过"<div style='color:red'> ~ </div>";"设置的字符串"不要输入除数字以外……"将变为红色（→ 17.6.2 节）。

如果没有输入字母等字符（没有输入 0 到 9 以外的值），则会通过"$s->query("DELETE FROM tbk WHERE empid=$b1_d");"来执行删除操作。

当然作为万全之策，我们不仅要检查是否输入了除数字以外的值，还要严格检查输入的数字是否恰当。

SQL 注入的方式多种多样，我们无法一一介绍。不过，上述机制已经足以防止混入多余的 SQL 语句了。

20.4　不执行非预期标签

20.4.1　发送恶意标签

标签的处理也是制作 Web 应用程序时很重要的一点。

我们使用 17.8.2 节的 send.html 和 receive.php 进行一下实验吧。这两个文件的处理机制是，如果在 send.html 的文本框中输入字符并点击"发送"按钮，receive.php 就会使用 print 输出字符。

确保 receive.php 能够正常运行，然后显示 localhost 中的 send.html。在文本框中输入如下所示的 <body bgcolor=black>，并点击"发送"按钮（见图 20-3）。

```
<body bgcolor=black>
```

结果会是什么样的呢？

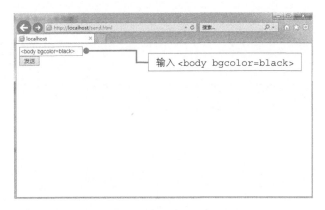

图 20-3　执行 send.html

如图 20-4 所示，窗口突然变黑了！到底发生了什么事呢？

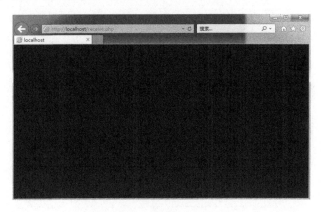

图 20-4　执行结果（receive.php）

send.html 只负责将输入到文本框中的字符发送给 receive.php，而 receive.php 只负责通过 print 输出接收到的字符串。也就是说，在变黑的浏览器画面上输出的是 <body bgcolor=black>。<body> 标签的 bgcolor 属性虽然已经不能在 HTML 5 中使用了，但是它在大多数的浏览器中还可以正常工作。

send.html、receive.php 这样的 Web 应用程序会根据输入的标签，执行标签设定的功能。如果只会出现上面这样的问题倒也没什么，但如果输入的标签能执行脚本，在某些情况下就会造成严重的后果。因此，要想发布到互联网上，必须采取万全的措施。

20.4.2　漏洞攻击

如上所述，将在 Web 页面上输入的内容直接输出到画面上的程序是危险的。不怀好意的人会通过不断发送脚本使用户在无意之中执行恶意脚本（见图 20-5）。针对此类系统漏洞的攻击会一致持续下去。

为了防止出现这样的问题，我们需要制作出能够避免脚本混入的 Web 应用程序。

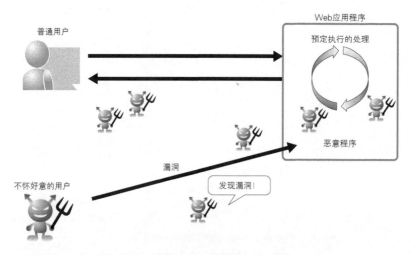

图 20-5　漏洞攻击

20.4.3　移除输入的标签

将输入的字符直接输出到 Web 页面是非常危险的。我们先来想办法让输出字符串中包含的标签无效。

在这种情况下，可以使用 htmlspecialchars 函数将标签等特殊字符转换为其他字符串。

> **格式** htmlspecialchars 函数
>
> ```
> htmlspecialchars(字符串)
> ```

htmlspecialchars 函数可以将标签等特殊字符串按照表 20-1 进行转换。

表 20-1　通过 htmlspecialchars 函数执行的转换

转换对象字符	转换后
<	&lt;
>	&gt;
&	&amp;
"	&quot;
'	&#039;

※ 但是 "'"（单引号）的转换只能在第 2 参数指定为 ENT_QUOTES 的情况下进行

恶意输入中经常出现"<"">""&""″"和"′"等符号。htmlspecialchars 函数能够将这些字符串转换为无法执行相应功能的字符串。

试着使用 htmlspecialchars 修改一下 17.8.3 节中的 receive.php。具体如代码清单 20-6 所示。

代码清单 20-6　receive_safe.php（摘要）

```php
<?php
print htmlspecialchars($_POST["a"]);
?>
```

上述代码只是对保存了接收值的变量 $_POST［"a"］执行 htmlspecialchars。

修改完脚本后，保存脚本并再次执行 send.html。在文本框中再次输入 <body bgcolor=black> 并点击"发送"按钮，这次会出现什么样的结果呢？

如图 20-6 所示，这次按原样显示了输入的标签，也就是禁用了标签的功能。

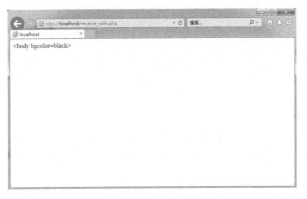

图 20-6　执行结果

图 20-7 显示了执行结果的源代码。可以看到"<"和">"分别变成了"<"和">"。

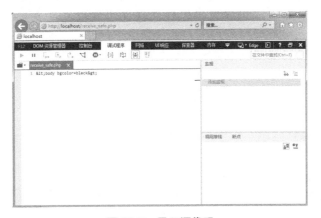

图 20-7　显示源代码

专栏▶ **如何创建安全的脚本**

我们需要采取一切可能的措施来抵御对 Web 应用程序的攻击。那么具体来说，要采取什么样的措施呢？可采取的措施主要有以下几点。

- 放置在发布文件夹中的文件要尽可能缩减到最少（→ 20.1 节）。一定不要放置密码等重要的数据。对文件和文件夹设置访问限制
- 创建一个能够严格检查输入的数据，并禁用指定格式以外的值的机制（→ 20.2 节）
- 创建一个不会根据发送的值执行预想之外的操作的机制

采取了上述措施是否就可以放心了呢？并非如此。因为针对 Web 应用程序的攻击方法每天都在进化。我们平时使用的 HTTP 协议（→ 15.3.2 节）基本上执行一次"请求→响应"就结束了。像这种没有个人身份验证的、任何人都可以使用的系统，老实说很难采取措施来彻底抵御攻击。

我们需要考虑最坏的情况，并且时常思考相应的措施。

20.5　总结

本章介绍了以下内容。

- 在互联网上发布 Web 应用程序时需要注意的地方
- 包含密码等重要信息的文件的处理方法
- 针对 SQL 注入采取相应措施的示例
- 针对混入标签这种类型的攻击采取相应措施的示例

绝对不能忽视安全措施。因为自己犯的错误不仅会对自己产生影响，还会给很多人带来麻烦。当然，光使用本章介绍的技术还不够，我们还要提高安全防范意识，这一点非常重要。

▶ **自我检查**

下面检查一下本章学习的内容是否全部理解并掌握了。

- ☐ 能够理解什么是 SQL 注入
- ☐ 能够使用 `require_once` 函数读取其他文件的脚本
- ☐ 掌握禁用标签的方法
- ☐ 掌握使用 `preg_match` 函数和正则表达式进行检查的方法

▶ 练习题

JavaScript 的命令可以记述在 script 标签中。

■ 在 HTML 中编写 JavaScript 的标签

```
<script> ~ </script>
```

另外，在 JavaScript 中，alert("消息") 可以用于显示消息对话框。请使用这些功能，思考发送什么样的内容才能让 19.1.1 节的 simple.html 按照如下方式工作。

在执行 JavaScript 的客户端环境中，当普通用户访问 simple.html 时，会显示一个消息对话框。

▶ 参考答案

问题1

如图 20-8 所示，在文本框中输入如下消息，点击"发送消息"按钮。执行结果如图 20-9 所示。

```
<script>alert("消息")</script>
```

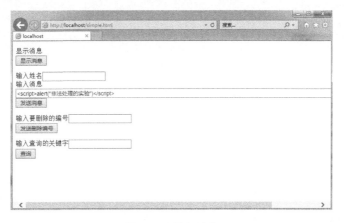

图 20-8　输入消息

图 20-9　当普通用户访问能够执行脚本的环境时

注意，当浏览器设置为"禁用活动脚本"时，JavaScript 在某些环境中可能无法正常工作[①]。

[①]　我们可以在 IE 的 internet 选项→安全选项卡→自定义级别→脚本中启用活动脚本。——译者注

第21章 创建一个实用公告板

在第 19 章中，我们试着制作了一个简易公告板。本章我们来制作一个具有一定实用性的公告板。这部分内容是前面所学技术的总结。有些地方可能会比较难，请大家查一下各个描述的含义，整理一下所学知识。

21.1 创建一个实用公告板

本章是本书的最后一章，这一章会介绍一个具有一定实用性的公告板。虽然本书是用于学习 MySQL 和 PHP 的教材，但在制作内部网的公告板方面，本书介绍的知识也能得到充分的应用。本章，我们会用到前面介绍的所有知识。因为各处都添加了注释，所以请大家一边仔细阅读代码，一边思考这些代码的含义和作用。注释中包含了今后大家在制作 Web 应用程序时能用到的各种各样的提示。

实用公告板由以下 PHP 脚本文件构成。

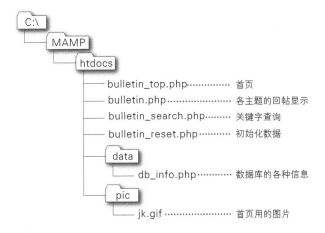

▶ bulletin_top.php

bulletin_top.php 是公告板首页的脚本文件。该脚本文件的执行结果如图 21-1 所示。首页会显示当前存在的主题名称以及它的创建日期和时间。主题名称上设置了超链接，点击超链接会跳转到各个主题的回帖列表。

我们可以通过输入主题名称来创建新的主题。

另外，页面上还有指向信息查询页面 bulletin_search.php 的超链接。

图 21-1　bulletin_top.php 的执行结果

▶ bulletin.php

bulletin.php 是用于显示每个主题回帖的脚本文件。该脚本文件的执行结果如图 21-2 所示。页面中包括相应主题内的所有回帖内容（回帖创建者的名称、创建日期、消息）。

我们可以在显示的主题上进行跟帖。

页面上有一个指向首页"主题列表"（bulletin_top.php）的超链接。

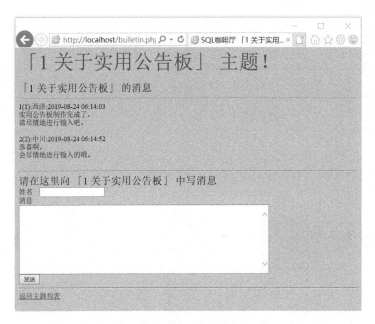

图 21-2 bulletin.php

▶ bulletin_search.php

输入关键字后，bulletin_search.php 会从所有的主题中查询包含这个关键字的消息，并显示结果列表（见图 21-3）。

页面上有一个指向首页"主题列表"（bulletin_top.php）的超链接。

将"狗"作为关键字进行查询

图 21-3 bulletin_search.php

▶ bulletin_reset.php

bulletin_reset.php 是重置数据页面的脚本文件。调用该脚本文件会删除正在使用的两个表的记录，并初始化自动连续编号功能（AUTO_INCREMENT=1）。

任何地方都没有它的链接，所以该脚本需要单独执行。

▶ db_info.php

db_info.php 是用于读取输入的服务器名、用户名、密码和数据库名的脚本文件（→ 21.6 节）。这里我们把它保存在不被发布的 data 文件夹中。

用到的功能都是本书介绍过的内容。大家可以慢慢理解这个公告板的处理流程（见图 21-4）。

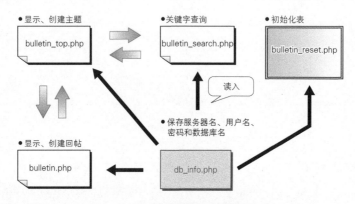

图 21-4　实用公告板的结构概念图

21.1.1　准备实用公告板中使用的图片

这个公告板上使用了图片文件 jk.gif。请将下载示例的 to_htdocs 文件夹中的 pic 文件夹复制到发布的文件夹（C:\MAMP\htdocs）中。

另外，即使没有图片也不会影响运行，我们也可以设置成自己喜欢的图片。

21.2　创建实用公告板中使用的表

实用公告板使用了 tbj0 和 tbj1 这两个表。在制作 PHP 脚本之前，请参考 4.4.3 节创建这两个表。

21.2.1　tbj0（主题表）

表 tbj0 用于存储各主题的数据。

▶ 表 tbj0 的列

列名	内容
group_c	用于输入主题的组号。列为 INT 类型且具有自动连续编号功能（→6.8.1 节）
topic_c	用于输入主题名，数据类型为 VARCHAR（30）
date_c	用于输入创建主题的日期和时间。通过 MySQL 的 NOW 函数（→8.2.6 节）自动输入。数据类型为 DATETIME
ip_c	用于存储发送信息的客户端的 IP 地址。不显示在浏览器上，而是作为出现特殊情况时的记录保留下来。这里暂且将数据类型设置为 20 个字符的字符串类型 VARCHAR（20）

▶ 表 tbj0 的构成

列名	group_c	topic_c	date_c	ip_c
属性	INT AUTO_INCREMENT PRIMARY KEY	VARCHAR（30）	DATETIME	VARCHAR（20）

21.2.2 tbj1（消息表）

表 tbj1 用于存储所有主题的回帖。

▶ 表 tbj1 的列

列名	内容
empid	用于存储所有主题中回帖的编号。列为 INT 类型且具有自动连续编号功能
name	用于输入执行输入操作的人的姓名（操作者姓名）。数据类型为 VARCHAR（30）
mess	用于输入消息。数据类型为 TEXT
date_c	用于输入插入记录时的日期和时间。通过 MySQL 的 NOW 函数自动输入
group_c	用于存储主题的编号。作为和表 tbj0 连接时的键使用。数据类型为 INT
ip_c	和表 tbj0 一样，用于存储发送信息的客户端的 IP 地址

▶ 表 tbj1 的构成

列名	empid	name	mess	date_c	group_c	ip_c
属性	INT AUTO_INCREMENT PRIMARY KEY	VARCHAR(30)	TEXT	DATETIME	INT	VARCHAR(20)

21.3　制作首页（创建主题以及显示列表）

下面我们来制作首页 bulletin_top.php 吧。

当访问 bulletin_top.php 时，主题列表会显示出来。在下面的文本框中输入新的主题名称，点击按钮，bulletin_top.php 就会调用自身并创建一个主题。

另外，通过底部的链接可以跳转到查询页面 bulletin_search.php。

因为 /**...**/ 是注释语句，所以不输入也没有关系。

21.3.1　bulletin_top.php 的代码清单

代码清单 21-1　bulletin_top.php

```php
<?php

/*************　读取数据库信息等　*************/
require_once("data/db_info.php");

/*************　连接数据库，选择数据库　*************/
$s=new pdo("mysql:host=$SERV;dbname=$DBNM",$USER,$PASS);

/*************　显示标题、图片等　*************/
print <<<eot1
    <!DOCTYPE html>
    <html>
    <head>
    <meta charset="UTF-8">                                         1
    <title>SQL 咖啡厅的页面 </title>
    </head>
    <body style="background-color:silver">
    <img src="pic/jk.gif" alt=" 女孩的插图 ">                        2
    <span style="color:purple;font-size:35pt">
    SQL 咖啡厅的公告板哦
    </span>

    <p> 请点击要查看的主题编号 </p>
    <hr>
    <div style="font-size:20pt">（主题列表）</div>
eot1;

/*************　获取客户端 IP 地址　*************/
$ip=getenv("REMOTE_ADDR");
```

```
/***************  如果主题名称的变量$su_d中有数据，则将其插入表tbj0  ***************/
$su_d=isset($_GET["su"])? htmlspecialchars($_GET["su"]):null;          3
if($su_d<>""){
    $s->query("INSERT INTO tbj0 (topic_c,date_c,ip_c) VALUES ('$su_
d',now(),'$ip')");
}

$re=$s->query("SELECT * FROM tbj0");
while($result=$re->fetch()){
print <<<eot2
    <a href="bulletin.php?gu=$result[0]">$result[0] $result[1]</a>     4
    <br>
    $result[2] 创建 <br><br>
eot2;
}

/***************  用于创建主题的表单，以及查询页面的链接  ***************/
print <<<eot3
    <hr>
    <div style="font-size:20pt">（创建主题）</div>
    请在这里创建新主题！
    <br>
    <form method="GET" action="bulletin_top.php">                       5
    新创建主题的标题
    <input type="text" name="su" size="50">
    <div><input type="submit" value=" 创建 "></div>
    </form>
    <hr>
    <span style="font-size:20pt">（查询消息）</span>
    <a href="bulletin_search.php">点击这里查询 </a>                      6
    <hr>
    </body>
    </html>
eot3;
?>
```

▶ **指定字符编码（1）**

这是用于设置页面字符编码的 <meta> 标签（→ 17.5 节）。在本书使用的环境中，字符编码指定为 UTF-8。

```
<meta charset="utf-8">
```

▶ **插入图片（ 2 ）**

使用 `<img>` 标签插入图片（→ 17.5 节）。使用 `src` 属性指定图片文件的位置。这里显示的是 pic 文件夹中的 jk.gif 文件。要想显示图片，就需要事先将图片文件复制到 pic 文件夹中。

正确复制之后，在浏览器的地址栏中输入 http://localhost/pic/jk.gif，图片就会像图 21-5 那样显示出来。当然，也可以使用自己原创的图片。

```
<img src="pic/jk.gif" alt="女孩的插图">
```

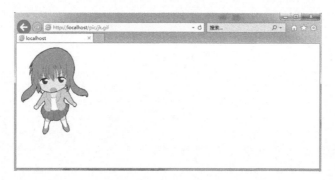

图 21-5　http://localhost/pic/jk.gif

▶ **保存主题名称（ 3 ）**

在通过 `<input>` 标签指定 `name="su"` 的文本框（ 5 ）中输入新的主题名称。点击这个表单中的"创建"按钮，数据将通过 GET 方法发送到 bulletin_top.php。此时，3 就会使用 `$_GET["su"]` 接收新主题名称的字符串，并将其赋给变量 `$su_d`。为了防止非法输入，我们可以使用 `htmlspecialchars` 函数（→ 20.4.3 节）禁用标签。

`isset` 是用于确认变量是否被设置的函数。如果作为参数的变量已被设置，则返回 TRUE。只要发送数据，`$GET["su"]` 的变量就会被设置。因此，这部分代码表示在 `$GET["su"]` 被设置的情况下，bulletin_top.php 给自己发送了数据，于是将 `htmlspecialchars($_GET["su"])` 的值赋给变量 `$su_d`。如果没有被设置，则表明没有发送数据，在这种情况下就将变量 `$su_d` 设置为 null，其实就是进行了如下处理。

```
if isset($_GET["su"]){
    $su_d=htmlspecialchars($_GET["su"]);
}else{
    $su_d=null;
}
```

　　如果使用 16.6.2 节中介绍的三元运算符对上述内容进行简化，代码就可以编写成下面这样。请注意"?"和":"的用法。

```
$su_d=isset($_GET["su"])? htmlspecialchars($_GET["su"]):null;
```

▶ 显示指向主题的链接（4）

　　使用 href 属性在指向 bulletin.php 的链接中添加 ?gu=$result［0］，这样就可以使用 GET 方法发送组号了。

　　$result［0］是 SELECT ＊ FROM tbj0 显示的记录中第 1 列 group_c（主题的组号）的值。$result［1］是第 2 列 topic_c（主题名称）的值。

　　<a href="bulletin.php?gu=$result［0］">$result［0］$result［1］</a> 用于显示 $result［0］（组号）和 $result［1］（主题名），并且在该字符串上设置指向带组号的 bulletin.php 的链接。

　　例如，当访问组号为 3 的主题时，地址栏中会显示 http://localhost/bulletin.php?gu=3。

　　主题列表的写出部分如下所示。

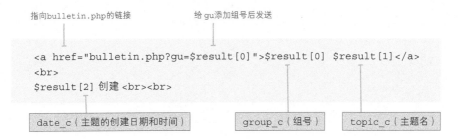

▶ 创建新的主题（5）

　　form 元素是（递归地）调用 bulletin_top.php 脚本并发送数据的表单。在 name='su' 的输入框中输入新创建的主题名，然后点击"创建"按钮（type="submit"），bulletin_top.php 就会使用 GET 方法向自身发送数据。3的 $_GET["su"] 会接收发送的数据。

```
<form method="GET" action="bulletin_top.php">
```

▶ 指向查询页面的链接（6）

　　"<a href="bulletin_search.php"> 点击这里查询 </a>"是指向具有查询功能的 PHP 脚本 bulletin_search.php 的链接。

21.3.2 bulletin_top.php 的结构

我们再来详细看一遍 bulletin_top.php 的结构（见图 21-6）。这次试着确认一下各个脚本是怎样工作的。

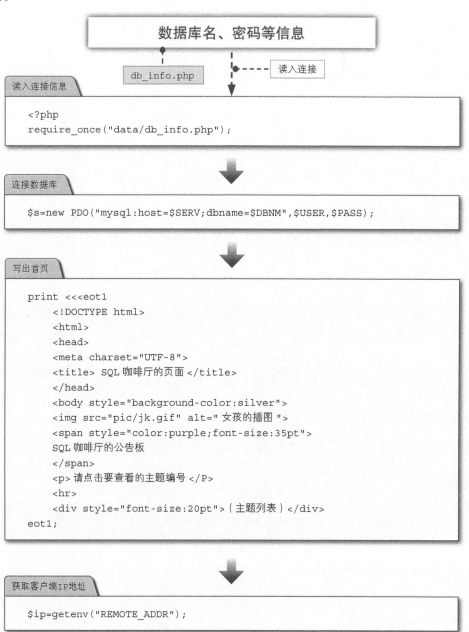

数据库名、密码等信息

db_info.php

读入连接

读入连接信息

```php
<?php
require_once("data/db_info.php");
```

连接数据库

```php
$s=new PDO("mysql:host=$SERV;dbname=$DBNM",$USER,$PASS);
```

写出首页

```php
print <<<eot1
    <!DOCTYPE html>
    <html>
    <head>
    <meta charset="UTF-8">
    <title> SQL 咖啡厅的页面 </title>
    </head>
    <body style="background-color:silver">
    <img src="pic/jk.gif" alt=" 女孩的插图 ">
    <span style="color:purple;font-size:35pt">
    SQL 咖啡厅的公告板
    </span>
    <p> 请点击要查看的主题编号 </P>
    <hr>
    <div style="font-size:20pt">（主题列表）</div>
eot1;
```

获取客户端IP地址

```php
$ip=getenv("REMOTE_ADDR");
```

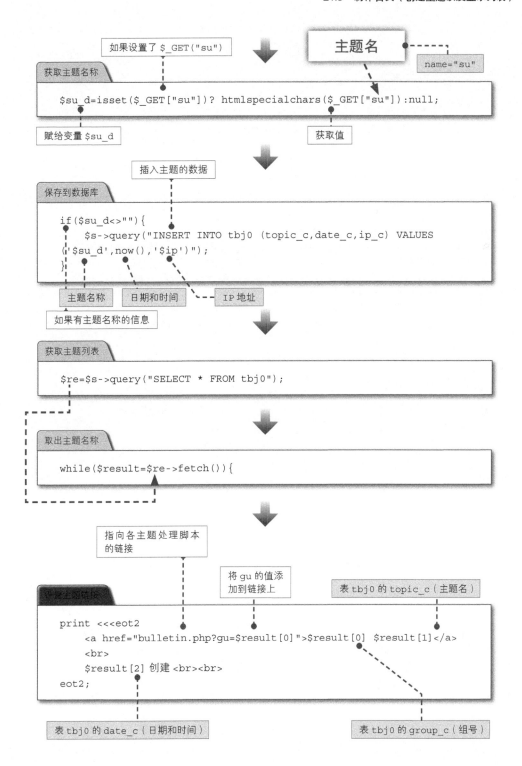

如果设置了 $_GET("su")

主题名

name="su"

获取主题名称

```
$su_d=isset($_GET["su"])? htmlspecialchars($_GET["su"]):null;
```

赋给变量 $su_d

获取值

插入主题的数据

保存到数据库

```
if($su_d<>""){
    $s->query("INSERT INTO tbj0 (topic_c,date_c,ip_c) VALUES
('$su_d',now(),'$ip')");
}
```

主题名称

日期和时间

IP 地址

如果有主题名称的信息

获取主题列表

```
$re=$s->query("SELECT * FROM tbj0");
```

取出主题名称

```
while($result=$re->fetch()){
```

指向各主题处理脚本
的链接

将 gu 的值添
加到链接上

表 tbj0 的 topic_c（主题名）

设置主题链接

```
print <<<eot2
    <a href="bulletin.php?gu=$result[0]">$result[0] $result[1]</a>
    <br>
    $result[2] 创建 <br><br>
eot2;
```

表 tbj0 的 date_c（日期和时间）

表 tbj0 的 group_c（组号）

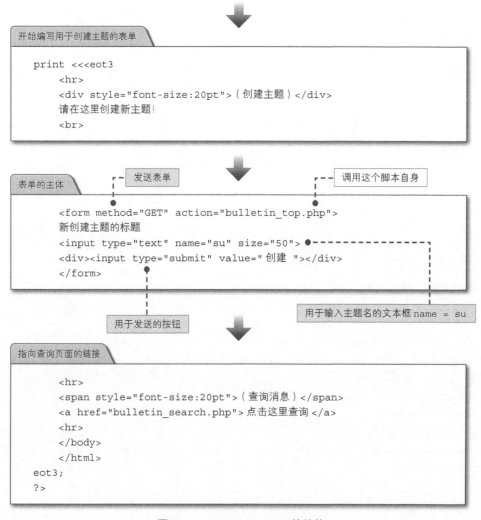

图 21-6　bulletin_top.php 的结构

21.4　制作各个主题的页面（输入回帖和显示列表）

我们要创建显示各个主题的消息页面 bulletin.php。

访问此页面就能看到相应主题的消息。在下面的文本框中输入姓名和消息并点击按钮，就会调用 bulletin.php 写入消息。

另外，通过底部的链接，页面可以跳转到 bulletin_top.php。

21.4.1　bulletin.php 的代码清单

代码清单 21-2　bulletin.php

```php
<?php

/*************** 读取数据库信息等 ***************/
require_once("data/db_info.php");

/*************** 连接数据库，选择数据库 ***************/
$s=new PDO("mysql:host=$SERV;dbname=$DBNM",$USER,$PASS);

/*************** 获取主题的组号 (gu)，将其赋给 $gu_d ***************/
$gu_d=$_GET["gu"];                                                        ①

/*************** 如果 $gu_d 中包含数字以外的字符，则停止处理 ***************/
if(preg_match("/[^0-9]/",$gu_d)){
print <<<eot1
    输入了非法的值 <br>
    <a href="bulletin_top.php">请点击这里回到主题列表 </a>
eot1;

/*************** 如果 $gu_d 中不包含数字以外的字符，则按普通值处理 ***************/
}elseif(preg_match("/[0-9]/",$gu_d)){

/*************** 获取姓名和消息并删除标签 ***************/
$na_d=isset($_GET["na"])?htmlspecialchars($_GET["na"]):null;             ①
$me_d=isset($_GET["me"])?htmlspecialchars($_GET["me"]):null;

/*************** 获取 IP 地址 ***************/
$ip=getenv("REMOTE_ADDR");

/*************** 显示与主题组号（gu）相匹配的记录 ***************/
$re=$s->query("SELECT topic_c FROM tbj0 WHERE group_c=$gu_d");           ②
$result=$re->fetch();

/*************** 创建显示主题内容的字符串 $topic_c_com ***************/
$topic_c_com="「".$gu_d." ".$result[0]."」";                             ③

/*************** 输出主题显示的标题 ***************/
print <<<eot2
    <!DOCTYPE html>
    <html>
    <head>
    <meta charset="UTF-8">                                               ④
    <title>SQL 咖啡厅 $topic_c_com 主题 </title>
```

```
    </head>
    <body style="background-color:silver">
    <div style="color:purple;font-size:35pt">
    $topic_c_com 主题!
    </div>
    <br>
    <div style="font-size:18pt">$topic_c_com 的消息 </div>
eot2;

/*************** 如果输入了姓名（$na_d），则将记录插入 tbj1 ***************/
if($na_d<>""){
    $re=$s->query("INSERT INTO tbj1 VALUES (0,'$na_d','$me_d',now(),$gu_d,'$ip')");    [5]
}

/*************** 显示水平线 ***************/
print "<hr>";

/*************** 按时间顺序显示回帖数据 ***************/
$re=$s->query("SELECT * FROM tbj1 WHERE group_c=$gu_d ORDER BY date_c");

$i=1;
while($result=$re->fetch()){

print "$i($result[0]):$result[1]:$result[3] <br>";
print nl2br($result[2]);                                                               [6]
print "<br><br>";
    $i++;
}


print <<<eot3
    <hr>
    <div style="font-size:18pt">
    请在这里向 $topic_c_com 中写消息
    </div>
    <form method="GET" action="bulletin.php">
    <div> 姓名  <input type="text" name="na"></div>
    消息
    <div>
    <textarea name="me" rows="10" cols="70"></textarea>                                [7]
    </div>
    <input type="hidden" name="gu" value=$gu_d>                                        [8]
    <input type="submit" value=" 发送 ">
    </form>
    <hr>
    <a href="bulletin_top.php"> 返回主题列表 </a>
    </body>
    </html>
```

```
eot3;

/*************** 当 $gu_d 不包含数字也不包含数字以外的字符时的处理   ***************/
}else{
    print "请选择主题。<br>";
    print "<a href='bulletin_top.php'>点击这里返回主题列表</a>";
}

?>
```

▶ 获取组号、姓名和消息（ 1 ）

当从首页 bulletin_top.php 跳转到 bulletin.php 时，gu 会通过 GET 方法发送；当从 bulletin.php 跳转到 bulletin.php 时，gu、na 和 me 这三个用于识别数据的元素名称会通过 GET 方法发送。 1 中代码的作用就是通过"$gu_d=$_GET["gu"];"接收这些数据，并将其赋给 $gu_d 等变量。另外，表 tbj1 保存了所有回帖，通过 GET 方法发送的 gu、na、me 是表 tbj1 的列 group_c、列 name 和列 mess 中的数据。

对于姓名（na）和消息（me），我们可以使用 htmlspecialchars 函数来禁用标签，从而防止非法输入。另外，如果没有从页面自身（bulletin.php）进行跳转，就表明 $_GET["na"] 和 $_GET["me"] 中的变量没有被设置。如果变量被设置了，就表明给自己（bulletin.php）发送了数据，于是通过 isset 函数（→ 21.3.1 节）将 htmlspecialchars($_GET["na"]) 的值赋给变量 $na_d，将 htmlspecialchars($_GET["me"]) 的值赋给变量 $me_d。如果变量没有被设置，则表明没有发送数据，在这种情况下变量将被设置为 null。

```
$gu_d=$_GET["gu"];
$na_d=isset($_GET["na"])?htmlspecialchars($_GET["na"]):null;
$me_d=isset($_GET["me"])?htmlspecialchars($_GET["me"]):null;
```

▶ 发送 SELECT 语句（ 2 ）

$gu_d 是主题的组号。发送一条 SQL 语句，从表 tbj0 中获取该组号相应的主题名（列 topic_c）。

```
$re=$s->query("SELECT topic_c FROM tbj0 WHERE group_c=$gu_d");
```

▶ 获取组号和主题名（ 3 ）

.$gu_d 是组号，$result[0]. 是列 topic_c 的主题名。将这两个字符串用"."连接起来的字符串是 $topic_c_com。

```
$topic_c_com="「".$gu_d." ".$result[0]."」";
```

▶ 指定字符编码（ 4 ）

<meta> 标签用于设置字符编码。在本书使用的环境中，字符编码为 UTF-8。

```
<meta charset="UTF-8">
```

▶ 发送 INSERT 语句（ 5 ）

向保存回帖的表 tbj1 的列 empid、name、mess、date_c、group_c 和 ip_c 中分别输入 0、姓名（$na_d）、消息（$me_d）、当前日期和时间（now()）、组号（$gu_d）和 IP 地址（$ip）。如果在设置了 AUTO_INCREMENT 的列 empid 中输入 0，编号就会自动连续输入进去（→ 6.9 节）。

```
$re=$s->query("INSERT INTO tbj1 VALUES (0,'$na_d','$me_d',now(),$gu_d,'$ip')");
```

▶ 显示消息（ 6 ）

$ result [2] 是 7 中输入的消息。如果这个字符串中有换行符，可通过 nl2br 函数（→ 17.7.2 节）使实际显示的内容实现换行。

```
print nl2br($result[2]);
```

▶ 设置文本区域（ 7 ）

这里第一次出现了 <textarea> 标签，这个标签用于设置可以实现多行输入的文本框。可通过 name 设置"用于识别数据的元素名称"，通过 rows 设置行数，通过 cols 设置每行的字符数。

```
<textarea name="me" rows="10" cols="70"></textarea>
```

▶ 发送组号（ 8 ）

如果在 type 属性中指定了 hidden，在这种情况下虽然不会在浏览器中显示任何内容，但会发送 value 属性指定的值。本例会使用元素名称 gu 自动发送 $gu_d 的值（组号）。

```
<input type="hidden" name="gu" value=$gu_d>
```

21.4.2 bulletin.php 的结构

我们再来详细看一下 bulletin.php 的结构（见图 21-7）。

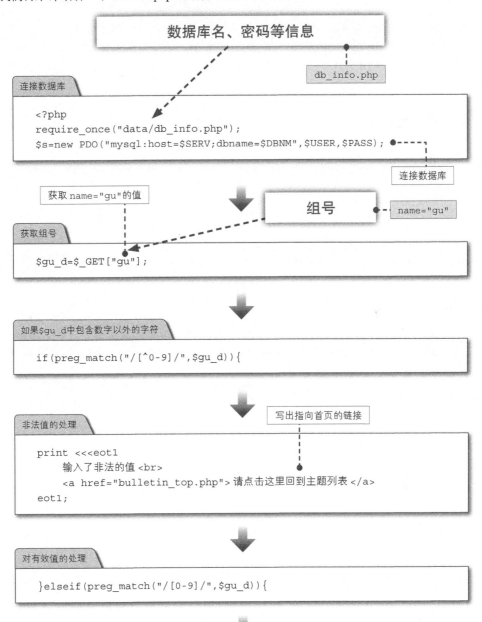

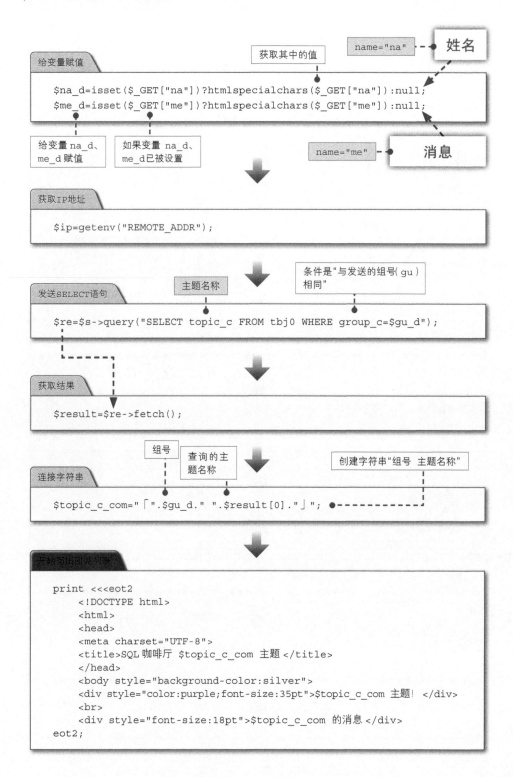

给变量赋值

获取其中的值

name="na"   姓名

```
$na_d=isset($_GET["na"])?htmlspecialchars($_GET["na"]):null;
$me_d=isset($_GET["me"])?htmlspecialchars($_GET["me"]):null;
```

给变量 na_d、
me_d 赋值

如果变量 na_d、
me_d 已被设置

name="me"   消息

获取IP地址

```
$ip=getenv("REMOTE_ADDR");
```

主题名称

条件是"与发送的组号(gu)
相同"

发送SELECT语句

```
$re=$s->query("SELECT topic_c FROM tbj0 WHERE group_c=$gu_d");
```

获取结果

```
$result=$re->fetch();
```

组号

查询的主
题名称

创建字符串"组号 主题名称"

连接字符串

```
$topic_c_com="「".$gu_d." ".$result[0]."」";
```

开始写班级回贴列表

```
print <<<eot2
    <!DOCTYPE html>
    <html>
    <head>
    <meta charset="UTF-8">
    <title>SQL 咖啡厅 $topic_c_com 主题 </title>
    </head>
    <body style="background-color:silver">
    <div style="color:purple;font-size:35pt">$topic_c_com 主题! </div>
    <br>
    <div style="font-size:18pt">$topic_c_com 的消息 </div>
eot2;
```

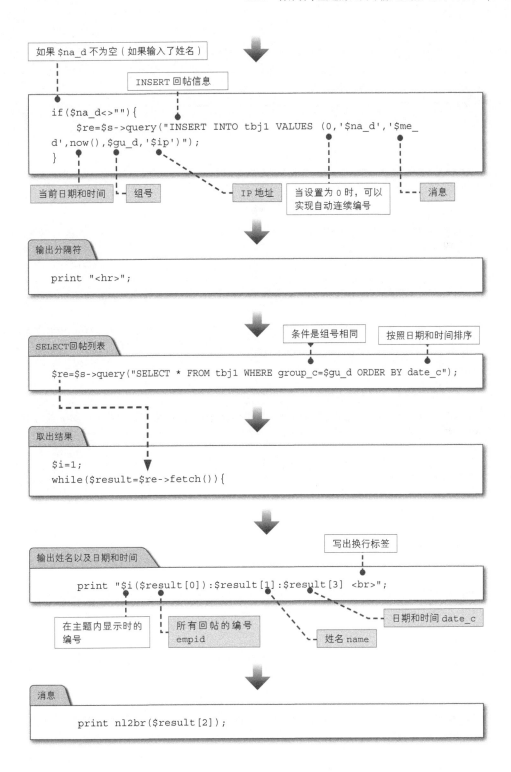

如果 $na_d 不为空（如果输入了姓名）

INSERT 回帖信息

```
if($na_d<>""){
    $re=$s->query("INSERT INTO tbj1 VALUES (0,'$na_d','$me_
d',now(),$gu_d,'$ip')");
}
```

当前日期和时间　　组号　　　　IP 地址　　当设置为 0 时，可以　　　　消息
　　　　　　　　　　　　　　　　　　　　实现自动连续编号

输出分隔符

```
print "<hr>";
```

条件是组号相同　　　　按照日期和时间排序

SELECT回帖列表

```
$re=$s->query("SELECT * FROM tbj1 WHERE group_c=$gu_d ORDER BY date_c");
```

取出结果

```
$i=1;
while($result=$re->fetch()){
```

写出换行标签

输出姓名以及日期和时间

```
print "$i($result[0]):$result[1]:$result[3] <br>";
```

在主题内显示时的　　　所有回帖的编号　　　　　　　　　日期和时间 date_c
编号　　　　　　　　　empid　　　　　　姓名 name

消息

```
print nl2br($result[2]);
```

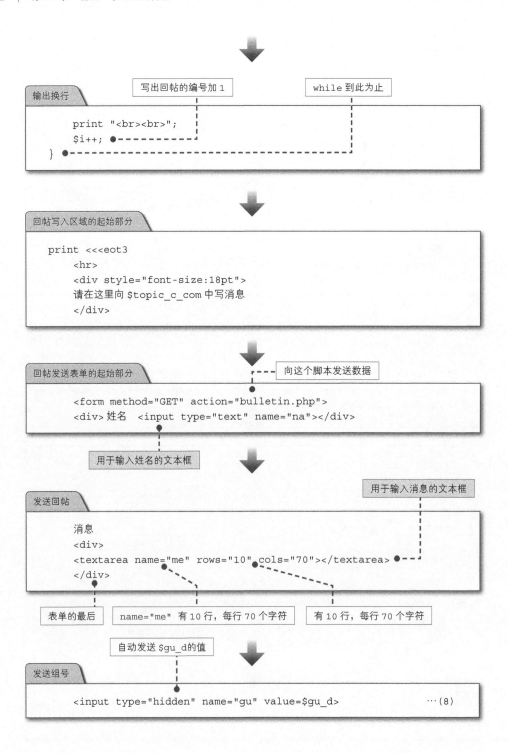

输出换行

写出回帖的编号加 1

while 到此为止

```
    print "<br><br>";
    $i++;
}
```

回帖写入区域的起始部分

```
    print <<<eot3
        <hr>
        <div style="font-size:18pt">
        请在这里向 $topic_c_com 中写消息
        </div>
```

回帖发送表单的起始部分

向这个脚本发送数据

```
    <form method="GET" action="bulletin.php">
    <div>姓名   <input type="text" name="na"></div>
```

用于输入姓名的文本框

发送回帖

用于输入消息的文本框

```
    消息
    <div>
    <textarea name="me" rows="10" cols="70"></textarea>
    </div>
```

表单的最后

name="me" 有 10 行，每行 70 个字符

有 10 行，每行 70 个字符

自动发送 $gu_d 的值

发送组号

```
    <input type="hidden" name="gu" value=$gu_d                ···(8)
```

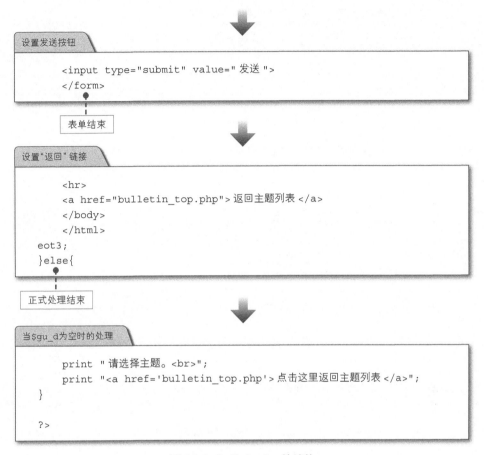

图 21-7 bulletin.php 的结构

21.5 制作消息的查询页面

下面要制作的是从所有主题的所有消息中执行关键字查询的页面 bulletin_search.php。在文本框中输入关键字并点击按钮，bulletin_search.php 就会调用自身执行查询，并显示提取的记录。

另外，通过底部链接，页面可以返回到 bulletin_top.php。

21.5.1　bulletin_search.php 的代码清单

代码清单 21-3　bulletin_search.php

```php
<?php

/************** 读取数据库信息等 **************/
require_once("data/db_info.php");

/************** 连接数据库，选择数据库 **************/
$s=new PDO("mysql:host=$SERV;dbname=$DBNM",$USER,$PASS);

/************** 显示标题等 **************/
print <<<eot1
    <!DOCTYPE html>
    <html>
    <head>
    <meta charset="UTF-8">                                           1
    <title>SQL 咖啡厅的查询页面 </title>
    </head>
    <body style="background-color:aqua">
    <hr>
    <div style="font-size:18pt">（查询结果如下）</div>
eot1;

/************** 获取查询字符串并删除标签 **************/
$se_d=isset($_GET["se"])?htmlspecialchars($_GET["se"]):null;        2

/************** 如果查询字符串（$se_d）中有数据，则执行查询处理 **************/
if($se_d<>""){

/************** 查询的 SQL 语句，连接表 tbj1 和表 tbj0 **************/
$str=<<<eot2
    SELECT tbj1.empid,tbj1.name,tbj1.mess,tbj0.topic_c            3
        FROM tbj1
    JOIN tbj0
    ON
        tbj1.group_c=tbj0.group_c
    WHERE tbj1.mess LIKE "%$se_d%"
eot2;

/************** 执行查询 **************/
$re=$s->query($str);
while($result=$re->fetch()){
    print " $result[0] : $result[1] : $result[2] （ $result[3] ）";
    print "<br><br>";
}
}
```

```
/*************** 用于输入查询字符串的页面，以及指向首页的链接 ***************/
print <<<eot3
    <hr>
    <div>请输入消息中含有的字符！ </div>
    <form method="GET" action="bulletin_search.php">
    查询字符串
    <input type="text" name="se">
    <div>
    <input type="submit" value=" 查询 ">
    </div>
    </form>
    <br>
    <a href="bulletin_top.php"> 返回主题列表 </a>
    </body>
    </html>
eot3;
?>
```

▶ **指定字符编码（1）**

<meta> 标签用于设置字符编码。在本书使用的环境中，字符编码为 UTF-8。

```
<meta charset="UTF-8">
```

▶ **给要查询的关键字赋值（2）**

这部分代码用于接收通过 se 发送过来的关键字，并将其赋给变量 $se_d。

```
$se_d=isset($_GET["se"])?htmlspecialchars($_GET["se"]):null;
```

▶ **发送 SELECT 语句（3）**

通过连接表 tbj1 与 tbj0（→ 10.2 节），查询回帖的编号、姓名、消息和主题名称。连接键是两个表的组号 group_c。变量 $se_d 是要查询的关键字，如果在它的前后加上 "%"，就能查询包含这个关键字的所有消息。

```
SELECT tbj1.empid,tbj1.name,tbj1.mess,tbj0.topic_c FROM tbj1
JOIN tbj0
ON  tbj1.group_c=tbj0.group_c
WHERE tbj1.mess LIKE "%$se_d%"
```

21.5.2 bulletin_search.php 的结构

我们再来看一下 bulletin_search.php 的结构（见图 21-8）。

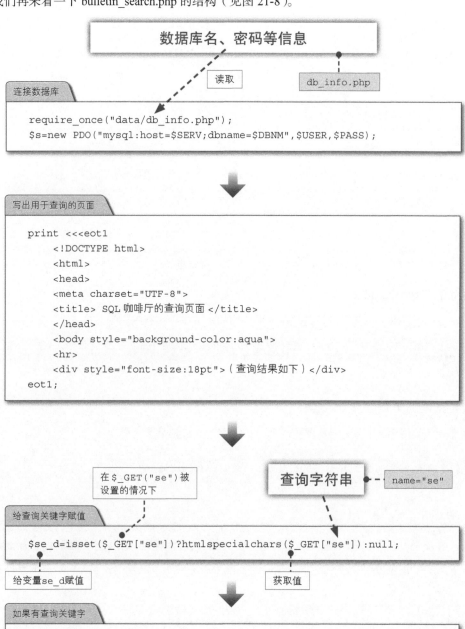

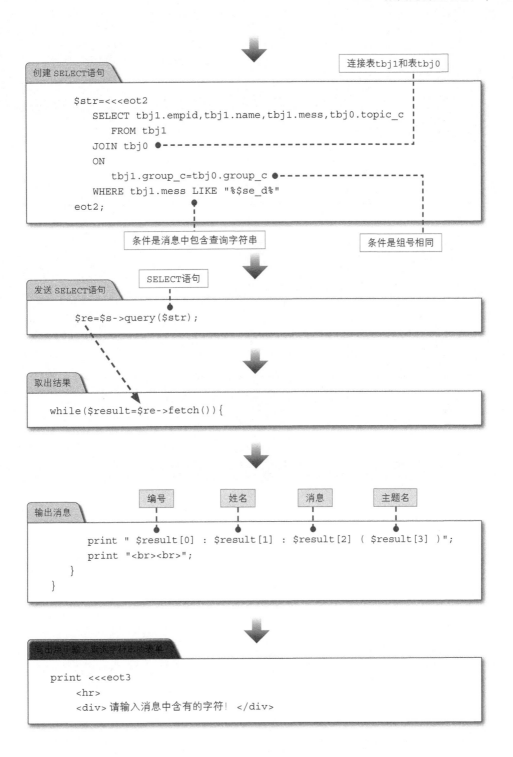

创建 SELECT语句

连接表tbj1和表tbj0

```
$str=<<<eot2
    SELECT tbj1.empid,tbj1.name,tbj1.mess,tbj0.topic_c
        FROM tbj1
    JOIN tbj0
    ON
        tbj1.group_c=tbj0.group_c
    WHERE tbj1.mess LIKE "%$se_d%"
eot2;
```

条件是消息中包含查询字符串

条件是组号相同

发送 SELECT语句

SELECT语句

```
$re=$s->query($str);
```

取出结果

```
while($result=$re->fetch()){
```

编号　　姓名　　消息　　主题名

输出消息

```
    print " $result[0] : $result[1] : $result[2] ( $result[3] )";
    print "<br><br>";
    }
}
```

写出用于输入查询字符串的表单

```
print <<<eot3
    <hr>
    <div>请输入消息中含有的字符!  </div>
```

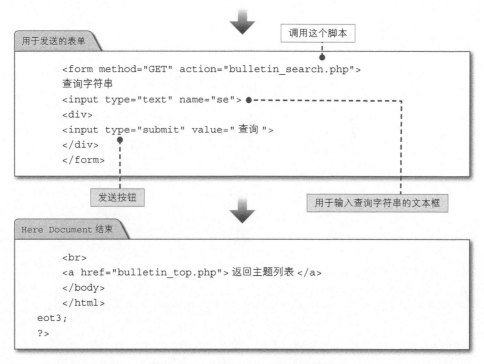

图 21-8 bulletin_search.php 的结构

21.6 制作读取数据库信息的原始文件

db_info.php 是输入了服务器名、用户名、密码和数据库名的文件。请根据自己的情况适当修改数据。这里,我们将该文件保存在不进行发布的 data 文件夹中。

代码清单 21-4 db_info.php

```php
<?php
$SERV="localhost";
$USER="root";
$PASS="root";
$DBNM="db1";
?>
```

21.7　制作数据重置页面

我们来制作一个用于重置数据的页面。21.7.1 节的脚本用于删除表 tbj0 和表 tbj1 中的所有记录（→ 7.9 节），并重置 AUTO_INCREMENT（→ 6.8 节）。

21.7.1　bulletin_reset.php 的代码清单

代码清单 21-5　bulletin_reset.php

```php
<?php
require_once("data/db_info.php");
$s=new PDO("mysql:host=$SERV;dbname=$DBNM",$USER,$PASS);

$s->query("DELETE FROM tbj0");
$s->query("DELETE FROM tbj1");
$s->query("ALTER TABLE tbj0 AUTO_INCREMENT=1");
$s->query("ALTER TABLE tbj1 AUTO_INCREMENT=1");

print " 将 SQL 咖啡厅的表初始化了 ";
?>
```

21.7.2　bulletin_reset.php 的结构

我们来看一下 bulletin_reset.php 的结构（见图 21-9）。

连接数据库

```php
<?php
require_once("data/db_info.php");
$s=new PDO("mysql:host=$SERV;dbname=$DBNM",$USER,$PASS);
```

删除所有记录

```php
$s->query("DELETE FROM tbj0");
$s->query("DELETE FROM tbj1");
```

初始化连续编号的值

```
$s->query("ALTER TABLE tbj0 AUTO_INCREMENT=1");
$s->query("ALTER TABLE tbj1 AUTO_INCREMENT=1");
```

显示消息

```
print" 将 SQL 咖啡厅的表初始化了 ";
?>
```

图 21-9 bulletin_reset.php 的结构

21.8 总结

本章介绍了以下内容。

- 实用公告板的结构
- 主题处理的功能
- 回帖处理的功能
- 针对实用公告板采取的最低限度的安全措施

▶ 自我检查

下面检查一下本章学习的内容是否全部理解并掌握了。

☐ 了解以 bulletin_top.php 为中心的公告板系统的结构

☐ 了解 bulletin_top.php 的处理程序

☐ 了解 bulletin.php 的处理程序

☐ 了解 bulletin_search.php 的处理程序

☐ 了解表 tbj0 和 tbj1 的初始化过程

练习题

问题1

请制作一个 PHP 脚本，该脚本可以将正文中创建的实用公告板中使用的表 tbj1 的全部数据按照如下方式输出。

参考答案

问题1

创建代码清单 21-6 中的 PHP 脚本。

代码清单 21-6　示例 bulletin_manage.php

```php
<?php

/**************** 读取数据库信息等 ****************/
require_once("data/db_info.php");

/**************** 连接数据库，选择数据库 ****************/
$s=new PDO("mysql:host=$SERV;dbname=$DBNM",$USER,$PASS);

/**************** 对表 tbj1 进行 SELECT ****************/
$re=$s->query("SELECT * FROM tbj1 ORDER BY date_c");

/**************** 输出查询结果 ****************/
$i=1;
while($result=$re->fetch()){
    print "$i($result[0]):$result[1]:$result[3] GP:$result[4]
IP:$result[5]<br>";
```

```
    print nl2br($result[2]);
    print "<br><br>";
    $i++;
}

?>
```

第6部分
附录

附录1　使用phpMyAdmin

phpMyAdmin 是可以在浏览器上管理 MySQL 服务器的应用软件。如果按照本书的步骤安装了 MAMP，就可以直接使用 phpMyAdmin 了。

但是，如果设置了 MySQL 的密码，要想使用 phpMyAdmin，就需要按照 3.5.3 节介绍的内容进行设置。

使用 phpMyAdmin

启动 phpMyAdmin 的方法有多种，其中最简单的方法是通过 MAMP 的开始页启动（→ 2.2.4 节）。请在 MAMP 的页面上点击"Open start page"。

▶ 启动 phpMyAdmin

如图 A1-1 所示，在页面顶部的菜单中选择 "Tools" → "phpMyAdmin"。

图 A1-1　开始页

这样就启动了 phpMyAdmin。我们让页面用中文显示。请在"语言 -Language"中选择"中

文 -Chinese simplified"（见图 A1-2 ）。

在"语言-Language"中选择"中文-Chinese simplified"

图 A1-2　phpMyAdmin 的初始页面

或者直接在浏览器的地址栏中输入 http://localhost/phpMyAdmin 来启动 phpMyAdmin。

在使用 phpMyAdmin 的情况下，即使没有输入 SQL 语句的完整内容，也可以通过鼠标选择和输入最低限度需要的内容来创建查询。当然，我们也可以对执行的查询进行确认。即使在租赁服务器上，也有很多无法直接执行 SQL 语句但可以使用 phpMyAdmin 的地方。

如果有可以使用 phpMyAdmin 的环境，请一定要尝试一下。

▶ 选择数据库和新建数据库

选择数据库（use 数据库名）和新建数据库（CREATE DATABASE 数据库名）的操作方法如图 A1-3 所示。

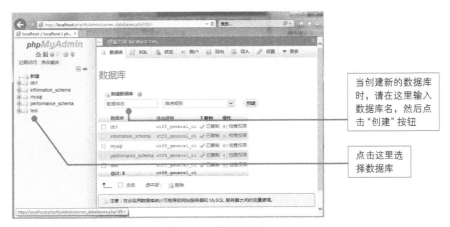

当创建新的数据库时，请在这里输入数据库名，然后点击"创建"按钮

点击这里选择数据库

图 A1-3　操作数据库

▶ 显示表的记录、创建表和删除表

显示表的记录（SELECT * FROM 表名）、创建表（CREATE TABLE 表名(...)）和删除表（DROP TABLE 表名）的操作方法如图 A1-4、图 A1-5 所示。

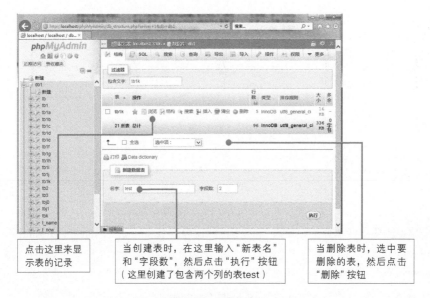

点击这里来显示表的记录

当创建表时，在这里输入"新表名"和"字段数"，然后点击"执行"按钮（这里创建了包含两个列的表test）

当删除表时，选中要删除的表，然后点击"删除"按钮

图 A1-4 操作表

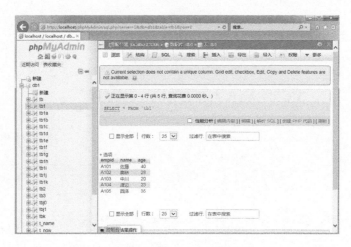

图 A1-5 显示了表的记录

图 A1-6 是设置表 text 的示例。其中，列 empid 具有自动连续编号功能且数据类型为 INT，列

name 的数据类型为 VARCHAR(10)。

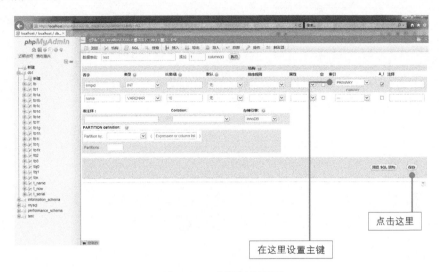

图 A1-6　表的创建页面

▶ **插入记录、执行任意的 SQL 语句**

插入记录（INSERT INTO 表名 VALUES(...)）和执行任意 SQL 语句的操作方法如图 A1-7 和图 A1-8 所示。

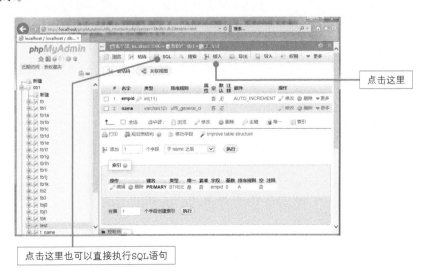

图 A1-7　通过上述步骤创建的表 test

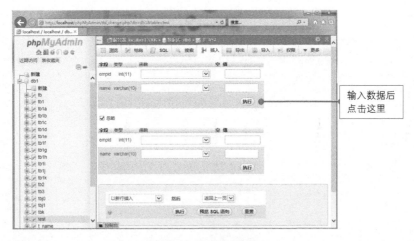

图 A1-8 输入数据

附录2　常见问题的检查清单

如果在运行 MySQL 和 PHP 的过程中出现问题，请使用这个检查清单确认各项目的状态。如果有不符合项目要求的地方，请试着解决相应的问题，问题解决后再次运行 MySQL 和 PHP。

安装过程中出现的问题

▶ MAMP 安装失败

- ☐ 使用的是 Windows 7 或更高版本的操作系统
- ☐ 80 号端口和 3306 号端口没有被其他软件使用
- ☐ 暂时禁用安全软件后尝试进行了安装
- ☐ 没有在已经安装了其他版本的 MySQL 和 Apache 的状态下安装 MAMP。安装操作是在删除所有旧软件之后进行的

Apache 无法运行

- ☐ 确认了在安装 MAMP 之前没有安装 Apache。另外，如果已安装了 Apache，保证它已经被卸载
- ☐ 在 MAMP 的启动画面中确认了 Apache 已经运行（→ 2.2.3 节）

在使用 MySQL 的过程中出现的问题

▶ MySQL 无法运行

☐ MySQL 不是单独安装的，而是通过 MAMP 统一安装的

☐ 在 MAMP 的启动画面中确认了 MySQL 已经运行

☐ 正确设置了 my.ini（→ 2.4.2 节）（恢复原设定后可能会正常运行）

▶ MySQL 监视器无法运行①

☐ 正确安装了 MAMP

☐ 在 MAMP 的启动画面中确认了 MySQL 已经运行

☐ 设置了正确的路径，如 C:\MAMP\bin\mysql\bin

☐ 命令中没有使用全角字符

☐ "mysql" 和 "-u 用户名" 之间输入了半角空格

☐ "-u" 是小写字母

▶ MySQL 监视器无法运行②（没有设置密码的情况）

☐ 正确地输入了 "mysql -u 用户名"（mysql -u root 等）

☐ 没有添加 "-p" 选项

▶ MySQL 监视器无法运行③（设置了密码的情况）

☐ 正确地输入了 "mysql -u root -p 密码"

☐ "-p" 和 "密码" 之间没有空格

☐ 输入了正确的密码

☐ 在 "-u 用户名" 和 "-p" 之间输入了半角空格

☐ "-u" 和 "-p" 是小写字母

▶ MySQL 监视器的显示中出现乱码，无法输入中文

☐ 在 my.ini 中正确设置了字符编码（→ 2.4.2 节）

☐ 通过 status 显示的 4 个字符编码是正确的（→ 3.3.4 节）

☐ 数据库名、表名和列名中没有中文（如果有，试着将其改为半角字母）

☐ 当读取文本文件时，该文件的字符编码与正在使用的字符编码相匹配

☐ 命令提示符的字符编码是默认的 GBK

☐ 创建表后，没有更改字符编码

□ 使用 SOURCE 命令（→ 14.2.1 节）执行的文本文件的字符编码是 GB 2312

□ 使用 LOAD DATA INFILE 输入的文本文件的字符编码是 UTF-8（→ 14.1.3 节）

□ 当还原转储文件时，还原的文本文件的字符代码为 UTF-8（→ 14.4.4 节）

▶ 准备创建存储函数时发生错误

□ 在 MySQL 监视器中执行了 "SET GLOBAL log_bin_trust_function_creators = 1;"（→ 12.5.1 节）

▶ 事务无法正常运行

□ 开始时执行了 "START TRANSACTION;" 并显示了 Query OK

□ 使用 SHOW CREATE TABLE 确认了表的存储引擎是 InnoDB

□ 没有使用会自动执行提交的 DROP 命令等

在使用 PHP 的过程中出现的问题

▶ PHP 脚本无法运行

□ 脚本以 "<?php" 开头，以 "?>" 结尾，而非 "<php?"

□ 没有拼写错误（prnt 等）

□ 没有输入未用 ' ' 或 " " 括起来的全角字符

□ 正确安装了 MAMP

□ Apache 处于正在运行的状态。在地址栏中输入 http://localhost/MAMP，会显示 MAMP 的开始页面

□ phpinfo() 能够正常运行（→ 15.8.4 节）

□ PHP 脚本保存在要发布的文件夹中（C:\MAMP\htdoc 等）

□ 确认了 PHP 脚本的扩展名为 ".php"

□ Apache 和 PHP 是通过 MAMP 一起安装的（在单独安装时如果遇到问题，试着通过 MAMP 统一进行安装）

□ PHP 文件无法通过双击直接打开

▶ 无法使用 PHP 脚本操作 MySQL

□ MySQL 正在运行

□ Apache 正在运行

□ phpinfo() 能够正常运行（→ 15.8.4 节）

☐ PHP 脚本保存在要发布的文件夹中
☐ PHP 脚本的关键字没有拼写错误
☐ 脚本中不存在输入了全角字符等问题
☐ 正确输入了数据库名、用户名和密码

日期和时间显示不正常

☐ 在 php.ini 中设置了时区（→ 15.6.3 节）

▶ phpMyAdmin 无法启动

☐ 在修改了 mysql 密码的情况下，config.inc.php 内的密码也改成了修改后的字符（→ 3.5.3 节）

▶ phpMyAdmin 上发生错误

☐ 正确完成了 MySQL 的 my.ini 的字符编码设置（→ 2.4.2 节）

▶ 字符乱码

☐ 通过 php.ini 正确设置了多字节字符串（→ 15.6.3 节）
☐ PHP 脚本的源代码的字符编码是 UTF-8
☐ 在 PHP 脚本中插入了 `<meta charset="UTF-8">`（→ 17.5 节）
☐ 在 MySQL 的表内容出现乱码的情况下，MySQL 中的字符编码原本是被正确设置的（→ 2.4.2 节）

在单独安装 Apache、PHP、MySQL 的情况下出现的问题

▶ 无法单独安装 Apache、MySQL 和 PHP

☐ 安装了与使用的操作系统相对应的软件
☐ 没有在安装了其他版本的状态下再进行安装（全新安装）
☐ 试着安装了其他版本（有些版本的安装程序存在缺陷）
☐ 正确设置了 my.ini、php.ini 等（恢复原设定后可能会正常运行）
☐ 暂时禁用安全软件后尝试进行了安装

在本书中，MySQL、PHP 和 Apache 相关内容的介绍是以安装了 MAMP 为前提的。如果单独安装不顺利，请使用 MAMP 对 MySQL 等统一进行安装。

附录3　MySQL基础练习

掌握 MySQL 的最佳方法是反复练习基本的 SQL 语句。如果因为隔了一段时间没有使用 MySQL 而忘记了基本语法，可以通过复习以下操作流程来重拾忘记的内容。

这里，我们来复习一下从创建数据库到确认表这一系列的操作流程，具体如下。

① 启动 MySQL 监视器（→ 3.3.2 节）。
② 确认有哪些数据库存在（→ 4.2.1 节）。
③ 决定使用哪一个数据库（→ 4.3.1 节）。
④ 创建表（→ 4.4.3 节）。
⑤ 确认列结构（→ 4.6.1 节）。
⑥ 插入记录（→ 4.7.1 节）。
⑦ 显示记录（→ 4.8.1 节）。

表 tb 是 D 股份有限公司 2018 年第 2 季度的销售信息表。将各个员工的信息输入到员工号（empid）、销售额（sales）、销售月份（month）3 个列中。用户名是 "root"，密码是 "root"，数据库名是 "db1"。

▶ 表 tb

empid	sales	month
A103	101	4
A102	54	5
A104	181	4
A101	184	4
A103	17	5
A101	300	5
A102	205	6
A104	93	5
A103	12	6
A107	87	6

▶ 表 tb 的列结构

empid	VARCHAR(10)
sales	INT
month	INT

▶ ① 启动 MySQL 监视器。

在命令提示符或终端中输入以下内容，然后按 Enter 键。

```
mysql -u root -proot
```

▶ ② 确认有哪些数据库存在。

```
SHOW DATABASES;
```

▶ ③ 决定使用哪一个数据库。

```
use db1
```

▶ ④ 创建表。

```
CREATE TABLE tb (empid VARCHAR(10),sales INT,month INT);
```

▶ ⑤ 确认列结构。

```
DESC tb;
```

▶ ⑥ 插入记录。

```
INSERT INTO tb VALUES ('A103',101,4);
```

▶ ⑦ 使用 ↑ 键显示前一行的内容并进行修改，然后按 Enter 键，循环此操作。

```
INSERT INTO tb VALUES ('A102',54,5);
```

```
INSERT INTO tb VALUES ('A104',181,4);
```

......

▶ ⑧ 显示记录。

```
SELECT * FROM tb;
```

版 权 声 明